はじめての人でも受かる!

EXAMPRESS®
電気工事士試験学習書

第二種

電気工事士

早川義晴

[学科試験]テキスト&問題集

2024年版

SE
SHOEISHA

本書内容に関するお問い合わせについて

このたびは翔泳社の書籍をお買い上げいただき，誠にありがとうございます。弊社では，読者の皆様からのお問い合わせに適切に対応させていただくため，以下のガイドラインへのご協力をお願い致しております。下記項目をお読みいただき，手順に従ってお問い合わせください。

●ご質問される前に

弊社Webサイトの「正誤表」をご参照ください。これまでに判明した正誤や追加情報を掲載しています。

正誤表　https://www.shoeisha.co.jp/book/errata/

●ご質問方法

弊社Webサイトの「書籍に関するお問い合わせ」をご利用ください。

書籍に関するお問い合わせ　https://www.shoeisha.co.jp/book/qa/

インターネットをご利用でない場合は，FAXまたは郵送にて，下記"翔泳社 愛読者サービスセンター"までお問い合わせください。
電話でのご質問は，お受けしておりません。

●回答について

回答は，ご質問いただいた手段によってご返事申し上げます。ご質問の内容によっては，回答に数日ないしそれ以上の期間を要する場合があります。

●ご質問に際してのご注意

本書の対象を超えるもの，記述個所を特定されないもの，また読者固有の環境に起因するご質問等にはお答えできませんので，予めご了承ください。

●郵送物送付先およびFAX番号

送付先住所　　〒160-0006　東京都新宿区舟町5
FAX番号　　　03-5362-3818
宛先　　　　　（株）翔泳社 愛読者サービスセンター

はじめに

　第二種電気工事士は，電気工事技術者にとって必須の国家資格です。電気工事の仕事は，電気の技術と技能を身につけた有資格者のみが行うように規制されており，電気工事の施工不良による災害が起きないように，安全性が確保されています。

　免状を取得すると，一般用電気工作物等（住宅，店舗，小規模ビルなどの電気設備等）の電気工事ができます。また，講習を修了するか，または3年の実務経験を経て認定電気工事従事者の認定証の交付を受ければ，500〔kW〕未満の自家用設備における600〔V〕以下で使用する設備の電気工事ができます。さらに，最大電力100〔kW〕未満のビルや工場などの許可主任技術者として活躍することもできます。

　電気工事士の試験は，学科試験と技能試験に分かれています。令和5年から，コンピュータを使ったCBT試験が行われるようになり，従来の「筆記試験」が「学科試験」という名称に変わりました。本書は，学科試験の合格を目指した解説書です。

　本書の特徴を生かした学習で，学科試験を突破しましょう。

　これだけは覚えよう！

　各テーマごとに，何が必要かがわかります。
　これだけを理解すれば，合格できる実力が身につきます。

　● 練習問題 ●　● 章末問題 ●

　章・節ごとに練習問題を行い，学習の成果を確認できます。

　試験は，おおよそ60点が合格ラインです。得意な分野あるいは，興味がわきそうな項目から学習するのもよいでしょう。器具や工具などは，実際に使ってみないとわかりにくいと思いますが，試験は4肢択一ですので，一度学習すれば何となく正解を出せるようになります。理論などの計算問題は，解き方のコツを覚えると簡単に解答が得られるようになります。

　まずは，学科試験に合格することを目標に，本書を活用しましょう。

2023年11月

早川義晴

第二種電気工事士　試験ガイド

　令和2年下期から，学科試験は午前・午後の2回に分けて行われています。また，令和5年から，CBT試験（コンピュータ上で解答する形式の試験）も行われています。

　本書は，第二種電気工事士試験の「学科試験」についての対策書ですが，ここでは第二種電気工事士試験全体について説明します。

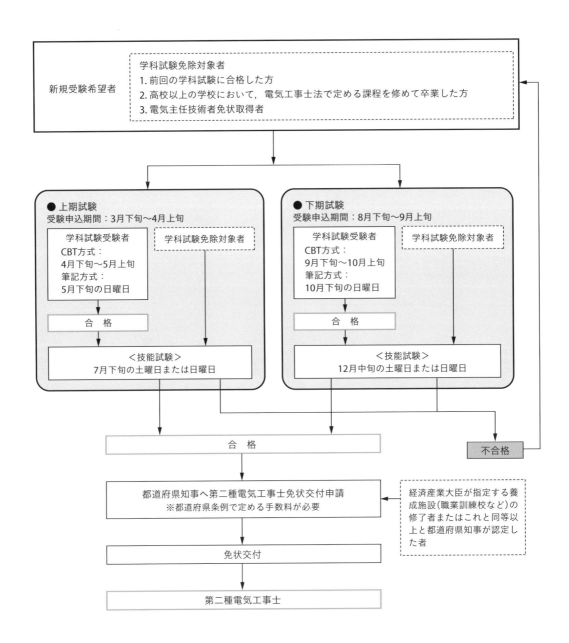

1. 試験の実施について

●受験案内・申込書の配布

各申込受付開始の約1週間前から配布されます。配布場所の詳細は，電気技術者試験センターのホームページ（https://www.shiken.or.jp）で確認してください。

●受験申込期間

上期試験　3月下旬〜4月上旬　　下期試験　8月下旬〜9月上旬

●申込方法

郵便による申込み，及びインターネットによる申込みがあります。

●試験実施日

学科試験　上期　CBT方式は4月下旬〜5月上旬，筆記方式は5月下旬の日曜日

　　　　　下期　CBT方式は9月下旬〜10月上旬，筆記方式は10月下旬の日曜日

　　　　　CBT方式は，所定の期間内に受験場所，日時を選択して受験します。

技能試験　上期　7月下旬の土曜日または日曜日（受験地により異なります）

　　　　　下期　12月中旬の土曜日または日曜日（受験地により異なります）

●受験手数料

9,600円（インターネットによる申込みは，9,300円）

※試験日程等は年度により異なりますので，電気技術者試験センターのホームページ（https://www.shiken.or.jp）などで必ず確認してください。

2. 学科試験

●出題範囲

科目	範囲
1. 電気に関する基礎理論	①電流，電圧，電力及び電気抵抗 ②導体及び絶縁体 ③交流電気の基礎概念 ④電気回路の計算
2. 配電理論及び配線設計	①配電方式　②引込線　③配線
3. 電気機器，配線器具並びに電気工事用の材料及び工具	①電気機器及び配線器具の構造及び性能 ②電気工事用の材料の材質及び用途 ③電気工事用の工具の用途
4. 電気工事の施工方法	①配線工事の方法 ②電気機器及び配線器具の設置工事の方法 ③コード及びキャブタイヤケーブルの取付方法 ④接地工事の方法
5. 一般用電気工作物の検査方法	①点検の方法　②導通試験の方法 ③絶縁抵抗測定の方法　④接地抵抗測定の方法 ⑤試験用器具の性能及び使用方法
6. 配線図	配線図の表示事項及び表示方法
7. 一般用電気工作物の保安に関する法令	①電気工事士法，同法施行令，同法施行規則 ②電気設備に関する技術基準を定める省令 ③電気用品安全法，同法施行令，同法施行規則及び電気用品の技術上の基準を定める省令

- ●出題形式　　　4肢択一
- ●解答方式　　　筆記方式はマークシートに記入。CBT方式はパソコン上で答えを選択。
- ●試験時間　　　2時間
- ●合格ライン　　60点（年度によって多少異なります）

3．技能試験

　技能試験は，持参した作業用工具により，配線図で与えられた問題を，支給される材料で一定時間内に完成させる方法で行われます。

- ●出題分野
  - (1) 電線の接続　(2) 配線工事　(3) 電気機器及び配線器具の設置
  - (4) 電気機器，配線器具並びに電気工事用の材料及び工具の使用方法
  - (5) コード及びキャブタイヤケーブルの取付け
  - (6) 接地工事　(7) 電流，電圧，電力及び電気抵抗の測定
  - (8) 一般用電気工作物の検査　(9) 一般用電気工作物の故障箇所の修理
- ●試験時間
  - 40分（変更される場合もあります）

4．受験資格

　受験資格に制限はありませんので，だれでも受験できます。

5．問合せ先

一般財団法人　電気技術者試験センター

〒104-8584　東京都中央区八丁堀2-9-1（RBM東八重洲ビル8F）

電話　　03-3552-7691

メール　info@shiken.or.jp

URL：https://www.shiken.or.jp

本書の使い方

　第二種電気工事士の学科試験の問題は，ほぼ出題範囲順に出題されます。出題範囲と各範囲の問題数は，次の表に示すとおりになっています。

	出題範囲	問題数
一般問題	(1) 電気に関する基礎理論	4〜5
	(2) 配電理論及び配線設計	4〜5
	(3) 電気機器，配線器具並びに電気工事用の材料及び工具	7〜8
	(4) 電気工事の施工方法	5〜6
	(5) 一般用電気工作物の検査方法	3〜4
	(6) 一般用電気工作物の保安に関する法令	3〜4
	小計	30問
配線図	(7) 配線図 (図記号，他)	10
	(8) 配線器具，工事材料，工具，測定器などの選別	10
	小計	20問
	問題合計	50問

　第二種電気工事士試験の勉強をするにあたっては，この出題順に学習していくのが一般的かもしれません。電気の理論からはじめて，設計，施工，検査へと進んでいくのが，ものごとの順番にかなっているともいえます。

　けれども，本書では，あえてこの順番は採らないことにしました。なぜなら，むずかしい理論や計算問題から勉強をはじめると，最初の段階でつまずいたり，大きく時間をとられてしまったりするからです。

　かわりに，電気工事に使う機器や工具などの勉強からはじめることにしました。「図や写真を見て覚えられる」こと，「暗記するだけでよい」ことが主だからです。また，出題数がいちばん多い分野でもあるからです。試験に合格するためには，「学習しやすい＝試験で点を取りやすい」ところから覚えていくのがいちばん効率的です。

　機器や工具，材料などを学習したあとは，電気工事の施工方法や検査方法，そして法令や理論へと進んでいきます。具体的なことからはじめて，理論的なことはあとから，というのが本書の方針です。

　もちろん，必ずしもこの順番どおりである必要はありません。ご自分の興味や得意・不得意に合わせて，学習を進めていってください。

◆本書の紙面構成

これだけは覚えよう！

この節で学ぶことをま
とめています。これだ
けを理解すれば，合格
できる実力がつきます。

No.
01　電線

これだけは覚えよう！

絶縁電線，ケーブル，コードの種類，用途，最高許容温度を覚える！

☑ **絶縁電線**：IVは屋内配線用で，最高許容温度は60℃。DVは
引込用，OWは屋外用。

☑ **ケーブル**：VVF，VVRはビニルシースケーブルで，最高許容温
度は60℃。EM-EEFはエコケーブルとも呼ばれ，最高許容温
度は75℃。CVの最高許容温度は90℃。いずれも，屋内，
屋外，地中で使用できる。

☑ **コード**：ゴムコードは発熱する機器に，丸打コードはつり下げ式
照明に使用される。ビニルコード，袋打コードも家電製品に使
用される。

電線は電気（電流）の通り道をつくるもので，配線材料として，絶縁電線，ケーブ
ル，コードな

➡ 絶縁電

絶縁電線は，
電線として，
込用絶縁

（単線）太さは

・絶縁被覆の
・最高許容
・単線は，1.6
・屋内配線に

I：Indoor（屋内）

2　第1章：電気工事に

重要度

重要度を★，★★，
★★★の3段階で示
しています。★の数
が多いのは，重要な
基礎知識や，出題頻
度の高い項目です。

➡ 電気配線の配線用図記号　　重要度 ★★★

配線図では，電線やケーブルは以下のように記します。

表1：配線の種類と配線用図記号

配線方法	図記号	内容
天井隠ぺい配線	――――――（実線）	天井裏で見えない配線
床隠ぺい配線	― ― ― ― ―（破線）	床下で見えない配線
露出配線	‥‥‥‥‥‥（点線）	見える配線
地中線	―・―・―・―（一点鎖線）	地中に埋める配線

電線の種類・太さ・本数などは，図記号により次のように表します。
　図1は，600Vビニル絶縁ビニルシースケーブル（平形）1.6mm 3心を使用した配線
用図記号の例です。

心線数3本をこのように表してもよい

VVF 1.6–3C　心を表す

600Vビニル絶縁ビニルシース
ケーブル平形1.6mmを表す

図1：電線の図記号の例

練習問題

節末には，その節で学
んだ知識をすぐに確認
できるように関連した
問題を掲載しています。

練習問題

問い1	答え
絶縁物の最高許容温度が最も高いもの は。　　　　　　　　　　　　　　　　　（令和5年度上期午前出題）	イ．600V架橋ポリエチレン絶縁ビニ ルシースケーブル（CV） ロ．600V二種ビニル絶縁電線（HIV） ハ．600Vビニル絶縁ビニルシース ケーブル丸形（VVR） ニ．600Vビニル絶縁電線（IV）

解説

絶縁物の最高許容温度が最も高いものは，**CV**ケーブルです。
　最高許容温度の高い順に，CVが**90℃**，HIVが**75℃**，IVが**60℃**，VVRが**60℃**とな

6　第1章：電気工事に使用する機器・工具・材料を学ぶ

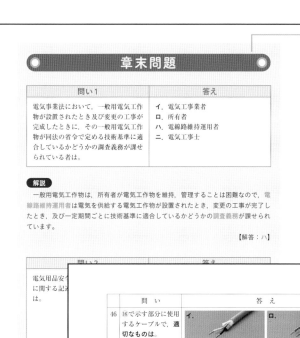

章末問題

問い1	答え
電気事業法において，一般用電気工作物が設置されたとき及び変更の工事が完成したときに，その一般用電気工作物が同法の省令で定める技術基準に適合しているかどうかの調査義務が課せられている者は。	イ．電気工事業者 ロ．所有者 ハ．電線路維持運用者 ニ．電気工事士

解説
　一般用電気工作物は，所有者が電気工作物を維持，管理することは困難なので，電線路維持運用者は電気を供給する電気工作物が設置されたとき，変更の工事が完了したとき，及び一定期間ごとに技術基準に適合しているかどうかの調査義務が課せられています。

【解答：ハ】

問い2	答え
電気用品安全～に関する記述～は。	

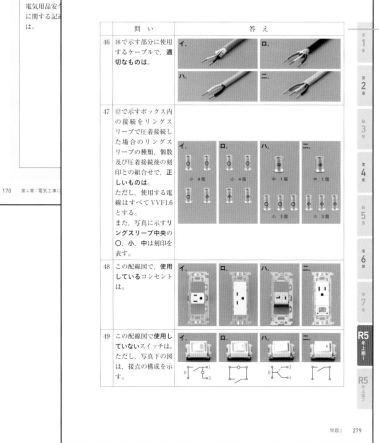

	問 い	答 え
46	㊻で示す部分に使用するケーブルで，**適切なものは。**	イ．　ロ．　ハ．　ニ．
47	㊼で示すボックス内の接続をリングスリーブで圧着接続した場合のリングスリーブの種類，個数及び圧着接続後の刻印との組合せで，**正しいものは。**ただし，使用する電線はすべてVVF1.6とする。また，写真に示す**リングスリーブ中央の**〇，**小，中は刻印を**表す。	イ．小 4個　ロ．小 4個　ハ．中 1個　ニ．中 1個　小 3個　小 3個
48	この配線図で，**使用しているコンセント**は。	イ．　ロ．　ハ．　ニ．
49	この配線図で**使用していないスイッチは。**ただし，写真下の図は，接点の構成を示す。	イ．　ロ．　ハ．　ニ．

◆読者特典のご案内

　本書の読者特典として，平成22年度から令和4年度まで及び令和5年度下期の計31回の問題と解答・解説のPDFファイルをダウンロードすることができます。また，「鑑別問題」，「法令問題」，「模擬試験」のWebアプリを利用することができます。

　令和5年度下期のPDFは，2023年12月下旬に公開予定です。

●PDFファイルのダウンロード方法

1.　下記のURLにアクセスしてください。

　　https://www.shoeisha.co.jp/book/present/9784798183480

2.　ダウンロードにあたっては，SHOEISHAiDへの登録と，アクセスキーの入力が必要になります。お手数ですが，画面の指示に従って進めてください。アクセスキーは本書の各章の最初のページ下端に記載されています。画面で指定された章のアクセスキーを，半角英数字で，大文字，小文字を区別して入力してください。

　　ダウンロードできる期間は，2025年5月31日までです。この期間は予告なく変更になることがあります。予めご了承ください。

　　PDFファイルをご覧いただくためには，コンピュータおよびそのコンピュータにAdobe Readerがインストールされていることが必要です。Adobe Readerがインストールされていない場合は，Adobe Systems社のWebサイト（https://get.adobe.com/reader/?loc=jp）から無償でダウンロードすることができます。

免責事項

- ・これらの問題・解答・解説は，本書の2011年版から2023年版に掲載した「筆記試験 問題と解答・解説」をPDF化したものです。
- ・PDFファイルの内容は，著作権法により保護されています。個人で利用する以外には使うことができません。また，著者の許可なくネットワークなどへの配布はできません。
- ・データの使い方に対して，株式会社翔泳社，著者はお答えしかねます。また，データを運用した結果に対して，株式会社翔泳社，著者は一切の責任を負いません。

●Webアプリについて

　1回分の模擬試験と，機器や工具，材料などの鑑別問題，および法令問題が解けるWebアプリをご利用いただくことができます。下記URLにアクセスしてください。

　　https://www.shoeisha.co.jp/book/exam/9784798183480

　ご利用にあたっては，SHOEISHAiDへの登録と，アクセスキーの入力が必要になります。お手数ですが，画面の指示に従って進めてください。

　また，利用期間は，2025年1月31日までです。この期間は予告なく変更になることがあります。予めご了承ください。

目 次

第1章

電気工事に使用する
機器・工具・材料を学ぶ

本章では,実務に必要な電気機器,電気工事で用いる配線器具及び電気工事で使用する工具,主な工事材料について学習します。

試験で多く出題される「写真による識別問題」に向けて,機器や材料,工具の名称と外観をセットで覚えることが大切です。

この章の内容

アクセスキー **M** （大文字のエム）

No. 01 電線

これだけは覚えよう！

絶縁電線, ケーブル, コードの種類, 用途, 最高許容温度を覚える！

☑ 絶縁電線：IVは屋内配線用で, 最高許容温度は60℃。DVは引込用, OWは屋外用。

☑ ケーブル：VVF, VVRはビニルシースケーブルで, 最高許容温度は60℃。EM-EEFはエコケーブルとも呼ばれ, 最高許容温度は75℃。CVの最高許容温度は90℃。いずれも, 屋内, 屋外, 地中で使用できる。

☑ コード：ゴムコードは発熱する機器に, 丸打コードはつり下げ式照明に使用される。ビニルコード, 袋打コードも家電製品に使用される。

電線は電気（電流）の通り道をつくるもので, 配線材料として, 絶縁電線, ケーブル, コードなどがあります。

⊙ 絶縁電線　　　　　　　　　　　重要度 ★★★

絶縁電線は, 銅線などの導体をビニルなどの絶縁体で被覆したものです。主な絶縁電線として, **IV**（600Vビニル絶縁電線）, **HIV**（600V二種ビニル絶縁電線）, **DV**（引込用ビニル絶縁電線）, **OW**（屋外用ビニル絶縁電線）があります。

IV（600Vビニル絶縁電線）

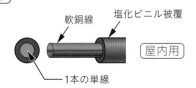

単線 太さは直径〔mm〕で表す

軟銅線　塩化ビニル被覆
屋内用
1本の単線

・絶縁被覆の色：黒, 白, 赤, 緑,（黄, 青）
・最高許容温度は60℃
・単線は, 1.6mm, 2.0mmが多く使われる
・屋内配線に使用

より線 太さは断面積〔mm²〕で表す

軟銅線　塩化ビニル被覆
屋内用
細い線を7本より合わせている

・絶縁被覆の色：黒, 白, 赤, 緑,（黄, 青）
・最高許容温度は60℃
・屋内配線に使用

I：Indoor（屋内）　V：Vinyl insulated（ビニル絶縁）

第1章

第2章

第3章

第4章

第5章

第6章

第7章

R5
年上期
1

R5
年上期
2

HIV（600V 二種ビニル絶縁電線）

構造，絶縁被覆の色などはIVと同じです。　　　[屋内用]
- 最高許容温度は**75**℃
- 屋内配線に使用
- 火災報知設備の配線など，耐熱性を要する配線に使用される

H：Heat resistant（熱に耐える）

DV（引込用ビニル絶縁電線）
DE（引込用ポリエチレン絶縁電線）

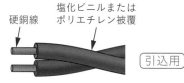

硬銅線　　塩化ビニルまたは
　　　　　ポリエチレン被覆

[引込用]

- 絶縁被覆の色：
  3線の場合…黒，緑，青
  2線の場合…黒，緑
- 電柱から住宅などへの引込用として使用

D：Drop（引込）
V：Vinyl insulated（ビニル絶縁）
E：polyEthylene insulated（ポリエチレン絶縁）

OW（屋外用ビニル絶縁電線）

硬銅線

[屋外用]

塩化ビニル被覆

- 絶縁被覆の色：黒
- 屋外の架空用として使用
- 絶縁被覆の厚さがIV線よりも薄いので，屋内用などには使えない
- 細いものは単線，太いものはより線

O：Outdoor（屋外）
W：Weather proof（風雨に耐える）

→ ケーブル　　　　　　　　　　　重要度 ★★★

　ケーブルは，導体を絶縁体で被覆したものをさらに保護被覆（ほごひふく）で保護したもので，保護被覆を外装被覆（がいそうひふく）またはシースといいます。線の数により，単心（たんしん），2心，3心，4心などがあります。主なケーブルとして，**VVFケーブル**，**VVRケーブル**，**EM-EEF**，**CVケーブル**，**MIケーブル**，**CTケーブル**などがあります。

VVFケーブル（600V ビニル絶縁ビニルシースケーブル平形）

VVF1.6-3C
（直径1.6ミリ3心ケーブル）の例

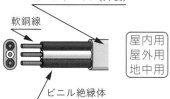

ビニルシース（外装）
軟銅線

[屋内用
屋外用
地中用]

ビニル絶縁体

- 絶縁被覆の標準の色：
  2心の場合：黒，白
  3心の場合：黒，白，赤
  4心の場合：黒，白，赤，緑
- 最高許容温度は**60**℃
- 屋内配線用として広く使用されるが，屋外，地中配線としても使用

V：Vinyl insulated（ビニル絶縁）　V：Vinyl sheathed（ビニルシース）　F：Flat（平形）

VVRケーブル（600V ビニル絶縁ビニルシースケーブル丸形）

VVR1.6-3Cの例

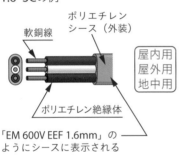

軟銅線

ビニル絶縁体　ビニルシース（外装）

軟銅線

押さえテープ
（押さえテープの内側に介在物がある）

屋内用
屋外用
地中用

・絶縁被覆の標準の色：
　2心の場合：黒，白
　3心の場合：黒，白，赤
　4心の場合：黒，白，赤，緑
・最高許容温度は**60**℃
・屋内，屋外，地中で使用

V：Vinyl insulated（ビニル絶縁）　V：Vinyl sheathed（ビニルシース）　R：Round（丸形）

EM-EEF（600Vポリエチレン絶縁耐燃性ポリエチレンシースケーブル平形）

EM-EEF1.6-3Cの例

ポリエチレンシース（外装）

軟銅線

屋内用
屋外用
地中用

ポリエチレン絶縁体

「EM 600V EEF 1.6mm」のようにシースに表示される

・VVFと同じ形状
・耐熱性があり，最高許容温度は**75**℃
・環境に優しい材料を使用しており，最終処分時におけるハロゲン系ガスやダイオキシンの発生が少ない
・エコケーブルとも呼ばれる
・屋内，屋外，地中で使用

EM：Eco-Material（エコ材料）　E：polyEthylene insulated（ポリエチレン絶縁）
E：polyEthylene sheathed（ポリエチレンシース）　F：Flat（平形）

CVケーブル（600V架橋ポリエチレン絶縁ビニルシースケーブル）

ビニルシース（外装）

押さえテープ

介在物

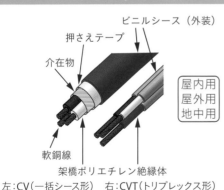

屋内用
屋外用
地中用

軟銅線

架橋ポリエチレン絶縁体

左：CV（一括シース形）　右：CVT（トリプレックス形）

・絶縁耐力，体積固有抵抗が高く，許容電流が大きい
・最高許容温度は**90**℃
・屋内，屋外，地中で使用

CVTケーブル
軟銅線　C：架橋ポリエチレン絶縁体
V：ビニルシース（外装）
T：トリプレックス形
　（単心3本のより合わせ形）

・トリプレックス形は，CVTケーブルといい，一括シース形と比較し施工しやすく許容電流が大きくなる。

C：Cross-linked polyethylene insulated（架橋ポリエチレン絶縁）
V：Vinyl sheathed（ビニルシース）　T：tri-plex（tri-「3」，3本組の）

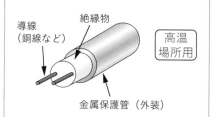

MIケーブル（無機絶縁ケーブル）

高温場所用

・外装が金属で，導体を耐熱性の高い無機絶縁物で絶縁したもの
・高温場所の配線に用いる

MI：Mineral Insulated（無機物で絶縁）

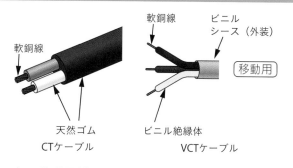

CTケーブル（ゴムキャブタイヤケーブル）
VCTケーブル（ビニルキャブタイヤケーブル）

移動用

CTケーブル　　　　VCTケーブル

・主に移動電線用として用いられる
・曲げやねじりに強く，耐水性や耐油性が高い

CT：CabTyre cable（ゴムで被覆したケーブル）
V：Vinyl（ビニル）

→ コード

重要度 ★

　コードは，家電製品などの電源コードとして使用されます。一般的に使用されるコードには，ビニルコード，ゴムコード，袋打コード，丸打コードがあります。

ビニルコード

軟銅線　ビニル被覆

テレビ，ラジオ，扇風機などの小型機器に用いられます。

ゴムコード

電熱器などの熱が出る機器に用いられます。

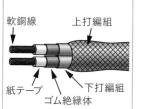

袋打コード

軟銅線　上打編組
紙テープ　下打編組
ゴム絶縁体

電気こたつ，電気アイロンなどに用いられます。

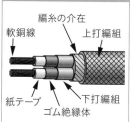

丸打コード

編糸の介在
軟銅線　上打編組
紙テープ　下打編組
ゴム絶縁体

つり下げ式照明に用いられます。耐荷重性のある構造になっています。

➡ 電気配線の配線用図記号

重要度 ★★★

配線図では，電線やケーブルは以下のように記します。

表1：配線の種類と配線用図記号

配線方法	図記号	内容
天井隠ぺい配線	———————（実線）	天井裏で見えない配線
床隠ぺい配線	－ － － － －（破線）	床下で見えない配線
露出配線	·················（点線）	見える配線
地中配線	— · — · —（一点鎖線）	地中に埋める配線

電線の種類・太さ・本数などは，図記号により次のように表します。

図1は，600Vビニル絶縁ビニルシースケーブル（平形）1.6mm 3心を使用した配線用図記号の例です。

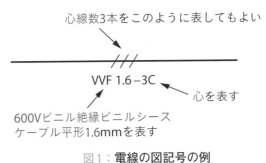

心線数3本をこのように表してもよい

VVF 1.6－3C

心を表す

600Vビニル絶縁ビニルシースケーブル平形1.6mmを表す

図1：電線の図記号の例

練習問題

問い1	答え
絶縁物の最高許容温度が最も高いものは。 （令和5年度上期午前出題）	イ．600V 架橋ポリエチレン絶縁ビニルシースケーブル（CV） ロ．600V 二種ビニル絶縁電線（HIV） ハ．600V ビニル絶縁ビニルシースケーブル丸形（VVR） ニ．600V ビニル絶縁電線（IV）

解説

絶縁物の最高許容温度が最も高いものは，**CV**ケーブルです。

最高許容温度の高い順に，CVが**90**℃，HIVが**75**℃，IVが**60**℃，VVRが**60**℃とな

ります。

【解答：イ】

問い2	答え
低圧屋内配線として使用する600Vビニル絶縁電線(IV)の絶縁物の最高許容温度〔℃〕は。	**イ**．45　　**ロ**．60 **ハ**．75　　**ニ**．90 （令和3年度上期午後出題）

解説

600Vビニル絶縁電線(IV)の絶縁物の最高許容温度は，**60**℃です。

【解答：ロ】

問い3	答え
写真に示す材料の特徴として，誤っているものは。 なお，材料の表面には「タイシガイセン EM600V EEF／F 1.6mm JIS JET <PS>E ○○社タイネン 2014」が記されている。 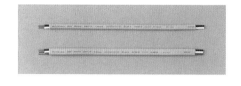	**イ**．分別が容易でリサイクル性がよい。 **ロ**．焼却時に有害なハロゲン系ガスが発生する。 **ハ**．ビニル絶縁ビニルシースケーブルと比べ絶縁物の最高許容温度が高い。 **ニ**．難燃性がある。 （令和5年度上期午前出題）

解説

写真の材料の名称は，**600Vポリエチレン絶縁耐燃性ポリエチレンシースケーブル平形**で，一般に**エコケーブル**といいます。

エコケーブルは，次のような特徴があります。

・リサイクル性がよい。

・焼却時に有害なハロゲン系ガスが発生しない。

・VVケーブルと比べ絶縁物の最高許容温度が高い。

・難燃性がある。

したがって，**焼却時に有害なハロゲン系ガスが発生する**というロ．の記述が誤りです。

タイシガイセン：耐紫外線

EM600V EEF：Eco-Material 600V Poly-Ethylene Insulated Poly-Ethylene Sheathed Flat-type Cable

JET：一般財団法人電気安全環境研究所（電気用品の登録検査機関の1つ）

＜PS＞E：特定電気用品の表示

タイネン：耐燃

【解答：ロ】

No. 02 点滅器（スイッチ）

これだけは覚えよう！

点滅器（スイッチ）の種類と用途を覚える！

- ☑ 点滅器は非接地側（黒色電線側）に入れる。
- ☑ 3路スイッチは2箇所点滅，4路スイッチは3箇所以上の点滅で用いる。
- ☑ 自動点滅器は明暗で動作，タイムスイッチは時間で動作，リモコンスイッチはリレーを動作させる。

➡ 点滅器（スイッチ）の種類　　重要度 ★★★

　点滅器（スイッチ）は，回路をオン／オフするものです。単極スイッチ，3路スイッチ，4路スイッチ，自動点滅器，タイムスイッチなどがあります。

　点滅器は，スイッチがオフの状態での感電する領域を少なくするために，非接地側（黒色電線側）に入れます。接地側には入れません。

◆単極スイッチ（一般形スイッチ）

　単極スイッチは，1箇所で電灯を点滅します（**図1**）。

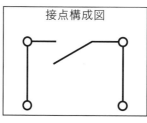

| 接点構成図 | 配線用図記号 |

白（接地側電線）

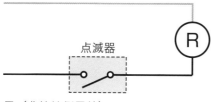

黒（非接地側電線）

図1：単極スイッチの回路

◆3路スイッチ

3路スイッチは，階段の下と上など，**2箇所で電灯を点滅**するもので，共通端子を0として，1，3の切換ができるスイッチです（**図2**）。3路スイッチを**2個用いる**ことで，どちらのスイッチでも電灯の点滅ができます。

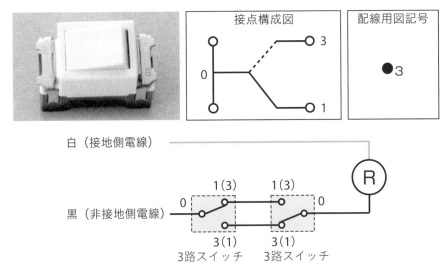

図2：**3路スイッチの回路**

◆4路スイッチ

電灯を**3箇所以上で点滅**させるとき，3路スイッチと4路スイッチを組み合わせた回路を用います。4路スイッチは，1–2，3–4（実線）が閉じており，スイッチを切り換えると1–4，3–2（点線）が閉じる構造になっています（**図3**）。

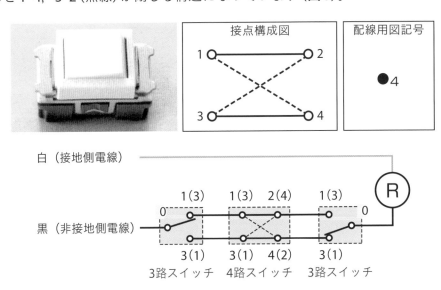

図3：**4路スイッチの回路**

◆両切スイッチ（2極スイッチ）

　スイッチを開けば照明器具などの負荷には電圧が発生しないので，200Vの回路は，両切スイッチを用いた方が安全です（**図4**）。

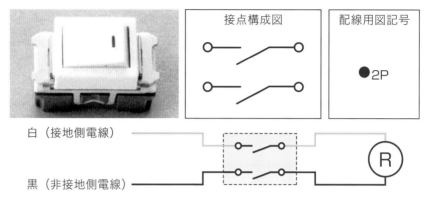

図4：**両切スイッチの回路**

◆位置表示灯内蔵スイッチと3路スイッチ

　スイッチが切れているとき（ⓇＲが消灯しているとき）に，内蔵ランプが点灯します。暗い場所でもスイッチの場所がわかります（**図5**，**図6**）。

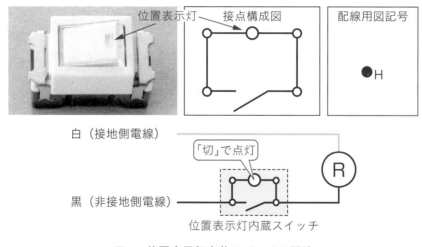

図5：**位置表示灯内蔵スイッチの回路**

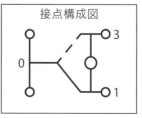

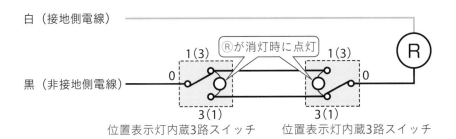

図6：位置表示灯内蔵3路スイッチの回路

◆確認表示灯内蔵スイッチ

スイッチが入っているときに，内蔵ランプが点灯します（**図7**）。

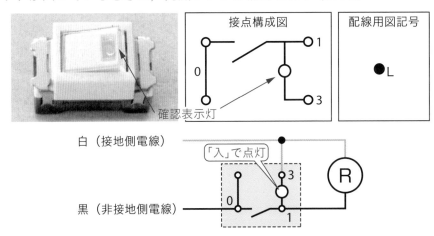

図7：**確認表示灯内蔵スイッチの回路**

◆自動点滅器

自動点滅器は，明暗で動作するスイッチです。明るいうちは接点が開き，暗くなると閉じます（**図8**）。

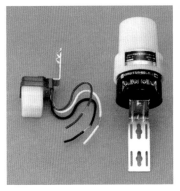
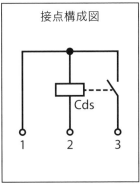
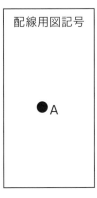

第1章

第2章

第3章

第4章

第5章

第6章

第7章

R5
年上期1

R5
年上期2

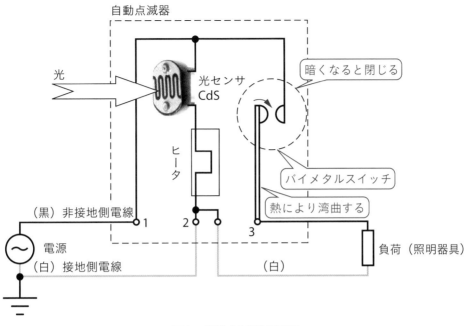

図8：**自動点滅器の回路**

◆**タイムスイッチ**

　タイムスイッチは時間によって動作するスイッチで，設定した時間に「入」または「切」になります。24時間式，週間式，年間式があります。24時間式は，毎日の「入時刻」と「切時刻」を設定するもの，週間式は曜日の選択ができるもの，年間式は年間の休日設定などができます。

　図9(a)はタイムスイッチと負荷の電源が同一の場合に用い，(b)はタイムスイッチと負荷の電源が異なる場合などに用います。

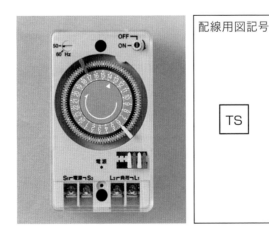

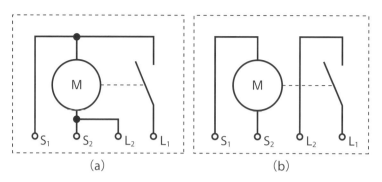

(a)   (b)

図9：タイムスイッチの回路

◆リモコン回路

　リモコン回路は，多くの照明器具の点滅を行うときに用います。リモコンスイッチ
は，リモコン回路において，**リモコンリレーを動作させるスイッチ**です。**図10**は，
ワンショットリモコンスイッチ回路の原理図です。

リモコンスイッチ
配線用図記号 ●R

⊕9 集合する場合は，
点滅回路数を傍記
する（リモコンセ
レクタスイッチ）

リモコンリレー
配線用図記号 ▲

▲▲▲ 10 集合する場合は，
リレー数を傍記
する

リモコン変圧器
配線用図記号 (T)R

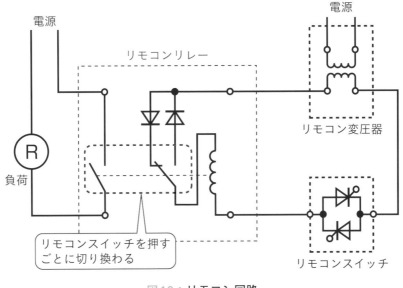

図10：リモコン回路

　また，多重伝送，多機能のスイッチを用いれば，スイッチへの配線は，信号線2本のみで，個別制御，グループ制御，パターン制御，タイマー制御などができ点灯範囲の変更が配線替えなしでできます。

◆その他の点滅器

フロートスイッチ

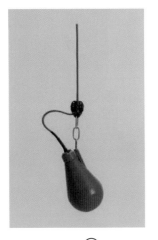

配線用図記号 ●F
水などの液面に浮かべた**フロート（浮き）**の上下動によりオン・オフするスイッチです。

フロートレススイッチ電極

配線用図記号 ●LF
液面レベルを検知してオン・オフするスイッチの電極です。●LF3 のように電極数を傍記します。

カバー付ナイフスイッチ

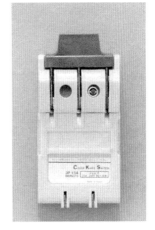

配線用図記号 Ｓ 3P15A f15A
電動機保護用などの開閉器として用いられます。極数，定格電流，ヒューズの定格電流を傍記します。

第1章

第2章

第3章

第4章

第5章

第6章

第7章

R5年上期1

R5年上期2

電磁開閉器用 押しボタンスイッチ

配線用図記号 ⦿B

電磁開閉器を押し操作で開閉する押しボタンスイッチです。

プルスイッチ

配線用図記号 ●P

高い位置に取り付け，ひもを引っぱってオン・オフを行います。換気扇のスイッチなどに利用します。

調光器

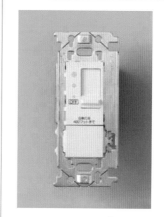

配線用図記号 ●↗

電灯の明るさを調節するスイッチです。

熱線式自動スイッチ

配線用図記号 ●RAS

人が発する赤外線を検知し，人の動き，温度差を検出して動作する熱線センサ付自動スイッチです。

練習問題

問い1	答え
写真に示す器具の名称は。 	イ．電力量計 ロ．調光器 ハ．自動点滅器 ニ．タイムスイッチ （令和元年度下期出題）

解説

電灯などを設定した時間に「入」「切」するもので，タイムスイッチといいます。

【解答：ニ】

問い2	答え
写真に示す器具の用途は。 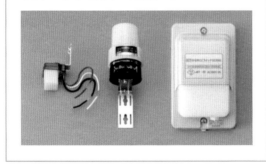	イ．LED電球の明るさを調節するのに用いる。 ロ．人の接近による自動点滅に用いる。 ハ．蛍光灯の力率改善に用いる。 ニ．周囲の明るさに応じて街路灯などを自動点滅させるのに用いる。 （令和5年度上期午前出題）

解説

写真は自動点滅器で，暗くなると街路灯などを自動的に点灯し，明るくなると消灯します。

【解答：ニ】

コンセント

コンセントの刃受けの極配置を覚える！

☑ (││) 単相 **15**A **125**V　　☑ (⌐│) 単相 **20**A **125**V

☑ (⊣│) 単相 **20**A **125**V（**15**A兼用）

☑ (──) 単相 **15**A **250**V　　☑ (⌐─) 単相 **20**A **250**V（**15**A兼用）

☑ (∧) 三相 **250**V　　☑ (⊓·) 三相 **250**V（接地極付）

※電圧は定格電圧，電流は定格電流を表す。

☑ 洗濯機用などは接地極付，接地端子付コンセントを施設する。

➡ コンセントの極配置と定格　　　　　重要度 ★★★

　コンセントは，定格電圧や定格電流，単相か三相か，あるいは用途により，刃受けの極配置が異なります。

　図1に埋込コンセントの極配置の例を示します。また，**表1**にコンセントの刃受けの極配置を示します。

　100V用のコンセントは単相125V，200V用は単相250V，三相200V用は三相250Vのものを使用します。

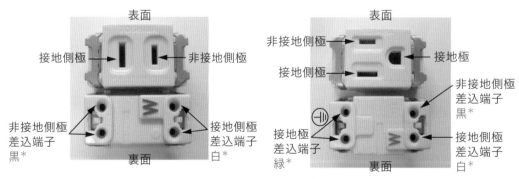

　　　　　　　　　　*電線の絶縁被覆の色

図1：埋込コンセントの極配置

第1章

第2章

第3章

第4章

第5章

第6章

第7章

R5
年上期
1

R5
年上期
2

表1：コンセントの刃受けの極配置

	単相125V*			単相250V*		三相250V*
	15A	**20**A		**15**A	**20**A**	15A，20A
接地極なし	⊓	接地極なし20A	＊＊	⊟	20A**	三相
接地極付	⊓		＊＊	⊟		← 接地極

*電圧は，定格電圧を表し，125V は **100**V，250V は **200**V で使用する。
**15A兼用

◆コンセントの定格，配線用図記号の例

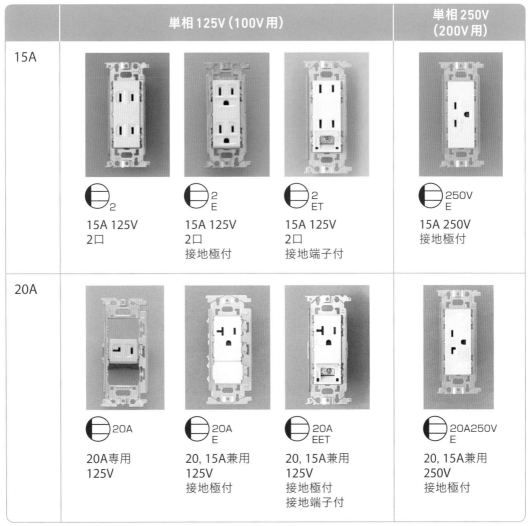

	単相125V（100V用）			単相250V（200V用）
15A	15A 125V 2口	15A 125V 2口 接地極付	15A 125V 2口 接地端子付	15A 250V 接地極付
20A	20A専用 125V	20, 15A兼用 125V 接地極付	20, 15A兼用 125V 接地極付 接地端子付	20, 15A兼用 250V 接地極付

※図記号にA（アンペア）表示のないものは，15A定格です。
※20A用のコンセントで，15A用のプラグを差すことができる刃受けの場合は，20，15A兼用です。

表2に，コンセントの図記号に傍記する記号を示します。

表2：コンセントの図記号に傍記する記号

記号	説明	記号	説明
2	2口以上は，口数を傍記する	LK	抜け止め形
3P	3極以上は，極数を傍記する	T	引掛形
E	接地極付	EL	漏電遮断器付
ET	接地端子付	WP	防雨形
EET	接地極付接地端子付	H	医用

P：Pole　E：Earth　ET：Earth Terminal　LK：Lock　T：Twist
EL：Earth Leakage　WP：Water-Proof　H：Hospital

◆抜け止め形コンセント

　刃受けが円弧状になっており，プラグを差し込んで右に回すと，抜けにくくなります。外すときは左に回してから抜きます（**図2**）。

15A 125V
2口
接地極付
抜け止め形

2
EET
LK
WP

15A 125V
2口
接地極付接地端子付
抜け止め形
防雨形

接地極
接地端子

図2：**抜け止め形コンセント**

◆引掛形コンセント

　引掛形（ひっかけがた）コンセントとは，円弧で湾曲した刃受けにこれと適合した差込プラグを差し込み，右方向に回転させて，差込プラグが抜けない構造としたコンセントです。

◆接地極と接地端子

　接地極（せっちきょく）とは地中に埋設された電極に接続される極で，次のコンセントは，接地極付コンセントを使用することになっています。

1)　家電製品用コンセント

　①電気洗濯機用　②電気衣類乾燥機用　③電子レンジ用　④電気冷蔵庫用
　⑤電気食器洗い機用　⑥電気冷暖房機用　⑦温水洗浄式便座用　⑧電気温水器用
　⑨自動販売機用

　接地極付コンセントには接地端子を備えることが望ましい。

2) 200V用コンセント

3) 屋外や台所などに使用するコンセント（台所，厨房，洗面所，便所など）

4) 医療用電気機械器具用のコンセント（医用差込接続器に適合し，病院電気設備の安全基準に基づく施工を行う）

5) 住宅に施設するコンセントは，できるだけ接地極付とする。

練習問題

問い1	答え
③で示すコンセントの極配置（刃受）は。 （令和4年度下期午後出題）	イ. 　　ロ. ハ. 　　ニ.

解説

③の図記号のコンセントは，定格電流**20A**，定格電圧**125V**の接地極付コンセントです。このコンセントの極配置（刃受）は，ハ. です。

イ. は20A 250V接地極付，ロ. は15A 125V接地極付，ニ. は15A 250V接地極付です（図記号に電圧の表示がない場合は定格電圧125V，Eは接地極付を表します）。

【解答：ハ】

問い2	答え
住宅で使用する電気食器洗い機用のコンセントとして，最も適しているものは。 （令和元年度下期出題）	イ. 引掛形コンセント ロ. 抜け止め形コンセント ハ. 接地端子付コンセント ニ. 接地極付接地端子付コンセント

解説

住宅で使用する電気食器洗い機用のコンセントとして，最も適しているものは，ニ. の**接地極付接地端子付コンセント**です。

【解答：ニ】

遮断器などの開閉器

これだけは覚えよう！

遮断器の種類と用途，機能を覚える！

☑ 配線用遮断器の選定として，100V回路は**2P1E**または**2P2E**，200V回路は**2P2E**を用いる。

☑ 単相3線式電路には，中性線欠相保護機能付の**遮断器**を用いる。

☑ モータブレーカ（電動機保護用配線用遮断器）は，短絡保護と過負荷保護の機能を持つ。

→ 開閉器

重要度 ★★★

開閉器には，配線用遮断器，漏電遮断器，モータブレーカ（電動機保護用配線用遮断器），電磁開閉器などが用いられます。

◆配線用遮断器

配線用遮断器には，100V回路用，200V回路用があり，短絡電流や過電流が流れたとき自動的に電路を遮断します。**図1**左は，2P1E，100V20A，右は，2P2E，100/200V20Aタイプです。Pは極，Eは素子を表します。

100V回路には，**2P1E**または，**2P2E**どちらを採用してもよいのですが，200V回路には**2P2E**を用います。安全ブレーカともいい，引き外し機構にバイメタルを用いた熱動式が多く用いられますが，熱動・電磁式もあります。

2P1Eとは，2極（Pole）1素子（Element）の略で，電流の開閉部が2つ，過電流検出素子が1つという意味です。

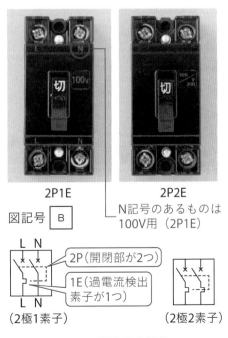

2P1E　　　2P2E

N記号のあるものは
100V用（2P1E）

図記号 B

L N
2P（開閉部が2つ）
1E（過電流検出
　素子が1つ）
L N
（2極1素子）

（2極2素子）

図1：配線用遮断器

◆漏電遮断器

漏電遮断器は，一定以上の漏電電流を検出したとき自動的に電路を遮断します（図2）。また，過負荷保護付は，短絡電流，過電流が流れたときも電路を遮断します。

図記号

| BE | 過負荷保護付 |
| E | 過負荷保護なし |

2P1E　　　　2P2E

N記号のあるものは
100V用（2P1E）

図2：**漏電遮断器**

◆中性線欠相保護機能付漏電遮断器

単相3線式電路に施設する漏電遮断器は，中性線欠相保護機能付（過電圧検出機能付）のものを使用します。**図3**は，3極（単相3線 100／200V用）・定格電流100A・定格感度電流30mA・過負荷保護兼用で，中性線欠相保護機能付（下部にリード線が出ている）の例です。

漏電表示ボタンは漏電遮断したときに飛び出すボタン，テストボタンは漏電の動作試験をするためのボタンです。

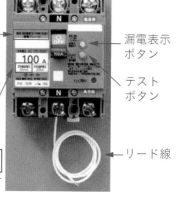

過負荷・短絡保護兼用
単3中性線欠相保護付
漏電ブレーカー

漏電表示ボタン

テストボタン

定格感度電流30mA

リード線

図記号 | BE |
欠相保護付

※中性線欠相保護機能：リード線を接続した点より電源側で中性線が切れたときに生じる異常電圧を検出し遮断する。

図3：**中性線欠相保護機能付漏電遮断器**

◆モータブレーカ（電動機保護用配線用遮断器）

モータブレーカ（電動機保護用配線用遮断器）は，電動機容量に合わせた専用のブレーカで，短絡保護と過負荷の保護を行います（**図4**）。

電動機回路では，配線用遮断器の定格電流は，モータ電流の3倍で設計するので，過負荷の保護ができません。過負荷の保護には，熱動継電器（サーマルリレー），またはモータブレーカを用います。モータブレーカは，2.2kWのように電動機容量が表記されているか，または電動機の定格電流が表記されています。

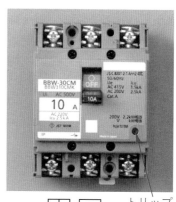

トリップボタン

図記号 | B | | B |M

図4：**モータブレーカ**

トリップボタンは，遮断器を外部から機械的にトリップさせるボタンです。

◆電磁開閉器

　電磁接触器と熱動継電器を組み合わせたものを電磁開閉器（図5）といい，電動機の始動，停止などの制御に用います。

　電磁接触器（マグネットリレー）は，電磁石の「入り」「切り」で，接点を開閉する構造になっており，押しボタンスイッチの操作または小さなスイッチの操作で，電動機の運転・停止を行います。

　熱動継電器（サーマルリレー）は，電気機器が過負荷になったとき電磁接触器を開動作させ自動的に回路を遮断し，電気機器の損傷を防ぎます。

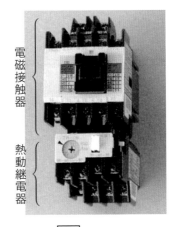

電磁接触器

熱動継電器

図記号 MS

図5：電磁開閉器

練習問題

問い1	答え
写真に示す器具の○で囲まれた部分の名称は。 	イ．熱動継電器 ロ．漏電遮断器 ハ．電磁接触器 ニ．漏電警報器 （令和2年度下期午前出題）

解説

　電動機などの「入」「切」に用いる電力用の電磁リレーで名称は，電磁接触器です。熱動継電器（サーマルリレー）と組み合わせたものを電磁開閉器と呼びます。

【解答：ハ】

第 **1** 章	
第 **2** 章	
第 **3** 章	
第 **4** 章	
第 **5** 章	
第 **6** 章	
第 **7** 章	
R5 年 上 期 1	
R5 年 上 期 2	

問い2	答え

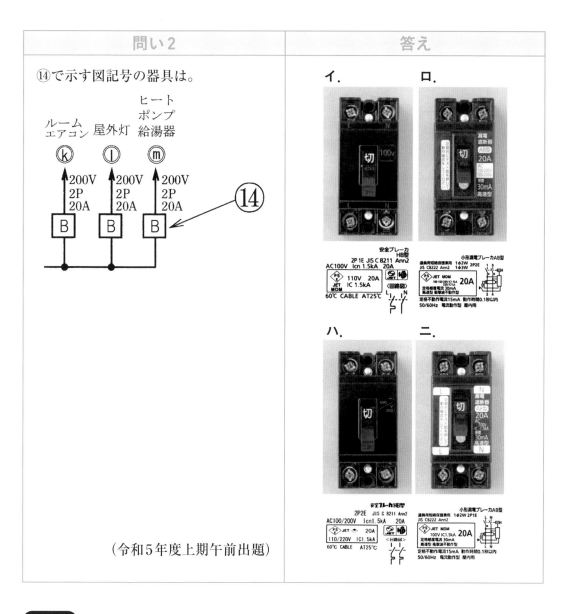

⑭で示す図記号の器具は。

ルーム
エアコン　屋外灯

ヒート
ポンプ
給湯器

（令和5年度上期午前出題）

解説

⑭が指す B は，配線用遮断器です。 B の傍記表示により200V分岐回路であることから，**2P2E**（2極2素子）を使用します。

イ.は**2P1E**配線用遮断器，ロ.は**2P2E**過電流保護機能付漏電遮断器，ハ.は**2P2E**配線用遮断器，ニ.は**2P1E**過電流保護機能付漏電遮断器です。よって，解答はハ.の**2P2E**配線用遮断器です。

・**2P2E**（2極2素子）：**200V回路**，**100V回路**で使用できる。2P：開閉部が2つ，2E：過電流検出素子（記号の ⊢ の部分）が2つ。

・**2P1E**（2極1素子）：**100V回路**で使用する。2P：開閉部が2つ，1E：過電流検出素子（記号の ⊢ の部分）が1つ。

【解答：ハ】

No. 05 その他の機器

これだけは覚えよう！

LEDランプの特長，蛍光灯の各始動方式，変圧器の巻数比，三相誘導電動機の同期回転速度の計算を覚える！

☑ **LEDランプの特長**：消費電力が小さい，寿命が長い，**即時点灯**など。

☑ **蛍光灯の始動方式**は，グロースタータ式，ラピッドスタート式，インバータ式がある。

☑ **単相変圧器の巻数比** $a = \dfrac{N_1}{N_2} = \dfrac{V_1}{V_2} = \dfrac{I_2}{I_1}$

☑ **同期回転速度** $N_s = \dfrac{120f}{p}$ 〔min^{-1}〕

　p：極数，f：周波数〔Hz〕

☑ **三相誘導電動機**は，**3線**のうち**2線**を入れ替えると逆転する。

➡ LEDランプ　　　　　　　　　　　　　　　　重要度 ★★

　LEDランプは，消費電力が小さい（ランプ効率が良い），寿命が長い，即時点灯，振動や衝撃に強い，環境への負荷が小さいなど多くの特長があります。また，制御装置を用いることで調光などの制御ができます。

* 主な光源のランプ効率

　白熱電球：11〜18lm/W, 蛍光灯：40〜110lm/W, 直管LEDランプ：150〜175lm/W

* ランプ効率：ランプの全光束F〔lm〕をその消費電力W〔W〕で割った数値F/W〔lm/W〕（ルーメン毎ワット）をいう。

* LED：Light Emitting Diode（発光ダイオード）

➡ 蛍光灯　　　　　　　　　　　　　　　　　　重要度 ★★

けいこうとう
　蛍光灯には，その始動方法によって，グロースタータ式，ラピッドスタート式，インバータ式があります。

◆グロースタータ式点灯回路のしくみ

1)　電源スイッチをオンすると，点灯管（グロースイッチ）に電圧が加わり，グロー放電が始まり，点灯管内部の温度上昇によりグロースイッチが閉じます。
2)　フィラメントに電流が流れ，フィラメントを加熱します。
3)　グロースイッチのオンにより，点灯管の電圧が0になり放電が停止するので，グロースイッチは冷えてオフします。
4)　このとき，安定器の電流が遮断され安定器（コイル）に高電圧が発生し，蛍光ランプに高電圧が加わり放電を開始します。
5)　蛍光ランプは，放電を開始すると過大な電流が流れるので，安定器（コイル）により蛍光ランプに流れる電流を一定に保ち動作を安定させています。
6)　雑音防止用のコンデンサは，点灯時のノイズを吸収します。

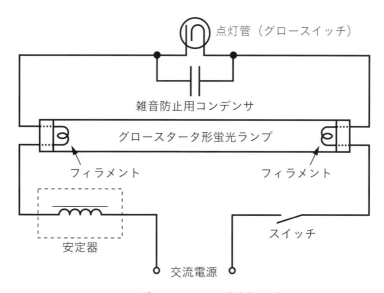

図1：グロースタータ式点灯回路

◆ラピッドスタート式点灯回路のしくみ

　安定器がフィラメント電極の予熱と点灯のための高電圧を発生し，近接導体の始動補助作用により点灯します。安定器は，単巻磁気漏れ変圧器で放電電流が流れると電圧が下がり，一定以上の電流は流さない限流作用があります。

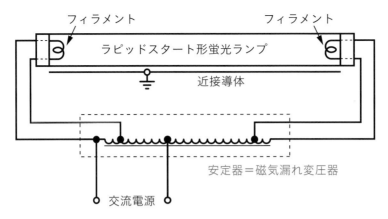

図2：ラピッドスタート式点灯回路

◆インバータ式点灯回路のしくみ

　まず，50Hzまたは60Hzの交流電源を直流に変換します。次に，インバータ（逆変換回路）で直流を20〜50kHzの高周波の交流に変換してランプを点灯します。
　即時に点灯でき，器具効率が良く省電力化，高照度化ができます。また，ちらつきも少なく電源の周波数に関係なく使用できます。

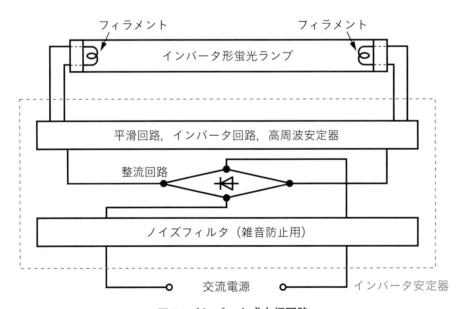

図3：インバータ式点灯回路

◆安定器

　蛍光灯などの放電管は，放電を開始すると抵抗が小さくなるので，大きな電流が流れないようにするための安定器（図4）が必要です。

ラピッドスタート式の安定器は，特殊な変圧器でできています。フィラメントには常時，電圧を加えて加熱しています。高い電圧が発生しますが，ランプが放電を開始すると電圧が低くなり，一定の電流が流れるようになっています。

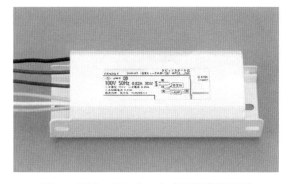

図4：ラピッドスタート式の安定器の例

インバータ式の安定器は，安全のため，ランプの寿命時に発振を停止する回路が組み込まれていますので，故障したように感じることがあります。

◆蛍光灯の配線用図記号

配線図では，蛍光灯は**表1**，**表2**のような図記号で表します。

表1：**蛍光灯の配線用図記号**

ボックス付	ボックスなし	壁付	床付
非常用	誘導用	非常・誘導兼用	

表2：**蛍光灯の図記号に傍記する主な内容**

項目	内容		例
容量	ワット×ランプ数を傍記		F40×2
配線器具	つながり方	一直線に複数，設置されている場合	F40-2 これは40W×2本を表す
	大小及び形状に応じた表示	一箇所で平行に複数，設置されている場合	F20×4 これは20W×4本を表す

➡ その他の照明器具と配線用図記号　　　重要度 ★★

ペンダント

チェーンペンダント　コードペンダント

図記号 ⊖

シャンデリヤ

図記号 ⒸⒽ

ダウンライト（埋込形照明器具）

図記号 ⒹⓁ

シーリングライト（天井直付）

図記号 ⒸⓁ

引掛シーリング（丸）コンセント付

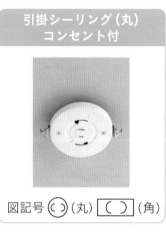

図記号 ◖◗（丸）　◖◗（角）

防雨形壁付照明器具

図記号 ◖WP

➡ 変圧器　　　重要度 ★

変圧器は，電力会社から送られる6600Vの交流電圧を，家電製品が使える100Vや工場で利用する電動機用電源の200Vに変換するなど，目的にあった電圧に変える機器です。

◆変圧器（トランス）の構造

変圧器は鉄心に2つの巻線（コイル）を巻いた構造で，一方の巻線に交流電圧を加えると，他方の巻線に巻数に比例した電圧が得られます（**図5**）。

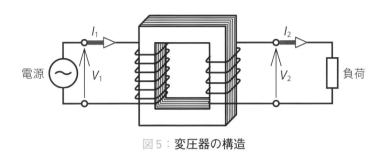

図5：変圧器の構造

第1章

第2章

第3章

第4章

第5章

第6章

第7章

R5年上期1

R5年上期2

◆巻数比，電圧比，電流比

　電源に接続する巻線（入力側）を一次巻線（一次コイル），変圧器の負荷に接続する巻線（出力側）を二次巻線（二次コイル）といいます。なお，一次側と二次側巻線の巻数をN_1，N_2，電圧をV_1，V_2，電流をI_1，I_2としたとき，

$$\frac{N_1}{N_2}=\frac{V_1}{V_2}=\frac{I_2}{I_1}=a$$

であり，aを変圧器の巻数比といいます。

◆容量

　定格二次出力$S=V_2\,I_2$〔V・A〕を変圧器の定格容量といいます。二次出力は，一次入力$V_1 I_1$〔V・A〕とほぼ等しくなります。

$$S=V_2\,I_2\fallingdotseq V_1\,I_1 \text{〔V・A〕}$$

　二次電圧は，100/200V（公称電圧）ですが，変圧器を設計するとき電圧降下を考慮して定格二次電圧は，105/210Vとしています。

◆変圧器の例と配線用図記号

チャイム用小形変圧器	ネオン変圧器	リモコン変圧器
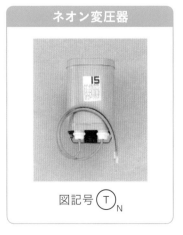		
図記号 T	図記号 T_N	図記号 T_R

➡ 三相誘導電動機 　　　重要度 ★★★

三相誘導電動機は，構造が簡単で取り扱いやすいので，動力用として広く使われる電動機です。

◆三相誘導電動機の原理

図6のように，アルミニウムの缶近くで永久磁石を素速く動かすと缶は回転します。磁石を動かすことでアルミ缶に電流が流れ，磁界との作用で回転力を生じます。これは，アルミ缶に磁極ができたのと同じような作用をします。S極同士は反発し，N極とS極は引き合うため，磁石が回転すれば，アルミ缶も回転します。

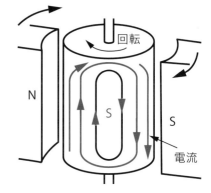

図6：誘導電動機の原理の考え方

三相誘導電動機は，固定子巻線に三相の交流電流を流すと磁石を回転させるのと同じ作用があり，これを回転磁界といいます。

回転磁界の速さを同期回転速度といい，次式となります。

$$N_s = \frac{120f}{p}　〔\mathrm{min}^{-1}〕（1分間の回転速度）$$

同期回転速度 N_s は，周波数 f に比例し，極数 p（図6の場合はN極とS極で2極）に反比例します。

回転子の回転速度（電動機の回転速度）N は，同期回転速度 N_s よりも少し遅くなり，遅くなる割合をすべりといいます。また，無負荷のときは同期回転速度に近い速さで回転しますが，負荷が大きくなると回転速度が少し遅くなります。

◆回転方向

三相誘導電動機は，3線のうち2線を入れ替えると回転磁界の方向が逆になるため，逆転します。図7の回路で，MC1が閉じたとき正転とすると，MC2が閉じたときは2線が入れ替わるので，逆転します。

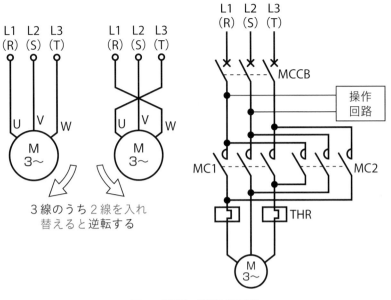

3線のうち2線を入れ
替えると逆転する

図7：**正転，逆転の回路**

◆全電圧始動法

　三相誘導電動機に電源電圧を直接加えて始動する方法
を，全電圧始動法または直入れ始動法といいます。

　全電圧始動法は，定格電流の6倍くらい（4～8倍程度）
の始動電流が流れます。

　図8の回路で，MCCBを投入し，MCが閉じると，電
動機に三相電圧が加わり電動機は運転状態となります。

◆減電圧始動法

　電動機に加える電圧を低減して始動し，始動電流を減
少させる方法を減電圧始動法といい，回転速度が上昇し
た後に全電圧を加え通常運転に入る方法です。

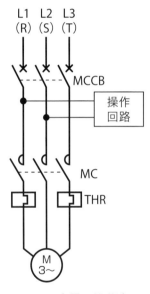

図8：**全電圧始動法**

◆スターデルタ始動法

　スターデルタ始動法は，減電圧始動法の1つです。始動時は，スター（Y）結線（**図
9（a）**）とし，回転速度が上昇後にデルタ（Δ）結線（**図9（b）**）に切り替えます。Y結線
では，始動電流が**1/3倍**に軽減できます。また，始動トルク（始動するときの回転力）
も**1/3倍**になります。

第1章
第2章
第3章
第4章
第5章
第6章
第7章
R5 年上期1
R5 年上期2

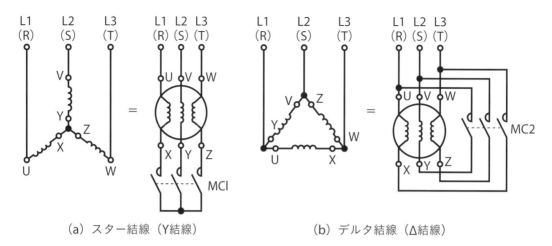

（a）スター結線（Y結線）   （b）デルタ結線（Δ結線）

図9：スターデルタ始動法

◆力率改善

　誘導電動機は力率が低いので，電源から流れ出る負荷電流を減少させる目的で力率改善用の進相コンデンサ（図10）を，電動機と並列に入れます（図11）。なお，力率が低い（力率が悪いともいう）と，出力が小さくても，電流は大きくなります。

図10：低圧進相コンデンサ

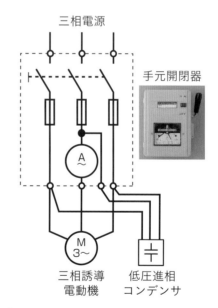

三相誘導
電動機

低圧進相
コンデンサ

図11：三相誘導電動機回路の力率改善

問い1	答え
直管LEDランプに関する記述として，誤っているものは。 （令和5年度上期午後出題）	イ．すべての蛍光灯照明器具にそのまま使用できる。 ロ．同じ明るさの蛍光灯と比較して消費電力が小さい。 ハ．制御装置が内蔵されているものと内蔵されていないものとがある。 ニ．蛍光灯に比べて寿命が長い。

解説

直管の蛍光灯照明器具には，グロースタータ式，ラピッドスタート式，インバータ式などがあり，動作原理の異なる**直管LEDランプ**を使用することはできません。したがって，すべての蛍光灯照明器具にそのまま使用できるというイ．の記述は誤りです。

【解答：イ】

問い2	答え
定格周波数60Hz，極数4の低圧三相かご形誘導電動機の同期速度〔min⁻¹〕は。 （令和5年度上期午後出題）	イ．1200 ロ．1500 ハ．1800 ニ．3000

解説

三相かご形誘導電動機の**同期速度 N_s** は，次式となります。

$$N_s = \frac{120f}{p} (\text{min}^{-1})(毎分)(f：電源の周波数〔Hz〕，p：極数)$$

周波数 $f=60$Hz，極数 $p=4$ を代入すると，

$$N_s = \frac{120 \times 60}{4} = 1800\text{min}^{-1}$$

＊回転磁界：永久磁石を回転するのと同じような作用。同期速度＝同期回転速度：回転磁界の回転の速さ。

【解答：ハ】

問い3	答え
一般用低圧三相かご形誘導電動機に関する記述で，誤っているものは。 （令和5年度上期午後出題）	**イ.** 負荷が増加すると回転速度はやや低下する。 **ロ.** 全電圧始動（じか入れ）での始動電流は全負荷電流の2倍程度である。 **ハ.** 電源の周波数が60Hzから50Hzに変わると回転速度が低下する。 **ニ.** 3本の結線のうちいずれか2本を入れ替えると逆回転する。

解説

ロ. の**全電圧始動（じか入れ）での始動電流は全負荷電流の2倍程度である**という記述は誤りです（始動電流は，全負荷電流の**4〜8倍程度**です）。

負荷が増加すると回転速度はやや低下し，回転速度は周波数に比例します。3本の結線のうちいずれか2本を入れ替えると，回転磁界の回転方向が逆になり逆回転します。

＊全電圧始動（じか入れ）：電源電圧を直接加える始動方法。

【解答：ロ】

No. 06　工具・工事材料

これだけは覚えよう！

電気工事で必要な工具，工事材料を覚える！

☑ 金属管工事：パイプバイス，パイプカッタ，クリックボール，金切りのこ，やすり，リーマ，パイプベンダ，ねじ切り器，パイプレンチ

☑ 合成樹脂管工事：ガストーチランプ，合成樹脂管用カッタ，面取器

☑ 電線管には，薄鋼（太さの呼び方は外径の奇数），ねじなし（太さの呼び方は外径の奇数），厚鋼（太さの呼び方は内径の偶数），金属製可とう電線管，VE管，PF管，CD管などがある。

→ 工具　　　　　　　　　　　　重要度 ★★★

電気工事では，さまざまな工具が使われます。

◆金属管工事用工具

金属管工事に用いる主な工具は，次のとおりです。

パイプバイス

金属管などを切断したりねじを切ったりするときに，管をはさんで固定します。

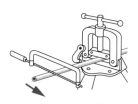

パイプバイスの使い方

パイプカッタ

金属管の切断に用います。切刃とローラで管をはさみ，カッタを回転させながら切断します。

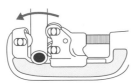

パイプカッタの使い方

クリックボール

リーマをつけて，金属管の内側のバリを取るときに用います。

リーマ

クリックボールの使い方

金切りのこ

電線管などを切断します。

平やすり

金属管の切断面外側のバリを取り，切断面の仕上げに用います。

リーマ

クリックボールに取り付けて金属管の切断面内側のバリ取りに用います。

パイプベンダ

金属管を曲げるのに用います。

ねじ切り器

金属管にねじを切るのに用います。

ダイス

ねじ切り器に取り付けて金属管のねじ切りに用います。

パイプレンチ

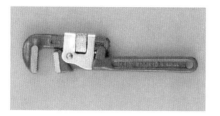

丸い**パイプを回す**ためのレンチです。継手などをねじ込んだり，外したりする配管工事に使います。

パイプレンチの使い方

ノックアウトパンチャ

プルボックスなど金属の**板**に**穴**をあけます。

ホルソ

電気ドリルに取り付けて金属などの**板**に**穴**をあけます。

◆合成樹脂管工事用工具

合成樹脂管工事に用いる主な工具は，次のとおりです。

ガストーチランプ（ガスバーナー）

硬質ポリ塩化ビニル電線管の曲げ**加工**や差し込み接続のとき**加熱**して柔らかくします。

合成樹脂管用カッタ

硬質ポリ塩化ビニル電線管の**切断**に用います。

面取器

硬質ポリ塩化ビニル電線管の切断面の**面取り**に用い，管の内側と外側の面取りを行います。

第1章
第2章
第3章
第4章
第5章
第6章
第7章
R5 年上期1
R5 年上期2

◆その他

その他にも，さまざまな工具が用いられます。

電工ナイフ

絶縁電線の絶縁被覆やケーブルのシース（外装）をはぎ取るのに用います。

裸圧着端子用圧着工具

電線に裸圧着端子を圧着接続するのに用います。赤色の柄が特徴です。

リングスリーブ用圧着工具

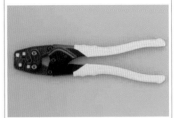

リンブスリーブを圧着し，電線を接続するのに用います。黄色の柄が特徴です。

ケーブルストリッパ

VVFケーブルの外装や絶縁被覆をはぎ取るのに用います。

手動油圧式圧着器

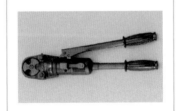

太い電線の圧着接続に用います。

張線器（シメラー）

架空線のたるみやメッセンジャワイヤのたるみを調整します。

ドリルドライバ

ドライバビットやドリルビットを取り付けて，ドライバやドリルとして使用します。

呼び線挿入器（通線器）

電線管に電線を通線するのに用います。

レーザー墨出し器

器具等を取り付けるための基準線を投影するために用います（水平，垂直ラインを出す器具です）。

→ 材料

重要度 ★★★

◆電線接続用

電線同士を接続する材料として，リングスリーブ，差込形コネクタがあります。

リングスリーブ	差込形コネクタ
電線同士を圧着接続するのに用います。大・中・小があり，それぞれ使用できる電線の組合せや最大使用電流が決められています。	心線を差し込んで，電線同士を接続するのに用います。2，3，4，5，6，8本用などがあります。

◆電線管

電線を保護するための電線管には，金属製，合成樹脂製があります。

薄鋼電線管（C管） うすこうでんせんかん	厚鋼電線管（G管） あつこうでんせんかん	ねじなし電線管（E管）
 写真は薄鋼電線管（C管）		
金属製電線管のうち肉厚が薄いもので，屋内の金属管工事に使用されます。長さは**3.66**m。 太さの呼び方は，管外径に近い奇数で表します。7種類（19，25，31，39，51，63，75）あります。	金属製電線管のうち肉厚が厚いもので，主に屋外や工場内の金属管工事に使用されます。長さは**3.66**m。 太さの呼び方は，管内径に近い偶数で表します。10種類（16，22，28，36，42，54，70，82，92，104）あります。	管端にねじが切られていません。ねじ切りをしないので薄鋼電線管よりも管の肉厚が薄く，管を通す電線の本数も増やすことができます。長さは**3.66**m。 ねじを切らずに使用する電線管で，太さの呼び方は管外径に近い奇数で表します。7種類（E19，E25，E31，E39，E51，E63，E75）あります。

第1章
第2章
第3章
第4章
第5章
第6章
第7章
R5年上期1
R5年上期2

2種金属製可とう電線管（プリカチューブ）	硬質ポリ塩化ビニル電線管（VE管）	合成樹脂製可とう電線管（PF管）

金属製の可とう電線管で，自由に曲げられる金属製の電線管です。	硬質ポリ塩化ビニル製の電線管。呼び方は，「VE14」「VE16」のように，管内径に近い偶数で表します。	可とう性があり自由に曲げられる電線管で，呼び方は管内径に近い偶数で表します。

合成樹脂製可とう電線管（CD管）	耐衝撃性硬質ポリ塩化ビニル電線管（HIVE管）	波付硬質合成樹脂管（FEP管）

コンクリート埋込配線に用います。CD管は，耐燃性のない合成樹脂製可とう電線管で，オレンジ色で区別します。	衝撃が加わる場所で用いる合成樹脂管です。	衝撃に強い可とう管で地中埋設用に用います。
	ケーブルを地中埋設するときの電線管として用いられる	

◆金属製線ぴ，ケーブルラック，ライティングダクト

絶縁電線やケーブルを保護する金属製線ぴには，1種と2種があります。

1種金属製線ぴ	2種金属製線ぴ

幅が4cm未満で，造営材に固定して絶縁電線やケーブルの収納に用います。	幅が4cm以上5cm以下で，天井などに吊るして絶縁電線やケーブルの収納に用います。また，蛍光灯などの照明器具を下部に取り付けたりするのに用います。

ケーブルラック	ライティングダクト
	 導体
多数のケーブルを載せて支持固定するのに用います。	照明器具などを任意の位置に取り付けることができる給電レールで，店舗などで多く使われます。

◆埋込配管・配線用付属品，他

電気工事では，さまざまなボックス類が用いられます。

スイッチボックス

埋込型のスイッチやコンセントの取り付け用。カバー付は主としてコンクリート壁に使用されます。

スイッチボックス（樹脂製）

住宅などのケーブル工事で，スイッチやコンセントの取付けに用います。

プルボックス

図記号 ⊠

電線を接続する大形のジョイントボックスです。多数の金属管が集合する箇所で使用します。

アウトレットボックス（ジョイントボックス）

図記号 □

天井や壁に埋め込んで，電線管の分岐点，長い配管の接続などに用います。電線の接続箇所，電灯の取付箇所，埋込形のスイッチやコンセントをボックスカバー（スイッチカバー）と組み合わせて取り付けます。

八角形コンクリートボックス

コンクリート埋込用のボックスで，底部のバックプレートが外せるようになっています。電線管の分岐点，長い配管の途中の接続，照明器具の吊り下げ用ボックスなどに用います。
四角形のものもあります。

VVF用ジョイントボックス

図記号 ⊘

写真は端子なしジョイントボックスで，ベースとカバーで構成されています。VVFケーブルを接続する場所で用います。

引き留めがいし

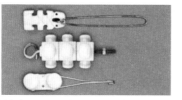

引込用絶縁電線（DV，DE）を引き留めるのに用います。
各種の形状のものが使われます。

◆金属製電線管用付属品

金属管同士の接続や，ボックスの接続，電線の保護などに，さまざまな付属品が用いられます。

ノーマルベンド	ねじなしボックスコネクタ	コンビネーションカップリング
		写真は2種金属製可とう電線管とねじなし電線管相互の接続用
金属管が直角に曲がる箇所に用います。（写真は，ねじなし電線管用）	ねじなし電線管と金属製アウトレットボックスの接続に用います。	異なる種類の電線管の接続に用います。

ねじなしカップリング	薄鋼電線管用カップリング
 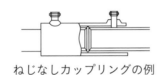ねじなしカップリングの例	
ねじなし電線管同士を接続するのに用います。	薄鋼電線管同士を接続するのに用います。

ロックナット	リングレジューサ	絶縁ブッシング

電線管とボックスを接続するとき，ボックスの内と外から締め付けるのに用います。	電線管とボックスの接続で，打ち抜き穴が大きい場合にボックスの内と外の両面にあてがいロックナットで締めます。	金属管の管端（電線引出口）に取り付け，電線の被覆を保護します。

接地金具 （ラジアスクランプ）	サドル	電線管支持金具 （パイラック）

金属管工事で管とボンド線の接続に用います。	金属管を造営材に固定するときに用います。	金属管を鉄骨などに固定するときに用います。

◆露出配管用付属品

金属管工事で露出する配管に用いられる付属品には，次のものがあります。

露出スイッチボックス	丸型露出ボックス	ユニバーサル

露出の金属管工事で埋込形のスイッチやコンセントを取り付けるときに用います。	露出の金属管工事で，管の交差場所，器具の取り付けのとき用います。	露出の金属管工事で，直角に曲がる箇所に用います。

エントランスキャップ	ターミナルキャップ
	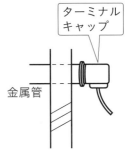
金属管工事の垂直配管の上部管端，水平配管の管端に取り付け，雨水の浸入を防ぎます。	金属管工事の水平配管の管端に取り付けたり，電動機などの機器に接続する電線を引き出すときなどに用います。

◆合成樹脂管工事用付属品

合成樹脂管同士の接続やボックスの接続などに用いられる材料には，次のものがあります。

2号ボックスコネクタ	TSカップリング	PF管用ボックスコネクタ

硬質ポリ塩化ビニル電線管とボックスを接続するためのコネクタです。	硬質ポリ塩化ビニル電線管相互の接続に用います。テーパ形受口となっていて，中央に止まりがあり，接着剤により接続します。	PF管とアウトレットボックスの接続に用います。

PF管用カップリング	PF管用サドル	コンビネーションカップリング
		　PF管とVE管の接続用
PF管同士の接続に用います。	PF管を造営材に固定するのに用います。	異なる種類の電線管の接続に用います。

合成樹脂製露出スイッチボックス（PF管接続用）	合成樹脂製露出スイッチボックス（VE管接続用）	FEP管用ボックスコネクタ

露出のPF管工事でスイッチやコンセントを取り付けるのに用います。	露出のVE管工事でスイッチやコンセントを取り付けるのに用います。	波付硬質合成樹脂管（FEP）とボックスを接続するのに用います。

練習問題

問い1	答え
写真に示す材料の用途は。 	**イ**. ねじなし電線管相互を接続するのに用いる。 **ロ**. 薄鋼電線管相互を接続するのに用いる。 **ハ**. 厚鋼電線管相互を接続するのに用いる。 **ニ**. ねじなし電線管と金属製アウトレットボックスを接続するのに用いる。 （平成23年度上期出題）

解説

　イ．のねじなし電線管相互の接続は，ねじなしカップリングを用います。ロ．ハ．の電線管相互の接続はカップリングを用います。ニ．の写真はねじなしボックスコネクタで，ねじなし電線管と金属製アウトレットボックスの接続に用います。

【解答：ニ】

問い2	答え
写真に示す工具の電気工事における用途は。 	**イ**. 硬質ポリ塩化ビニル電線管の曲げ加工に用いる。 **ロ**. 金属管（鋼製電線管）の曲げ加工に用いる。 **ハ**. 合成樹脂製可とう電線管の曲げ加工に用いる。 **ニ**. ライティングダクトの曲げ加工に用いる。 （令和4年度上期午後出題）

解説

　写真に示す工具はガストーチランプ（ガスバーナー）です。用途は硬質ポリ塩化ビニル電線管を加熱して曲げ加工に用います。

【解答：イ】

No. 07 測定器

これだけは覚えよう！

測定器（計器）の正しい接続方法, 測定方法, 分類を覚える！

- ☑ 電圧計は負荷に対して並列に接続, 電流計は負荷に対して直列に接続する。
- ☑ 電力計は, 電圧と電流を測定し, 電力を指示する。
- ☑ クランプメータは, 線路電流, 漏れ電流の測定に用いられ, 漏れ電流の測定には, 1回路の全電線をクランプに通す。
- ☑ 動作原理による計器の分類には, 可動コイル形, 可動鉄片形, 電流力計形, 整流形, 誘導形がある。

➡ 電圧計

重要度 ★★

電圧計は, 端子間の電圧 V〔V〕の測定に用います。図1のように, 負荷または電源に対して並列に接続します。直流回路の場合には, 直流電圧計の＋－の極性端子を誤らないように接続します。

図記号 Ⓥ

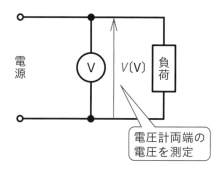

電圧計両端の電圧を測定

図1：電圧計は並列に接続

◆倍率器

電圧計に直列に接続して電圧計の測定範囲を拡大する抵抗を倍率器といいます。

図2において, V_v〔V〕が測定できる電圧計の測定範囲を V_0〔V〕に拡大するとき, $m=\dfrac{V_0}{V_v}$ を倍率といいます。

電圧計の内部抵抗をr_v，倍率器の抵抗をR_mとしたとき，

$$R_m = r_v(m-1)\,(\Omega)$$

であり，倍率器の抵抗は，電圧計の内部抵抗を (倍率−1) 倍すれば求められます。

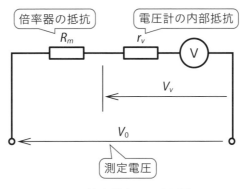

図2：倍率器を用いた回路

● 電流計

重要度 ★★

電流計は，電線に流れる電流I〔A〕の測定に用います。**図3**のように，負荷に対して直列に接続します。

図記号 Ⓐ

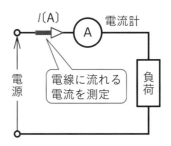

図3：**電流計は直列に接続**

◆分流器

電流計に並列に接続して電流計の測定範囲を拡大する抵抗を分流器といいます。

図4において，I_a〔A〕が測定できる電流計の測定範囲をI_0〔A〕に拡大するとき，$m=\dfrac{I_0}{I_a}$を倍率といいます。

電流計の内部抵抗をr_a，分流器の抵抗をR_sとしたとき，

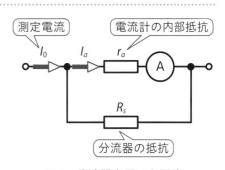

図4：**分流器を用いた回路**

$$R_s = \frac{r_a}{m-1} \text{ (}\Omega\text{)}$$

であり，分流器の抵抗は，電流計の内部抵抗を（倍率－1）で割れば求められます。

◆変流器

　大きな交流電流を測定する場合，変流器を用いて小さな電流に変成し，電流計で測定します（**図5**）。

　変流器の一次，二次巻線の巻数を N_1，N_2，電流を I_1，I_2 とするとき，次の関係があります。

$$N_1 I_1 = N_2 I_2$$

これから，

$$\frac{I_1}{I_2} = \frac{N_2}{N_1} = K$$

であり，K を変流比といいます

　一次電流 I_1 は，$I_1 = K I_2$（一次電流＝変流比×二次電流）となります。

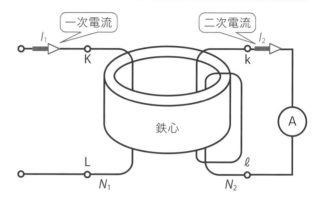

一次電流 I_1 により鉄心内に磁束を生じ，磁束の大きさに応じて二次電流 I_2 が流れる。

図5：**変流器のしくみ**

⊙ 電力計

重要度 ★★

　電力計は，電流コイルで電流 I (A) を，電圧コイルで電圧 V (V) を測定し，電力 P (W) を指示します。負荷に対して，電流コイルを直列，電圧コイルを並列に接続します（**図6**）。

　直流の場合は，$P = V I$ (W)

　交流の場合は，$P = V I \cos\theta$ (W) を指示します。

　$\cos\theta$ は，力率といいます。

図記号 Ⓦ

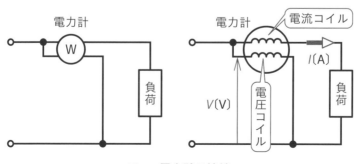

図6：**電力計の接続**

➡ クランプメータ

クランプメータ(**図7**)は，主に線路電流(負荷電流)，漏れ電流の測定に用います。

線路電流を測定するには，測定する電流の流れている電線を測定器のクランプ部を開いて輪の中に通します。

クランプメータのクランプ部は変流器で構成されており，変流器を貫通する電線に流れる電流I〔A〕を測定します。

漏れ電流I_g〔A〕を測定するには，1回路の全電線を変流器に通します。

図7：クランプメータ

◆クランプメータによる電流値の測定方法

〔線路電流の測定〕

線路電流I〔A〕を測定するには，**図8**のように，電線をクランプ部に貫通させて測定します。

〔漏れ電流の測定〕

漏れ電流I_g〔A〕を測定するには，**図9**のように，1回路の全電線をクランプ部に貫通させて測定します。単相3線式，三相3線式であれば，3線すべてをクランプに通します。

接地線がある場合は，接地線を除いた1回路の全電線をクランプに通します。

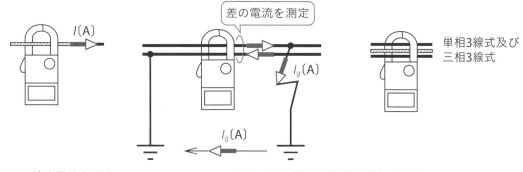

図8：線路電流を測定　　　図9：漏れ電流I_g(地絡電流)を測定

➡ その他の測定器

重要度 ★★

その他の主な測定器として，電力量計，照度計，周波数計，回転計，検電器，検相器，回路計，絶縁抵抗計，接地抵抗計などがあります。

電力量計	照度計（しょうどけい）	周波数計（しゅうはすうけい）

電力量の測定に用います。住宅の外壁にあり，計器の中の円板が回転して消費電力量を測ります。	照度の測定に用います。目盛板に照度の単位〔lx〕（ルクス）の記号があります。	周波数の測定に用います。目盛板に周波数の単位〔Hz〕（ヘルツ）の記号があります。

回転計	検電器（けんでんき）	検相器（ランプ式）（けんそうき）

電動機の回転部分に反射テープを貼り，その光の反射を読み取って回転速度の測定に用います。	接地側か非接地側かの確認，電気機器の充電の有無の確認に用います。	三相回路のR，S，T相の相順（相回転の順）の確認に用います。

回路計（テスタ）	絶縁抵抗計（ぜつえんていこうけい）	接地抵抗計（せっちていこうけい）

回路の電圧（交流・直流），抵抗，導通などを調べるのに用います。	直流電圧を加えて，絶縁抵抗値を測定するのに用います。MΩ（メガオーム）の表示があります。測定によって，電気配線や電気機器の絶縁不良を発見します。測定法についてはp.109〜110を参照してください。	アーステスタともいい，接地抵抗を測定するのに用います。補助接地棒2本とリード線があります。測定法についてはp.111を参照してください。

➡ 計器の分類

重要度 ★

ここまで説明してきた測定器は，計器と呼ばれます。計器は，動作原理，使用回路，置き方，精度の種類によって分類され（**表1～4**），**図10**に示すように，その分類と表す記号が目盛板などに記されています。

表1：**動作原理による分類**

種類	記号	使用回路	説明
永久磁石可動コイル形		直流	永久磁石内のコイル電流の回転力を利用して動作する。
可動鉄片形		主に交流	コイル電流内の2つの鉄片間に生じる斥力を利用して動作する。 直流でも使用できるが，主に交流用として用いる。
電流力計形		交流直流	2コイルの電流力による回転力を利用して動作する。電力計として用いる。
整流形		交流	交流を直流に変換し永久磁石可動コイル形計器で指示する。（組み合わせた記号を用いる）
誘導形		交流	アルミニウム円板内の移動磁界によって生じる誘導電流による回転力を利用して動作する。電力量計として用いる。

表2：**使用回路による分類**

種類	記号
直流	$---$
交流	$\sim$
直流及び交流	$\approx$
三相交流	3～ または（$\approx$）

表3：**置き方による分類**

置き方（姿勢）	記号
鉛直（垂直）	⊥
水平	⊓
傾斜（60度の例）	∠60°

表4：**精度の種類**

階級	記号	主な用途
0.5級	0.5	精密測定用，実験用
1級	1	実験用，大形配電盤
1.5級	1.5	一般配電盤，制御盤
2.5級	2.5	一般配電盤，制御盤
5級	5	力率計，小形機器

※記号は，最大目盛値に対する許容誤差〔%〕を表す。

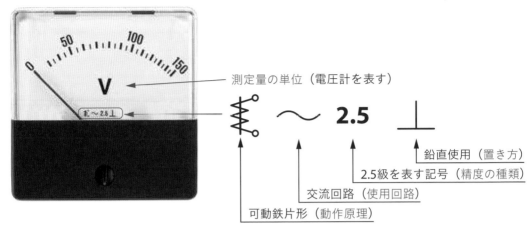

測定量の単位（電圧計を表す）

鉛直使用（置き方）

2.5級を表す記号（精度の種類）

交流回路（使用回路）

可動鉄片形（動作原理）

図10：**目盛板の例（交流電圧計）**

練習問題

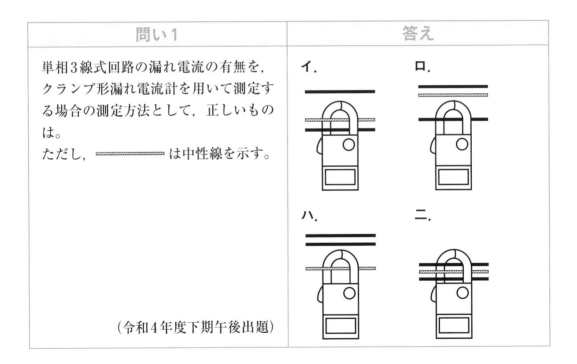

問い1	答え
単相3線式回路の漏れ電流の有無を，クランプ形漏れ電流計を用いて測定する場合の測定方法として，正しいものは。 ただし，━━━━ は中性線を示す。 （令和4年度下期午後出題）	イ. ロ. ハ. ニ.

解説

　単相**3線式**回路の**漏れ電流**を測定するには，クランプ形漏れ電流計を用いて，**中性線を含む3本の電線**をクランプ（変流器）に通して測定します。ニ.の図が正しい測定方法です。

【解答：ニ】

第1章

第2章

第3章

第4章

第5章

第6章

第7章

R5
年上期1

R5
年上期2

問い2	答え
単相2線式100V回路の漏れ電流を,クランプ形漏れ電流計を用いて測定する場合の測定方法として,正しいものは。 ただし,━━━は接地線を示す。 （令和4年度下期午前出題）	イ.　　　　　ロ. ハ.　　　　　ニ.

解説

単相2線式100V回路の漏れ電流を測定するには，クランプ形漏れ電流計を用いて，接地線を除く2本の電線をクランプ（変流器）に通して測定します。イ.の図が正しい測定方法です。

【解答：イ】

問い3	答え
コンセントの電圧と極性を確認するための測定器の組合せで，正しいものは。 （令和3年度上期午前出題）	イ.　ロ.　ハ.　ニ.

解説

コンセントの電圧を測定するには回路計（テスタ）が，極性を確認するには検電器が必要です。

[参考]
　イ.回路計と検相器（ランプ式）　ハ.絶縁抵抗計と検相器（ランプ式）
　ニ.絶縁抵抗計とクランプメーター

【解答：ロ】

問い4	答え
交流の負荷電流を測定するものは。 （令和元年度下期出題）	  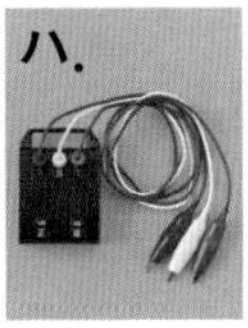 

解説

交流の電流を測定できるのは，二.のクランプメータで，クランプ部があることから判断できます。

クランプ部内は円形の分割した鉄心で，これを貫通する電線の電流による磁束を検出し，磁束に比例する電流を測定します。

[参考]

イ.回路計（テスタ）　ロ.照度計　ハ.検相器（ランプ式）

【解答：二】

第1章

第2章

第3章

第4章

第5章

第6章

第7章

R5 年上期1

R5 年上期2

問い1	答え
低圧の地中配線を直接埋設式により施設する場合に使用できるものは。 （令和2年度下期午前出題）	**イ**．600V架橋ポリエチレン絶縁ビニルシースケーブル（CV） **ロ**．屋外用ビニル絶縁電線（OW） **ハ**．引込用ビニル絶縁電線（DV） **ニ**．600Vビニル絶縁電線（IV）

解説

　低圧の地中配線を直接埋設式により施設する場合に使用できるのはケーブルです。**イ**．の**600V架橋ポリエチレン絶縁ビニルシースケーブル（CVケーブル）**が使用できるものです。

　ロ．**ハ**．**ニ**．は絶縁電線で地中配線には使用できません。

【解答：**イ**】

問い2	答え
写真に示す工具の用途は。 （令和5年度上期午前出題）	**イ**．VVFケーブルの外装や絶縁被覆をはぎ取るのに用いる。 **ロ**．CVケーブル（低圧用）の外装や絶縁被覆をはぎ取るのに用いる。 **ハ**．VVRケーブルの外装や絶縁被覆をはぎ取るのに用いる。 **ニ**．VFFコード（ビニル平形コード）の絶縁被覆をはぎ取るのに用いる。

解説

　写真の工具は，**VVF用ケーブルストリッパ**です。

　用途は，VVFケーブルの外装や絶縁被覆をはぎ取るのに用います。

【解答：**イ**】

問い3	答え
金属管工事において，絶縁ブッシングを使用する主な目的は。 （平成29年度上期出題）	イ．電線の被覆を損傷させないため。 ロ．金属管相互を接続するため。 ハ．金属管を造営材に固定するため。 ニ．電線の接続を容易にするため。

解説

金属管工事において，絶縁ブッシングを使用する主な目的は，電線の被覆を損傷させないためです。

【解答：イ】

問い4	答え
写真に示す材料の用途は。 （令和5年度上期午後出題）	イ．合成樹脂製可とう電線管相互を接続するのに用いる。 ロ．合成樹脂製可とう電線管と硬質ポリ塩化ビニル電線管とを接続するのに用いる。 ハ．硬質ポリ塩化ビニル電線管相互を接続するのに用いる。 ニ．鋼製電線管と合成樹脂製可とう電線管とを接続するのに用いる。

解説

写真の材料は，PF管用カップリングで合成樹脂製可とう電線管相互の接続に用います。

【解答：イ】

問い5	答え
⑩で示すコンセントの極配置（刃受）で，正しいものは。 （令和4年度上期午前出題） ⑩ ── □C 3P 30A 250V ── S ──◯E	イ． ロ． ハ． ニ．

⑩で示すコンセント **3P 30A 250V E** は，三相200V用3極接地極付30Aコンセントで極配置（刃受）は，ロ. です。

イ. は三相200V用接地極なし，ハ. は引掛形の三相200V用接地極なし，ニ. は引掛形の三相200V用接地極付。

ロ.

── 接地極

三相200V用 接地極付

【解答：ロ】

問い6	答え
写真に示す器具の用途は。  （令和元年度上期出題）	**イ.** リモコン配線の操作電源変圧器として用いる。 **ロ.** リモコン配線のリレーとして用いる。 **ハ.** リモコンリレー操作用のセレクタスイッチとして用いる。 **ニ.** リモコン用調光スイッチとして用いる

写真の器具は，リモコン配線のリレーとして用いるロ. が正解です。部屋などにあるリモコンスイッチを押すことで分電盤内のリモンリレーが動作し，電灯の点滅を行います。

【解答：ロ】

問い7	答え
⑬で示す図記号の器具は。 ⓑ ⑬ 20A 250V E （令和5年度上期午後出題）	イ. ロ. ハ. ニ.

⑬で示す図記号の器具は，**20A 250V E**（20A 200V 用接地極付コンセント）で，写真は**ロ**．です。

イ．は **20A 250V EET**（20A 200V 用接地極付接地端子付コンセント），**ハ**．は **15A 250V E**（15A 200V 用接地極付コンセント），**ニ**．は **3P 20A 250V E**（三相 20A 200V 用接地極付コンセント）です。単相の定格電流が 20A のコンセントは，刃受けの片側が**カギ状**になっています。

【解答：ロ】

問い8	答え
図に示す雨線外に施設する金属管工事の末端Ⓐ又はⒷ部分に使用するものとして，不適切なものは。 金属管 Ⓐ 金属管 Ⓑ 垂直配管　水平配管	**イ**．Ⓐ部分にエントランスキャップを使用した。 **ロ**．Ⓑ部分にターミナルキャップを使用した。 **ハ**．Ⓑ部分にエントランスキャップを使用した。 **ニ**．Ⓐ部分にターミナルキャップを使用した。 （令和5年度上期午後出題）

解説

エントランスキャップ…金属管工事の垂直配管の上部管端（Ⓐ部分），水平配管の管端（Ⓑ部分）に取り付け，雨水の浸入を防ぎます。

ターミナルキャップ…金属管工事の水平配管の管端（Ⓑ部分）に取り付け，雨水の浸入を防ぎます。ターミナルキャップは，電線を引き出す部分と管の方向が直角で，垂直に配管した上部管端（Ⓐ部分）に使用すると，雨水が浸入する可能性があるので，**ニ**．が不適切です。

【解答：ニ】

問い9	答え
写真に示す物の用途は。  （平成26年度下期出題）	**イ.** アウトレットボックス（金属製）と，そのノックアウトの径より外径の小さい金属管とを接続するために用いる。 **ロ.** 電線やメッセンジャワイヤのたるみを取るのに用いる。 **ハ.** 電線管に電線を通線するのに用いる。 **ニ.** 金属管やボックスコネクタの端に取り付けて，電線の絶縁被覆を保護するために用いる。

解説

写真は，ハ.の呼び線挿入器（通線器）で，電線管に電線を通線するのに用います。

【解答：ハ】

問い10	答え
写真に示す器具の用途は。  （令和4年度下期午前出題）	**イ.** 三相回路の相順を調べるのに用いる。 **ロ.** 三相回路の電圧の測定に用いる。 **ハ.** 三相電動機の回転速度の測定に用いる。 **ニ.** 三相電動機の軸受けの温度の測定に用いる。

解説

写真は，回転式の検相器で用途は三相回路の相順を調べるのに用います。

相回転計ともいい回転式とランプ式があります。

【解答：イ】

検相器（ランプ式）

第1章
第2章
第3章
第4章
第5章
第6章
第7章
R5 年上期1
R5 年上期2

問い11	答え
写真に示す測定器の用途は。 	イ．接地抵抗の測定に用いる。 ロ．絶縁抵抗の測定に用いる。 ハ．電気回路の電圧の測定に用いる。 ニ．周波数の測定に用いる。 （令和4年度上期午前出題）

解説

　写真の測定器は，接地抵抗の測定に用います。補助接地棒2本と3本の電線があることから接地抵抗を測定するための接地抵抗計と判断できます。

【解答：イ】

問い12	答え
写真に示す測定器の名称は。	イ．周波数計 ロ．検相器 ハ．照度計 ニ．クランプ形電流計 （令和2年度下期午後出題）

解説

　写真は，明るさ（照度）を測定する照度計です。

　液晶表示面に照度の単位lx（ルクス）の表示があります。また丸い形状の受光部から照度計とわかります。

【解答：ハ】

問い13	答え
写真に示す測定器の名称は。 	イ．接地抵抗計 ロ．漏れ電流計 ハ．絶縁抵抗計 ニ．検相器 （令和3年度下期午前出題）

解説

写真は，絶縁抵抗計です。

目盛板の中央の「MΩ」の表示から判断できます。

【解答：ハ】

問い14	答え
写真に示す器具の用途は。 	イ．照明器具の明るさを調整するのに用いる。 ロ．人の接近による自動点滅器に用いる。 ハ．蛍光灯の力率改善に用いる。 ニ．周囲の明るさに応じて街路灯などを自動点滅させるのに用いる。 （令和4年度下期午後出題）

解説

写真の名称は熱線式自動スイッチで，図記号は，●RASです。

用途は，ロ．の人の接近による自動点滅器に用いるです。

このスイッチは，人が発する赤外線を検知し人の動き，温度差を検出して動作します。

＊RAS：heat-Rays（熱線式）Automatic（自動）sensor（検出器）Switch（スイッチ）

【解答：ロ】

問い15	答え
三相誘導電動機回路の力率を改善するために，低圧進相コンデンサを接続する場合，その接続場所及び接続方法として，最も適切なものは。 （令和3年度下期午前出題）	イ．手元開閉器の負荷側に電動機と並列に接続する。 ロ．主開閉器の電源側に各台数分をまとめて電動機と並列に接続する。 ハ．手元開閉器の負荷側に電動機と直列に接続する。 ニ．手元開閉器の電源側に電動機と並列に接続する。

解説

　コンデンサは力率改善のために，電動機に並列に接続します。取り付け場所は，電動機が運転中に接続されるように，手元開閉器の負荷側に電動機と並列に接続します。

【解答：イ】

第2章

電気工事の
施工法・検査法を学ぶ

　本章では，実際の電気工事で行われる各種施工方法，検査法について学習します。各種工事によって異なる施工場所の制限，支持点間距離，曲げ半径などを確実に習得することが大切です。検査法としては，各種測定方法とその抵抗値が重要となります。

この章の内容

アクセスキー　**B**　（大文字のビー）

No. 01 電線の接続

これだけは覚えよう！

電線の接続条件，リングスリーブの種類と圧着マークを覚える！

☑ 電線の電気抵抗を増加させないこと。
☑ 電線の引張強さを20%以上減少させないこと。
電線の接続条件
☑ 被覆は，ビニルテープは4層以上，ポリエチレンテープは2層以上巻く＊。 ＊1.6mm, 2.0mmの電線の場合
☑ リングスリーブの刻印は，1.6mm×2本は○，×3〜4本は小，×5〜6本は中とする。
☑ 電線断面積の合計が8mm²までが小スリーブ，14mm²以上＊は大スリーブを用いる。 ＊JISに準拠したスリーブを使用する

➡ 電線の接続 重要度 ★★

電線同士を接続する方法には，次の3つがあります。
1) リングスリーブによる圧着接続（図1左）
2) 電線コネクタ（差込形コネクタなど）による接続（図1右）
3) 手巻きによる接続

小　中　大
リングスリーブ

差込形コネクタ

図1：リングスリーブ・差込形コネクタ

◆電線接続の条件

電線を接続する場合は，次の条件が必要となります。
1) 電線の電気抵抗を増加させないこと。
2) 電線の引張強さを20%以上減少させないこと。
3) 接続部分には，スリーブ，電線コネクタを使用するか，またはろう付け（はんだ付け）をします（図2）。

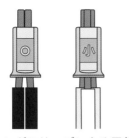
（a）リングスリーブによる圧着
接続（絶縁テープを巻く）

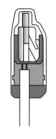
（b）差込形コネクタによる接続

（c）ねじり接続

（d）とも巻き接続

ろう付け（はんだ付け）して絶縁テープを巻く

図2：電線の接続方法

4) 圧着接続や手巻き接続では，接続部分を絶縁電線の絶縁物と同等以上の絶縁
効力のあるもので十分に被覆（テープ巻き）します。

5) 電線同士の接続は，ジョイントボックスなどの箱
の中で行います。

6) コード相互，キャブタイヤケーブル相互，ケーブ
ル相互またはこれらのものを相互に接続する場合
は，コード接続器（**図3**），接続箱，その他の器具を
使用します（断面積8mm²以上のキャブタイヤケー
ブル相互を接続する場合を除く）。

図3：コード接続器

◆絶縁テープによる低圧絶縁電線の被覆方法の例

1.6mmまたは2.0mmの電線は，絶縁被覆の厚さが0.8mmです。電線相互の終端
接続部分の絶縁処理として絶縁テープで被覆する場合は，次のようにします。

1) ビニルテープ（0.2mm厚）を用いる場合は，ビニルテープを半幅以上重ねて**2
回以上**（**4層以上**）巻きます。

2) 黒色粘着性ポリエチレン絶縁テープ（0.5mm厚）を用いる場合は，黒色粘着性
ポリエチレン絶縁テープを半幅以上重ねて**1回以上**（**2層以上**）巻きます。

3) 自己融着性絶縁テープ（0.5mm厚＊）を使用する場合は，半幅以上重ねて**1回
以上**（**2層以上**）巻きます。かつ，その上に保護テープを半幅以上重ねて**1回以
上**巻きます。

テープの巻回数は，1)～3)を最低とし，電線の太さに応じて増加します（電線の絶
縁被覆の厚さ以上）。絶縁被覆の厚さが0.8mmである電線相互の接続部分の場合は，

第1章

第2章

第3章

第4章

第5章

第6章

第7章

R5年上期1

R5年上期2

テープの厚さが**0.8mm以上**となるようにします。

＊引っ張って巻くため，厚さが0.3mmに減ずることを想定する。

➡ リングスリーブによる圧着接続　　　重要度 ★★★

　電線の終端接続にリングスリーブを用いる場合，リングスリーブと圧着ペンチは**JIS**適合品を使用します。**表1**に，接続する心線本数とリングスリーブの種類と刻印（圧着マーク）を示します。

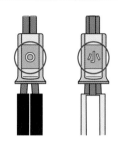

図4：リングスリーブによる圧着接続

表1：リングスリーブの使用可能な電線の組合せと刻印

	小スリーブ		中スリーブ	大スリーブ
最大使用電流	**20**A		**30**A	
電線断面積（合計）	8mm^{2}まで		8mm^{2}を超えて**14**mm^{2}未満	14mm^{2}以上17.5mm^{2}以下
刻印（圧着マーク）	○	小	中	大
電線組合せの例*	**1.6**mm×**2**本	**1.6**mm×**3～4**本	**1.6**mm×**5～6**本	1.6mm×7本
	―	2.0mm×2本	2.0mm×**3～4**本	2.0mm×5本
	―	―	2.6mm×2本	2.6mm×3本
	―	2.0mm×1本＋1.6mm×1～2本	2.0mm×1本＋1.6mm×3～5本	2.0mm×1本＋1.6mm×6本

＊より線の場合は，下記のようにします。
　2mm^2（スケア）は1.6mmと同等
　3.5mm^2（スケア）は2.0mmと同等
　5.5mm^2（スケア）は2.6mmと同等
〔参考〕
5.5mm^2×3本接続は，2.6mm×3本接続と同等で，大スリーブを使用します（配線図の問いに出題されます）。

問い1	答え
低圧屋内配線工事で，600Vビニル絶縁電線（軟銅線）をリングスリーブ用圧着工具とリングスリーブE形を用いて終端接続を行った。接続する電線に適合するリングスリーブの種類と圧着マーク（刻印）の組合せで，不適切なものは。 （令和5年度上期午後出題）	**イ**．直径1.6mm2本の接続に，小スリーブを使用して圧着マークを○にした。 **ロ**．直径1.6mm1本と直径2.0mm1本の接続に，小スリーブを使用して圧着マークを小にした。 **ハ**．直径1.6mm4本の接続に，中スリーブを使用して圧着マークを中にした。 **二**．直径1.6mm1本と直径2.0mm2本の接続に，中スリーブを使用して圧着マークを中にした。

解説

直径1.6mm4本の接続は，小スリーブを使用して圧着マークは小でなければなりません。ハ．の中スリーブを使用して圧着マークを中にしたという記述は不適切です。

〔参考〕

1.6mm×2本　→小スリーブ，圧着マーク○　　1.6mm×3，4本→小スリーブ，圧着マーク小

1.6mm×5，6本→中スリーブ，圧着マーク中

2.0mm1本は，1.6mm2本分に換算し，ロ．1.6mm×1本＋2.0mm1本→1.6mmが3本，二．1.6mm×1本＋2.0mm2本→1.6mmが5本と考える。

【解答：ハ】

問い2	答え
単相100Vの屋内配線工事における絶縁電線相互の接続で，不適切なものは。 （令和5年度上期午前出題改）	**イ**．絶縁電線の絶縁物と同等以上の絶縁効力のあるもので十分被覆した。 **ロ**．電線の引張強さが15%減少した。 **ハ**．差込形コネクタによる終端接続で，ビニルテープによる絶縁は行わなかった。 **二**．電線の電気抵抗が5%増加した。

電線を接続するときは，電線の電気抵抗を増加させないように接続しなければなりません。

【解答：ニ】

問い3	答え
600V ビニル絶縁ビニルシースケーブル平形1.6mmを使用した低圧屋内配線工事で，絶縁電線相互の終端接続部分の絶縁処理として，不適切なものは。ただし，ビニルテープはJISに定める厚さ約0.2mmの電気絶縁用ポリ塩化ビニル粘着テープとする。 （令和4年度上期午後出題）	イ．リングスリーブ（E形）により接続し，接続部分をビニルテープで半幅以上重ねて3回（6層）巻いた。 ロ．リングスリーブ（E形）により接続し，接続部分を黒色粘着性ポリエチレン絶縁テープ（厚さ約0.5mm）で半幅以上重ねて3回（6層）巻いた。 ハ．リングスリーブ（E形）により接続し，接続部分を自己融着性絶縁テープ（厚さ約0.5mm）で半幅以上重ねて1回（2層）巻いた。 ニ．差込形コネクタにより接続し，接続部分をビニルテープで巻かなかった。

解説

1.6mmの絶縁電線の絶縁被覆は0.8mmより，テープの厚さは**0.8**mm以上必要です。

イ．は，ビニルテープが6層（0.2×6＝1.2mm）は，0.8mm以上で，適切です。

ロ．は，黒色粘着性ポリエチレン絶縁テープが6層（0.5×6＝3.0mm）は，0.8mm以上で，適切です。

ハ．自己融着性絶縁テープは，厚さが0.3mmに減ずることを想定するので，2層（0.3×2＝0.6mm）は，0.8mmに達しないため，不適切です（自己融着性絶縁テープは，半幅以上重ねて1回以上（2層以上）巻き，かつ，その上に保護テープを半幅以上重ねて1回以上（2層以上）巻きます）。

ニ．差込形コネクタは，絶縁電線の絶縁物と同等以上の絶縁効力がある接続器であることから，テープ巻きを必要としないので，適切です。

【解答：ハ】

02 接地工事

これだけは覚えよう！

接地工事の要件と省略条件を覚える！

☑ D種接地工事の接地抵抗値は100Ω以下，C種接地工事の接地抵抗値は10Ω以下で，それぞれ0.5秒以内に動作する漏電遮断器を施設すれば500Ω以下にできる。

☑ 300V以下の低圧機器は，D種接地工事を施す。

☑ 接地工事を省略できる条件は，①対地電圧が150V以下の機器を乾燥した場所に施設する場合，②低圧の機器を乾燥した木製の床や絶縁性の物の上で取り扱う場合，③二重絶縁構造の機器を施設する場合，④絶縁変圧器を施設する場合，⑤漏電遮断器を施設する場合（水気のある場所以外）。

⊙ 接地工事の目的と種類　　　　重要度 ★★

電気設備の必要な箇所には，異常時の電位上昇，高電圧の侵入などによる感電，火災その他人体に危害を及ぼし，または物件への損傷を与えるおそれがないように接地します。

接地工事は，**図1**のように地面に接地用銅板や接地棒を埋め，大地と接続する工事

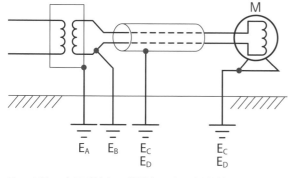

接地用銅板

接地棒

E_A：A種，変圧器（高圧機器）の金属製外箱の接地
E_B：B種，変圧器低圧側の中性点または1端子の接地
E_C：C種，金属管の接地，低圧機器の金属製外箱の接地（300V超）
E_D：D種，金属管の接地，低圧機器の金属製外箱の接地（300V以下）

図1：接地工事の種類，接地用銅板と接地棒

で，**A**種，**B**種，**C**種，**D**種の4種類が決められています。A種は主に高圧電気機器の外箱の接地，**B**種は変圧器の低圧側の中性点または1端子の接地で，第一種電気工事士の試験に出題されます。

◆接地工事の種類

接地工事は，**表1**に示すように，その種類によって，接地抵抗値，接地線の太さが決められています。C種及びD種接地工事では，0.5秒以内に動作する漏電遮断器を施設すれば接地抵抗値を**500**Ω以下にできます。

表1：**接地工事の種類と接地抵抗値，接地線の太さ**

種　類	接地抵抗値		接地線の太さ
A種接地工事	10Ω以下		2.6mm以上 (5.5mm² 以上)
B種接地工事	$\dfrac{150}{1線地絡電流}$〔Ω〕以下		
C種接地工事	10Ω以下	漏電遮断器※があれば**500**Ω以下	**1.6**mm以上 (**2**mm² 以上)
D種接地工事	100Ω以下		

※地絡を生じた場合0.5秒以内に当該電路を自動的に遮断する装置

D種接地工事を施す金属体と大地間の抵抗値が**100**Ω以下の場合は，D種接地工事を施したものとみなします（C種の場合は**10**Ω以下）。

移動用電気機器の接地線で，多心コードまたはキャブタイヤケーブルの1心を使用する場合は，**0.75**mm² 以上にできます。

◆機械器具の金属製外箱等の接地

電気機械器具の金属製の台及び外箱には，**表2**に示すように，機械器具の使用電圧の区分に応じた接地工事を施します。

表2：**機械器具の使用電圧の区分による接地工事の適用**

機械器具の使用電圧の区分	接地工事
300V以下の低圧のもの	**D**種接地工事
300Vを超える低圧のもの	**C**種接地工事
高圧または特別高圧のもの	A種接地工事

◉ 接地工事の省略と緩和　　　　　重要度 ★★★

◆電気機械器具の接地工事の省略

次に示す項目の場合，接地工事の省略ができます。

1) 対地電圧が150V以下の機械器具を乾燥した場所に施設する場合
2) 低圧の機械器具を乾燥した木製の床や絶縁性の物の上で取り扱う場合（コンクリートの床は，水気のある場所の扱いをします）
3) 二重絶縁構造の機械器具を施設する場合
4) 絶縁変圧器（二次電圧が300V以下で，容量が3kV・A以下）を施設し，変圧器の負荷側の電路を接地しない場合
5) 水気のある場所以外で，漏電遮断器（定格感度電流15mA以下，動作時間0.1秒以下）を施設する場合

◆配線工事における接地工事の省略と緩和

次に示す項目の場合，接地工事の省略または緩和ができます。

1) 金属管工事
・乾燥した場所で，管長4m以下の場合 → D種接地工事の省略可
・対地電圧が150V以下で，乾燥した場所，または簡易接触防護措置を施すとき，管長8m以下の場合 → D種接地工事の省略可
・接触防護措置を施す場合 → C種をD種に緩和できる
2) 金属可とう電線管工事
・管長4m以下の場合 → D種接地工事の省略可
・接触防護措置を施す場合 → C種をD種に緩和できる
3) ライティングダクト工事
・対地電圧150V以下で，管長4m以下の場合 → D種接地工事の省略可

練習問題

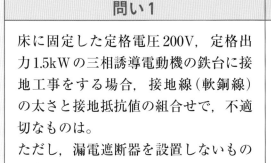

問い1	答え
床に固定した定格電圧200V，定格出力1.5kWの三相誘導電動機の鉄台に接地工事をする場合，接地線（軟銅線）の太さと接地抵抗値の組合せで，不適切なものは。 ただし，漏電遮断器を設置しないものとする。	イ．直径1.6mm，10Ω ロ．直径2.0mm，50Ω ハ．公称断面積0.75mm², 5Ω ニ．直径2.6mm，75Ω （令和5年度上期午前出題）

第1章
第2章
第3章
第4章
第5章
第6章
第7章
R5 年上期1
R5 年上期2

　200V（300V以下）の三相誘導電動機の金属製外箱の接地工事の種類は，**D種接地工事**，**接地抵抗値**は漏電遮断器を設置しないので**100Ω以下**，**接地線の太さ**は**1.6mm以上**でなければなりません。不適切なものは，ハ．の公称断面積**0.75mm²**，**5Ω**です。

【解答：ハ】

問い2	答え
D種接地工事を省略できないものは。ただし，電路には定格感度電流30mA，定格動作時間0.1秒の漏電遮断器が取り付けられているものとする。 （令和4年度上期午後出題）	イ．乾燥した場所に施設する三相200V（対地電圧200V）動力配線の電線を収めた長さ3mの金属管。 ロ．乾燥した場所に施設する単相3線式100/200V（対地電圧100V）配線の電線を収めた長さ6mの金属管。 ハ．乾燥した木製の床の上で取り扱うように施設する三相200V（対地電圧200V）空気圧縮機の金属製外箱部分。 ニ．乾燥した場所のコンクリートの床に施設する三相200V（対地電圧200V）誘導電動機の鉄台。

解説

　コンクリートの床は，水気のある場所の扱いとなるので，ニ．はD種接地工事を省略することはできません。

　使用電圧が300V以下の機械器具の金属性の台及び外箱には，D種接地工事を施します。

　乾燥した木製の床の上で取り扱うように施設する三相200Vの機器の金属製外箱部分のD種接地工事は，省略できます。──ハ．

　金属管工事で使用電圧が300V以下の場合，管にはD種接地工事を施します。ただし，次の場合は省略できます。

・管の長さが**4m以下**のものを乾燥した場所に施設する場合──イ．

・対地電圧が150V以下の場合，管の長さが**8m以下**のものに簡易接触防護措置を施すときまたは乾燥した場所に施設するとき──ロ．

【解答：ニ】

No. 03 ケーブル工事と地中埋設工事

これだけは覚えよう！

ケーブル工事の支持点間距離と曲げ半径，地中直接埋設工事の埋設深さを覚える！

- ☑ ケーブル工事は，すべての場所で施工できる。圧力や衝撃を受ける場所，危険物のある場所では，防護装置に収めて施設する。
- ☑ ケーブルの支持点間距離は，下面または側面 **2**m 以下，垂直 **6**m 以下（接触防護措置を施した場所）。
- ☑ ケーブルの曲げ半径は，ケーブル外径の **6** 倍以上。
- ☑ 地中埋設工事において，車両その他重量物の圧力を受ける場所の埋設深さは **1.2**m 以上，その他の場合は **0.6**m 以上。

➡ ケーブル工事

重要度 ★★★

ケーブル工事は，VVF，VVR，EM-EEF，CVなどのケーブルを用いた工事です。すべての場所で施工できますが，重量物の圧力または機械的衝撃を受けるおそれがある場所，危険物のある場所では，管その他の防護装置に収めて施設します。また，ケーブルがガス管や水道管，弱電流電線とは触れないように施設します。

◆ケーブル工事の施工法

端子なしジョイントボックス（VVF用ジョイントボックス）は，ベースとカバーからなり，VVFケーブル（Fケーブル）を接続する箇所に用います（次ページの**図1**）。ケーブル同士の接続は，ジョイントボックスやアウトレットボックス内で行います。

◆ケーブルの支持と屈曲

ケーブルは，サドルまたはステープル（ステップル）などで固定します（次ページの**図2**）。

ケーブル工事における支持点間の距離は，
1) 造営材の下面または側面に沿って取り付ける場合は，**2**m 以下
2) 接触防護措置を施した場所において垂直に取り付ける場合は，**6**m 以下

3） キャブタイヤケーブルの場合は，**1**m以下
で配線します。
　屈曲半径は，ケーブルの屈曲部の内側の半径をケーブルの仕上がり外径の**6倍**以上
にします。

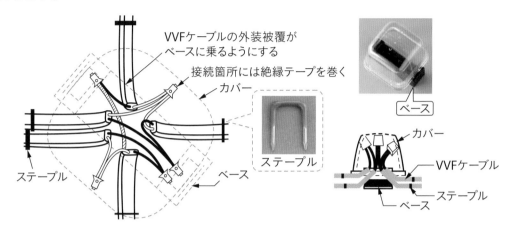

図1：VVFケーブル用ジョイントボックス内の接続イメージ

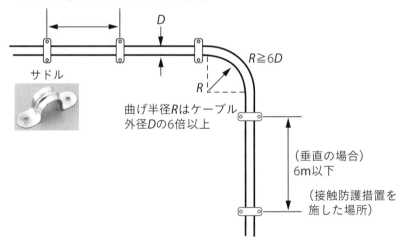

図2：ケーブルの支持（固定）

地中直接埋設工事　　　　　重要度 ★★★

　地中に電線路を直接埋設式により施設する場合は，次のように行います（**図3**）。

◆電　線

　地中電線路の電線の種類は，VVF，VVR，EM－EEF，CVなどのケーブルを使用し
ます。

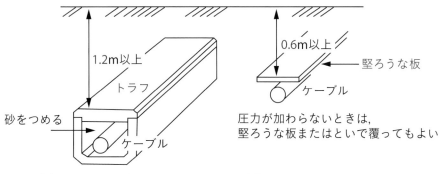

第1章

第2章

第3章

第4章

第5章

第6章

第7章

R5
年上期1

R5
年上期2

（a）重量物の圧力を受ける場合　　（b）重量物の圧力を受けない場合

図3：地中直接埋設工事

◆埋設深さ

　車両その他重量物の圧力を受けるおそれがある場所の埋設深さ（まいせつふか）は**1.2**m以上，その他の場合は**0.6**m以上です。

◆電線の保護

　ケーブルは，図3のようにトラフに収めて施設します。重量物の圧力を受けない場合は，堅ろうな板，とい，または硬質ビニル板で覆ってもよいことになっています。トラフ（コンクリートトラフ）は地中電線路のケーブルを収めるもので，電線路の保護に用います。また，波付硬質合成樹脂管（FEP管）や耐衝撃性硬質ポリ塩化ビニル電線管（HIVE管）などを用い地中埋設するケーブルを保護します。

練習問題

問い1	答え
600Vビニル外装ケーブルを造営材の側面に沿って水平方向に取り付ける場合，ケーブルの支持点間の距離の最大値mは。	**イ．** 1.0 **ロ．** 1.5 **ハ．** 2.0 **ニ．** 2.5

解説

　ケーブル工事において，造営材の側面に沿って水平に取り付けるときの支持点間の距離は**2**m以下，接触防護措置を施した場所において垂直に取り付ける場合は**6**m以下となります。　　　　　　　　　　　　　　　　　　【解答：ハ】

No. 04 金属管工事

これだけは覚えよう！

金属管工事の接地工事と支持点間距離と曲げ半径を覚える！

- ☑ 金属管工事は，木造の屋側電線路を除いて，すべての場所で施工できる。
- ☑ 電線は，絶縁電線（OWを除く），より線または **3.2**mm以下の単線を用いる。
- ☑ 電線の接続はボックス内で行う。
- ☑ 支持点間距離は **2**m以下が望ましい。管の曲げ半径は，内側半径が管内径の **6倍**以上
- ☑ D種接地工事を施す。乾燥した場所では **4**m以下または **8**m以下（対地電圧150V以下）は省略できる。

➡ 金属管工事

重要度 ★★★

金属管工事は，ねじなし電線管，薄鋼電線管（うすこうでんせんかん），厚鋼電線管（あつこうでんせんかん）を使用する工事です。すべての場所で施工できますが，木造の屋側電線路（おくそくでんせんろ）は禁止されています。

◆管に通す電線

電線は次のものを用います。

1) OW線（屋外用ビニル絶縁電線）以外の絶縁電線（ぜつえんでんせん）で，一般には IV線（600V ビニル絶縁電線）を用います。
2) より線を用いますが，管が短い場合（1m程度以下）は **3.2**mm以下の単線も使用できます。

◆電線の接続

金属管内に電線の接続箇所を設けることは禁止です。接続はボックス内で行います。

◆電磁的平衡

　交流回路においては，**1回路の電線全部**を同一管内に収めて電磁的平衡が取れるようにします。

　1回路の電線全部とは，単相2線式回路では，その2線を，単相3線式回路及び三相3線式回路では，おのおのその3線を，三相4線式回路では，その4線をいいます。単相2線式回路の場合，1本の金属管内の電線には往復の電流が流れるようにします（**図1**(a)）。三相3線式回路の場合，3線を分割しないように配線します（**図1**(b)）。

　電磁的平衡を取るとは，金属管内の電線の電流による合成磁束がゼロになるようにすることです。誤った方法で配線すると，金属管に，磁束によるうず電流が発生し，金属管が発熱します。また，振動したりうなり音を発生したりします。

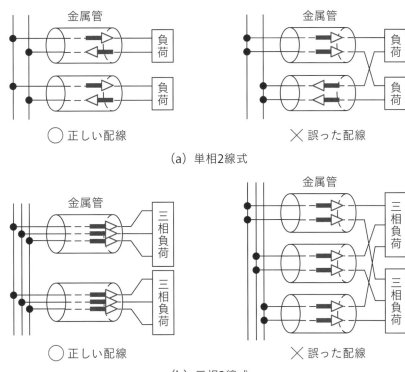

図1：**金属管工事の電磁的平衡と不平衡**

◆電線の並列使用

　電線の並列使用は，50mm²以上の太い電線の場合のみ認められています。

　並列に使用する電線は，同一導体，同一太さ，同一長さであることが必要です。また，管内に電磁的不平衡を生じないように配線します（**図2**）。

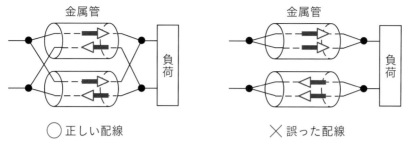

○ 正しい配線　　　　　　×　誤った配線

単相2線式

図2：並列使用配線

◆配管方法

配管は次のように行います。

1) 管の厚さは，コンクリートに埋め込むものは1.2mm以上のものを使用します。
2) 金属管相互，金属管とボックスは，堅ろうに，かつ電気的に完全に接続します。
3) 金属管の支持点間の距離は**2**m以下とすることが望ましく，曲げ部はできるだけ少なくし，内側の曲げ半径は管内径の**6倍**以上にします（**図3**）。

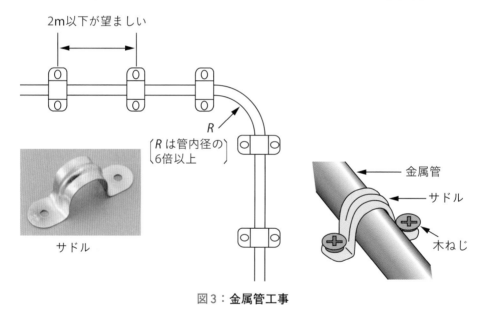

2m以下が望ましい

R
Rは管内径の
6倍以上

サドル

金属管

サドル

木ねじ

図3：金属管工事

4) 金属管の接続部の電気抵抗を少なくするために，接続部を越えてボンド接続を施します（**図4**）

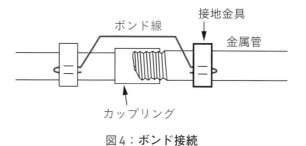

図4：ボンド接続

第1章

第2章

第3章

第4章

第5章

第6章

第7章

→ 金属管の接地

重要度 ★★★

金属管は，漏電したときの危険防止のために接地します。

◆D種接地工事

使用電圧が**300V**以下の場合は，**D**種接地工事を施します。

次の場合は，接地工事を省略できます。

1) 管の長さが**4**m以下のものを乾燥した場所に施設する場合

2) 対地電圧が**150V**以下，管の長さが**8**m以下のものを簡易接触防護措置を施すとき，または乾燥した場所に施設する場合

◆C種接地工事

使用電圧が**300V**を超える場合は，金属管に**C**種接地工事を施します。ただし，接触防護措置を施す場合は，D種接地工事に緩和できます。

金属管の種類は，

・薄鋼電線管…7種類（19）～（75）

・厚鋼電線管…10種類（16）～（104）

・ねじなし電線管…7種類（E19）～（E75）

詳しくは41ページを参照。

No. 05 金属可とう電線管工事

これだけは覚えよう！

金属可とう電線管工事の接地工事を覚える！

☑ 金属可とう電線管工事は，2種金属製可とう電線管を用いる。木造の屋側電線路を除いて，すべての場所で施工できる。

☑ 電線は絶縁電線（OWを除く）で，より線または**3.2**mm以下の単線を用いる。

☑ 曲げ半径は，管内径の**6倍**以上，取り外しができる場所は**3倍**以上。

☑ 300V以下の場合は，**D**種接地工事を施す。管長**4**m以下は接地工事を省略できる。300Vを超える場合は，**C**種接地工事を施す。接触防護措置を施す場合は**D**種に緩和できる。

→ 金属可とう電線管工事　　　　　重要度 ★★

2種金属製可とう電線管（**図1**）を用いた工事は，木造の屋側電線路以外のすべての場所で施工できます。外傷を受けるおそれがある場所には，防護装置があれば施設できます。

図1：2種金属製可とう電線管（プリカチューブともいう）

◆管に通す電線

電線は次のものを用います。

1) OW線（屋外用ビニル絶縁電線）以外の絶縁電線を用います。

2) より線を用いますが，**3.2**mm以下の単線も使用できます。

3) 管内では，接続点を設けてはいけません。

◆支持点間の距離

金属製可とう電線管をサドルなどで支持する場合の支持点間の距離は**表1**によります。ただし、技術上やむを得ないときは、ころがし（天井裏などに固定せずに配線をすること）とすることができます。

表1：支持点間の距離

施設の区分	支持点間の距離
造営材の側面または下面において水平方向に施設するもの	1m以下
接触防護措置を施していないもの	1m以下
金属製可とう電線管相互及びボックス、器具との接続箇所	接続箇所から0.3m以下
その他のもの	2m以下

◆曲げ半径

曲げ半径は次のようにします。

1) 管の内側曲げ半径は、管の内径の**6倍**以上にします。
2) 露出場所または点検できる隠ぺい場所であって、管の取り外しができる場所では、管の内径の**3倍**以上にできます。

◆2種金属製可とう電線管と附属品

2種金属製可とう電線管とアウトレットボックスの接続は、ストレートボックスコネクタを用い、他の金属管と接続するにはコンビネーションカップリングを用います（**図2**）。

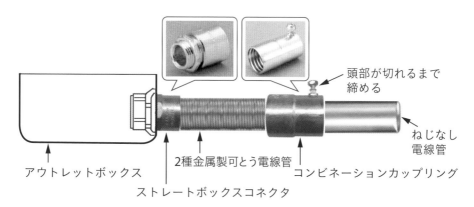

図2：2種金属製可とう電線管

No. 06 合成樹脂管工事

これだけは覚えよう！

合成樹脂管工事の支持点間距離，差し込み深さと曲げ半径を覚える！

- ☑ 合成樹脂管工事（CD管を除く）は，爆燃性粉じん，可燃性ガスのある場所を除いて，すべての場所に施工できる。
- ☑ CD管は，コンクリートに埋設して施設する。
- ☑ 支持点間距離は，**1.5m**以下，可とう管は**1m**以下がよい。
- ☑ VE管の差し込み深さは，管外径の**1.2倍**以上，**0.8倍**以上（接着剤を使用する場合）。
- ☑ 曲げ半径は，内径の**6倍**以上。

➡ 合成樹脂管工事 　　　　　重要度 ★★★

合成樹脂管には，VE管，PF管，CD管があります（**図1**）。

◆VE管，PF管

硬質ポリ塩化ビニル電線管（VE管），合成樹脂製可とう電線管（PF管）工事は，すべての場所で施工できますが，**爆燃性粉じん**や**可燃性ガス**のある場所では施工できません。

VE管は，トーチランプで加熱して曲げ加工や管相互の接続などを行います。PF管は自由に曲げられる電線管です。

◆CD管

CD管は，自由に曲げることができ，コンクリートに埋設するための電線管です。

VE管（硬質ポリ塩化ビニル電線管）
（製品1本の長さは4m）

PF管
（合成樹脂製可とう電線管）

CD管
（オレンジ色）

図1：VE管，PF管，CD管

◆管に通す電線

電線は次のものを用います。

1) OW線（屋外用ビニル絶縁電線）以外の絶縁電線を用います。

2) より線を用いますが、**3.2**mm以下の単線も使用できます。管内では、接続点を設けてはいけません。

◆支持点間の距離

合成樹脂管工事における支持点間距離は次のようにします。

1) 合成樹脂管（VE管）をサドルなどで支持する場合は、その支持点間の距離を**1.5**m以下とします（**図2**）。

2) 管端、管相互の接続点、管とボックスとの接続点の近くの箇所（0.3m程度）を支持します。

3) 合成樹脂製可とう管の場合、支持点間の距離は**1**m以下がよいとされています。

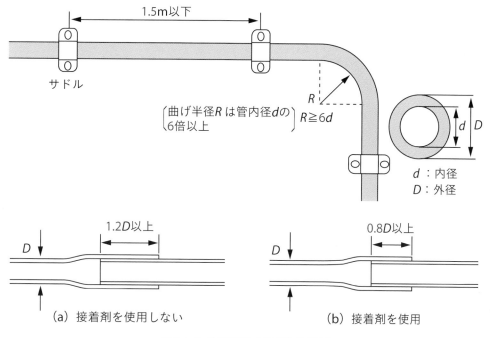

図2：**合成樹脂管（VE管）の接続**

◆差し込み深さと曲げ半径

合成樹脂管工事では、その他に差し込み深さや管の曲げ半径が決められています。

1) 合成樹脂管（VE管）相互及び管とボックスの差し込み深さは、管の外径の**1.2**倍（接着剤を使用する場合は**0.8**倍）以上です。

2) 管の曲げ半径は，管内径の**6倍**以上です。

3) 合成樹脂製可とう電線管（PF管，CD管）相互の接続は，ボックスまたは（PF管用，CD管用）カップリングを使用し，直接接続は禁止です。

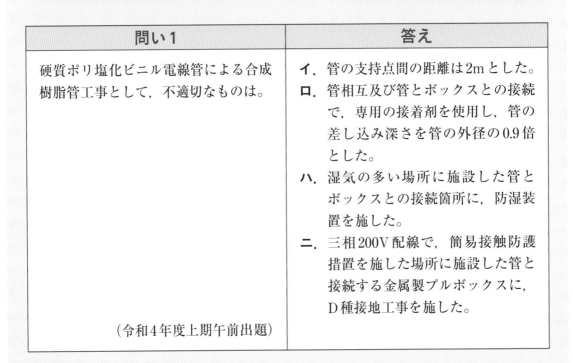

練習問題

問い1	答え
硬質ポリ塩化ビニル電線管による合成樹脂管工事として，不適切なものは。 （令和4年度上期午前出題）	**イ.** 管の支持点間の距離は2mとした。 **ロ.** 管相互及び管とボックスとの接続で，専用の接着剤を使用し，管の差し込み深さを管の外径の0.9倍とした。 **ハ.** 湿気の多い場所に施設した管とボックスとの接続箇所に，防湿装置を施した。 **ニ.** 三相200V配線で，簡易接触防護措置を施した場所に施設した管と接続する金属製プルボックスに，D種接地工事を施した。

解説

硬質ポリ塩化ビニル電線管による合成樹脂管工事として，管の支持点間の距離は**1.5m**以下です。したがって，イ. は，不適切です。ロ. ハ. ニ. は適切です。

【解答：イ】

07 | 金属線ぴ,各種ダクト工事

これだけは覚えよう!

金属線ぴ,各種ダクト工事の施工場所,接地と省略条件などを覚える!

- ☑ 金属線ぴ工事,金属ダクト工事,ライティングダクト工事は,露出場所,点検できる隠ぺい場所に施設できる。
- ☑ 金属線ぴ工事:D種接地。4m以下,8m以下(150V以下)で乾燥した場所は省略可,支持1.5m
- ☑ 金属ダクト工事:D種,C種(300V超)。支持3m,6m(垂直),終端部は閉そく
- ☑ ライティングダクト工事:D種。4m以下(150V以下)は省略可,支持2m,開口部は下向きで終端部は閉そく
- ☑ フロアダクト工事,セルラダクト工事:D種。終端部は閉そく
- ☑ バスダクト工事:D種,C種(300V超)。支持3m,6m(垂直),終端部は閉そく

● 金属線ぴ工事　　重要度 ★★

金属線ぴは電線やケーブルを収納するもので,幅が5cm以下のものをいいます。メタルモールジングといわれる1種金属製線ぴと,レースウェイといわれる2種金属製線ぴがあります(図1)。

1種は,壁や天井に取り付け,屋内配線の増設や,変更工事などに利用されます。2種は,工場,倉庫,駅のホームなどで,配線と照明器具の取り付けなどで利用されます。

金属線ぴ内に,電線の接続点を設けてはなりません(2種金属製線ぴを使用し電線を分岐する場合において,接続点を容易に点検でき,D種接地工事を施す場合を除く)。

1種金属製線ぴ
(メタルモールジング)
※幅4cm未満

2種金属製線ぴ(レースウェイ)
※幅4cm以上5cm以下

図1:線ぴ

◆使用電圧の制限

金属線ぴ配線の使用電圧は，**300V**以下です。

◆施設場所の制限

金属線ぴ配線は，屋内の外傷を受けるおそれがない乾燥した次の場所で施設できます。
1) 露出場所（展開した場所）
2) 点検できる隠ぺい場所

◆配線

金属線ぴ工事で用いる配線は，次のようにします。
1) 配線には，絶縁電線（OW線を除く）を使用します。
2) 2種の場合は，電線の被覆絶縁物を含む断面積の総和が線ぴの内断面積の**20**％以下とします。
3) 金属線ぴ内に接続点を設けてはなりません（2種金属製線ぴを使用し，電線を分岐する場合において，接続点を容易に点検でき，D種接地工事を施す場合を除く）。

◆金属線ぴの接地

金属線ぴ及びその付属品は，**D種接地工事**を施します。

◆接地工事を省略できる条件

接地工事の省略条件は次のとおりです。
1) 長さが**4m**以下のもの
2) 対地電圧が150V以下で，線ぴの長さが**8m**以下のものに簡易接触防護措置を施すとき，または乾燥した場所に施設するとき

◆支持点間距離

金属線ぴの支持点間距離は，**1.5m**以下とすることが望ましいとされています。

⊙ 金属ダクト工事　　　　　　　　　　　重要度 ★★

金属ダクトは，工場やビルなどの配線で多数の電線やケーブルを収める場合に用い

ます。幅が**5**cmを超え，かつ厚さが**1.2**mm以上の鉄板またはこれと同等以上の強さ
を有する金属製のものをいいます。

◆施設場所の制限

金属ダクト配線は，屋内における乾燥した次の場所に施設できます。
1)　露出場所（展開した場所）
2)　点検できる隠ぺい場所

◆配線

1)　配線には，絶縁電線（OW線は除く）を使用します。
2)　金属ダクト内に電線の接続点を設けてはなりません（電線を分岐する場合にお
　　いて，接続点を容易に点検できる場合を除く）。

◆ダクトに収める電線の断面積

電線の被覆を含む断面積の総和がダクトの内断面積の**20**％以下（制御回路等の配線
は50％以下）とします。

◆金属ダクトの接地

使用電圧が300V以下の場合は，**D**種接地工事を施します。300Vを超える場合は**C**
種接地工事を施します。ただし，接触防護措置を施す場合は，**D**種接地工事に緩和で
きます。

◆金属ダクトの施設方法

金属ダクトは，**3**m（取扱者以外
の者が出入りできないように措置し
た場所で垂直に取り付ける場合は
6m）以下ごとの間隔で支持します
（**図2**）。金属ダクトの終端部は，閉
そくします。

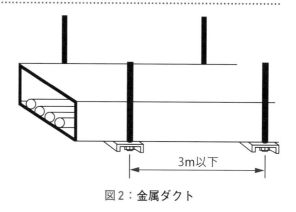

3m以下

図2：金属ダクト

第1章
第2章
第3章
第4章
第5章
第6章
第7章
R5年上期1
R5年上期2

ライティングダクト工事

重要度 ★★★

自由な位置に照明器具を取り付けることができる給電レールをライティングダクトといいます（**図3**）。

◆使用電圧・施設場所の制限

300V 以下の配線で，ライティングダクトは，屋内における乾燥した次の場所で施設できます。

1) 露出場所（展開した場所）
2) 点検できる隠ぺい場所

ライティングダクトの開口部は下向きが原則ですが，簡易接触防護措置を施し，かつ，ダクトの内部に塵埃（じんあい）が侵入し難いように施設する場合は横向きでもかまいません。

図3：ライティングダクト

◆ライティングダクトの接地

合成樹脂などで金属部分を被覆したダクトを使用する場合を除いて，D種接地工事を施します。ただし，対地電圧が150V以下で，ダクトの長さが**4m** 以下の場合は省略できます。

◆漏電遮断器の施設

ダクトの導体に電気を供給する電路には，漏電遮断器を施設します。ただし，ダクトに簡易接触防護措置を施す場合は，省略できます。

◆ライティングダクトの施設方法

ライティングタクトは次のように施設します。

1) 造営材を貫通して施設してはいけません。
2) 支持点間距離は**2m** 以下，支持箇所は，1本ごとに**2箇所**以上とします。
3) 開口部は，下向きにします。
4) 終端部は，エンドキャップで閉そくします。
5) 電源を供給するのにフィードインキャップ（**図4**）を用います。

図4：フィードインキャップ

➡ フロアダクト工事　　　　重要度 ★

　フロアダクトは，床の配線用の管です。電源用（フロアコンセント），OA機器用，電話用のように別々のダクトに配線します。

◆使用電圧・施設場所の制限

　300V以下の配線で，施設は屋内の乾燥したコンクリート床内の埋込みのみです。

◆フロアダクト工事の必要事項

　フロアダクト工事は次のように施設します。

1) 電線の接続は，ジャンクションボックスで行います（**図5**）。
2) **D**種接地工事を施します。
3) ダクトの終端部は閉そくします（ダクトエンドでふさぐ）。

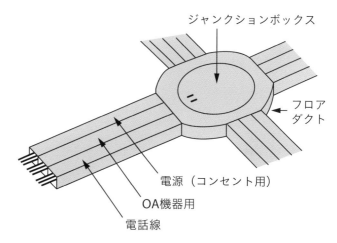

図5：フロアダクト工事

➡ セルラダクト工事　　　　重要度 ★

　セルラダクトは，建築物の床コンクリートの型枠として用いる波形デッキプレートの溝を閉鎖して，配線用ダクトとして用いるものです（**図6**）。

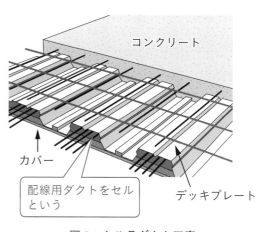

図6：セルラダクト工事

◆施設場所の制限

300V以下の配線で，屋内の乾燥した場所に施設できます。

◆セルラダクト工事の必要事項

セルラダクト工事は次のように施設します。
1) D種接地工事を施します。
2) ダクトの終端部は閉そくします。

⮕ バスダクト工事   重要度 ★

バスダクトは，金属ケースに適当な間隔で導体を収めたもので，大電流を流すために用います。

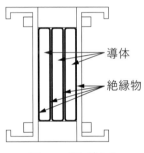

図7：バスダクト

◆バスダクトの接地

バスダクトの接地は次のようにします。
1) 300V以下の場合はD種接地工事を施します。
2) 300Vを超える場合は，C種接地工事を施します。ただし，接触防護措置を施す場合は，D種接地工事に緩和できます。

◆施設方法

バスダクトの施設方法は次のようにします。
1) バスダクトは，3m（取扱者以外の者が出入りできないように施設した場所で垂直に取り付ける場合は6m）以下の間隔で支持をすること。
2) 終端部は閉そくします。

練習問題

問い1	答え
ライティングダクト工事で，不適切なものは。	イ．ダクトの開口部を下に向けて施設した。 ロ．ダクトの終端部を閉そくして施設した。 ハ．ダクトの支持点間の距離を2mとした。 ニ．ダクトは造営材を貫通して施設した。

解説

ライティングダクトは，造営材を貫通して施設してはいけません。

【解答：ニ】

問い2	答え
湿気の多い展開した場所の単相3線式100/200V屋内配線工事として，不適切なものは。	イ．合成樹脂管工事（CD管は除く） ロ．金属ダクト工事 ハ．金属管工事 ニ．ケーブル工事

解説

　金属ダクト工事は，乾燥した場所で，かつ展開した場所（露出した場所）または点検できる隠ぺい場所に施設できます。湿気の多い場所では施設できません。
・**合成樹脂管工事，金属管工事，ケーブル工事**は，すべての場所で施設できる。
・すべての場所：展開した場所，点検できる隠ぺい場所，点検できない隠ぺい場所，乾燥した場所，湿気の多い場所または水気のある場所。

【解答：ロ】

がいし引き工事，平形保護層配線工事，アクセスフロア内配線工事

これだけは覚えよう！

がいし引き工事，平形保護層配線工事，アクセスフロア内配線工事の概要を覚える！

- ☑ がいし引き工事の電線相互間の離隔距離は**6cm**以上，造営材とは**2.5cm**以上，支持点間距離**2m**以下。他の低圧屋内配線，弱電流電線，水管，ガス管との離隔距離は**10cm**以上
- ☑ がいし引き以外の配線は，弱電流電線，水管，ガス管とは接触しないように施設する。
- ☑ 平形保護層配線工事：対地電圧**150**V以下，造営物の床，壁面に施設，造営材を貫通しない，漏電遮断器の設置
- ☑ アクセスフロア内配線工事：二重構造の床内の配線

➡ がいし引き工事

重要度 ★

がいし引き工事は，がいしに絶縁電線を固定して配線する方法です（**図1**）。

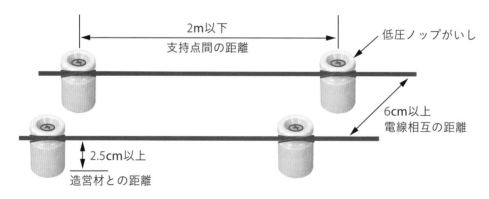

図1：がいし引き工事

◆施設場所の制限

露出場所（展開した場所），点検できる隠ぺい場所，乾燥した場所，湿気の多い場所，水気のある場所に施設できます。点検できない隠ぺい場所には施設できません。

第1章

第2章

第3章

第4章

第5章

第6章

第7章

R5年上期1

R5年上期2

◆電線

OW線，DV線及びDE線以外の絶縁電線を使用します。

電線が造営材を貫通するところでは，貫通部分の電線を別個のがい管または，合成樹脂管などで絶縁します。

また，使用電圧が150V以下で，乾燥した場所では，電線に耐久性のある絶縁テープを巻いてもよいことになっています。

使用電圧が300V以下の場合は，電線に簡易接触防護措置を，300Vを超える場合は，電線に接触防護措置を施します。

◆離隔距離

表1は，電線相互，電線と造営材の離隔距離（りかくきょり）を表します。**表2**は，がいし引きとそれ以外の配線の最小離隔距離（さいしょうりかくきょり）を表しています。

表1：離隔距離

	使用電圧 300 (V) 以下	使用電圧 300 (V) 超過
電線相互間の離隔距離	**6**cm以上	**6**cm以上
電線と造営材の距離	**2.5**cm以上	4.5 (乾燥した場所2.5) cm以上

表2：最小離隔距離

配線＼他の対象物	がいし引き配線	がいし引き配線以外の配線	弱電流電線，水管，ガス管
がいし引き配線	**10**cm	**10**cm	**10**cm
がいし引き以外の配線	**10**cm	—	接触しないように施設する

◆がいし引き工事の支持点間距離

電線を造営材に沿って取り付ける場合の電線支持点間の距離は**2**m以下とします。

➡ 平形保護層配線工事　　　　　　　　　重要度 ★

平形保護層配線（ひらがたほごそうはいせん）（アンダーカーペット配線）は，タイルカーペットなどの下に施設する配線方法です。点検できる隠ぺい場所で，乾燥した場所に施設できます。

平形保護層配線工事は，ビル室内の機器配線などに利用されます。住宅，宿泊室，教室，病室，発熱線のある床面などには施設できません。ただし，住宅用フラットケーブル工事にすれば，住宅の特定場所に施設できます。

◆施設について

施設は次のように行います。
1) 造営物の床面または壁面に施設し，造営材を貫通しないようにします。
2) 電線は，平形導体合成樹脂絶縁電線を使用し，造営材を貫通しないようにします。
3) D種接地工事を施します（上部保護層，上部接地用保護層，ジョイントボックス，差込接続器の金属製外箱）。
4) 地絡を生じたときに自動的に電路を遮断する装置（漏電遮断器）を施設します。
5) 30〔A〕以下の過電流遮断器で保護される分岐回路で使用します。
6) 電路の対地電圧は150V以下とします。

➡ アクセスフロア内配線工事　　　　　　　重要度 ★

アクセスフロアとは，主にコンピュータ室，通信機械室，事務室などで配線その他の用途に使用するための二重構造の床をいいます（図2）。

◆施設について

アクセスフロア内の工事は，次のように行います。
1) ビニル外装ケーブルなどのケーブルを使用します。
2) ケーブル配線と弱電流配線のルート識別及び接触防止措置を施します。
3) 移動電線を引き出すフロアの貫通部は，移動電線を損傷しないように保護材を挿入するなど，適切な処置を施します。
4) 原則として，コンセントなどはフロア面，またはフロア上に施設します。
5) 原則として，分電盤はフロア内に施設してはいけません。

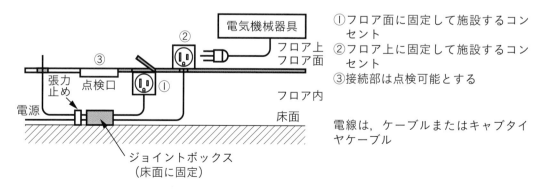

図2：アクセスフロア内のコンセントなどの施設例（内線規定による）

第1章
第2章
第3章
第4章
第5章
第6章
第7章
R5
年上期1

R5
年上期2

練習問題

問い1	答え
使用電圧300V以下のがいし引き工事で，不適切なものは。	**イ.** 電線間隔は6cm，電線と造営材との離隔距離は2.5cmとした。 **ロ.** 電線が造営材を貫通する箇所で，電線ごとに合成樹脂管で保護した。 **ハ.** 電線の支持点間の距離は2mとした。 **ニ.** 電線を弱電流電線と6cm離して施設した。

解説

弱電流電線との離隔距離は，**10**cm以上必要です。

【解答：ニ】

問い2	答え
アクセスフロア内の配線に関する記述として，不適切なものは。	**イ.** フロア内のケーブル配線にはビニル外装ケーブル以外の電線を使用できない。 **ロ.** 移動電線を引き出すフロアの貫通部分は，移動電線を損傷しないよう適切な処置を施す。 **ハ.** フロア内では，電源ケーブルと弱電流電線が接触しないようセパレータなどによる接触防止措置を施す。 **ニ.** 分電盤及びコンセントは原則としてフロア内に施設しない。

解説

アクセスフロアは二重構造の床で，アクセスフロア内の配線は，ケーブル（ビニル外装ケーブル，ポリエチレン外装ケーブル，クロロプレン外装ケーブル），キャブタイヤケーブルなどが使用できます。イ.の「ビニル外装ケーブル以外の電線を使用できない。」の記述は不適切です。

【解答：イ】

これだけは覚えよう!

ショウウインドー内の配線条件，ネオン放電灯の電線支持点間距離，特殊場所の施設を覚える！

- ☑ ショウウインドー内の配線は，**0.75mm²** 以上のコードなどを使用し，**1m** 以下で支持。外部から見えやすい箇所に限り施設できる。

- ☑ ネオン放電灯は，**15A** 分岐回路または **20A** 配線用遮断器を使用する。配線は，がいし引きにより，支持 **1m** 以下，離隔 **6cm** 以上とする。ネオン変圧器の外箱は **D** 種接地を施す。

- ☑ 爆燃性粉じん，可燃性ガスなどのある場所の工事：金属管工事，防護装置に収めたケーブル工事

- ☑ 可燃性粉じん，石油などのある場所の工事：金属管工事，防護装置に収めたケーブル工事，合成樹脂管工事

➡ ショウウインドーなどの配線の条件　　重要度 ★★

ショウウインドーまたはショウケース内の配線は，美観上，次の配線が認められています。

1) 乾燥した場所に施設し，かつ，内部を乾燥した状態で使用するショウウインドーまたはショウケース内の使用電圧が **300V** 以下の低圧屋内配線は，外部から見えやすい箇所に限り，コードまたはキャブタイヤケーブルを施設できます。

2) 電線は，断面積 **0.75mm²** 以上のコードまたはキャブタイヤケーブルを使用します。

3) 電線の取り付け点間の距離は **1m** 以下とします。

4) 電線には，電球または器具の重量を支持させない。

5) 低圧屋内配線との接続は，差込み接続器などで行います。

⊃ ネオン放電灯工事 重要度 ★

　屋内，屋側，屋外に施設する管灯回路であって，放電管にネオン放電灯を使用した工事において，ネオン管は，接触防護措置を施すとともに危険のないように施設します。

◆分岐回路

　ネオン放電灯は，**15A 分岐回路**または **20A 配線用遮断器分岐回路**で使用します。この場合，ネオン放電灯と電灯及び小形機械器具とは併用できます。また，変圧器ごとに 2 極の開閉器またはコンセントを設けます。

◆管灯回路の配線

　配線は次のように行います。
1)　がいし引き工事によります。
2)　電線は，ネオン電線を使用します。
3)　電線支持間の距離は，**1m** 以下とします。
4)　電線相互間の離隔距離は，**6cm** 以上とします。
5)　展開した場所または点検できる隠ぺい場所（管灯回路の配線のために設けた場所）に施設します。

◆ネオン変圧器

　ネオン変圧器は，簡易接触防護措置を施すとともに，金属製外箱には，**D** 種接地工事を施します。

⊃ 危険物のある場所の工事 重要度 ★★

　粉じん危険場所は，爆燃性粉じん，可燃性粉じんなど危険性，浮遊状態，集積状態を考慮し，次ページの**表1**のように適用を定めています。

◆危険物のある場所の工事の留意点

　金属管工事では，金属管は，薄鋼電線管またはこれと同等以上の強度を有するものを使用します。管相互，管とボックスの接続は，5山以上ねじを合わせて接続します。
　ケーブル工事では，鋼帯などのがい装を有するケーブルまたはMIケーブルを除き，

管その他の防護装置に収めて施設します。

表1：危険物のある場所と工事の種類

危険物のある場所 （種類）	対象物質	工事の種類
爆燃性粉じんのある場所	爆燃性粉じん：マグネシウム，アルミニウムなどの粉じんは爆発のおそれがある	金属管工事 ケーブル工事*
可燃性ガス，引火性物質のある場所	可燃性ガス：プロパンなどのガス 引火性物質：ガソリン，シンナー，アルコールなどの蒸気	
可燃性粉じんのある場所	可燃性粉じん：小麦粉，でん粉など	金属管工事 ケーブル工事* 合成樹脂管工事 （CD管は除く）
危険物のある場所	危険物：セルロイド，マッチ，石油など	

＊管その他の防護装置に収めて施設する。

練習問題

問い1	答え
100Vの低圧屋内配線に，コードを造営材に直接留め具で取り付けて施設することができる場所又は箇所は。	イ．乾燥した場所に施設し，内部を乾燥状態で使用するショウケース内の外部から見えやすい箇所 ロ．住宅以外の場所の屋内の人の触れるおそれのない壁面 ハ．木造住宅の人の触れるおそれのない点検できる天井裏 ニ．住宅の台所に施設し，内部を乾燥状態で使用する床下収納庫の点検できる箇所

解説

　コードを造営材に直接留め具で取り付けて施設できるのは，ショウウインドーまたはショウケース内のみです。

【解答：イ】

第 1 章

第 2 章

第 3 章

第 4 章

第 5 章

第 6 章

第 7 章

R5 年上期 1

R5 年上期 2

No. 10 引込線と引込口配線，屋外配線，動力配線

これだけは覚えよう！

引込の取付点の高さ，木造の屋側電線路での禁止工事を覚える！

- ☑ 引込線の取付点の高さは，**4**m 以上，交通に支障がないときは，**2.5**m 以上。
- ☑ 引込線は，絶縁電線は直径 **2.6**mm 以上の硬銅線，または **2.0**mm 以上（径間が 15m 以下）を使用する。
- ☑ 木造の引込口配線（屋側電線路）では，金属管工事，金属シースのあるケーブルは禁止。
- ☑ 別棟の引込口開閉器の省略は **15**m 以下，屋外配線の開閉器の省略は **8**m 以下。

➡ 低圧架空引込線，引込口配線 　　重要度 ★★

低圧架空引込線及び引込口配線は，配電線から，架空引込線を通し，電力量計を介して屋側の引込口配線から屋内の分電盤に至る配線です。

◆架空引込線の取付点の高さ

引込線取付点の高さは，原則として地表上 **4**m 以上，技術上やむを得ない場合で交通に支障がないときは **2.5**m 以上です（次ページの**図1**）。

◆架空引込線の施設

架空引込線は，次のように施設します。

1) 電線は，ケーブルを除き，直径 **2.6**mm 以上の硬銅線を用います。ただし，径間が 15m 以下の場合は，直径 **2.0**mm 以上の硬銅線を使用することができます。
2) 絶縁電線*またはケーブルを使用することができます。
3) ケーブルの場合は，ちょう架用線（断面積 22mm² 以上の亜鉛メッキ鉄より線）により，ちょう架します。ただし，ケーブルの長さが 1m 以下の場合はちょう架しなくてもよいことになっています。

＊一般に DV（引込用ビニル絶縁電線），DE（引込用ポリエチレン絶縁電線）が用いられる。

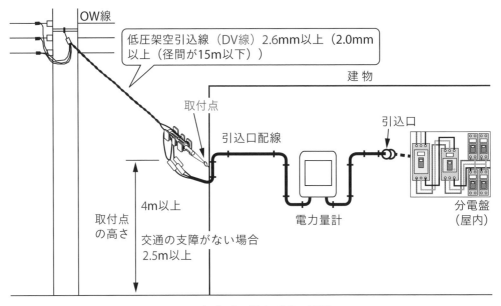

図1：架空引込線と引込口配線

◆引込口配線
....
引込線取付点から引込口開閉器に至る配線をいいます。

◆木造の屋側電線路
....
引込口配線など，木造の屋側電線路は次の工事ができます。
1) ケーブル工事，合成樹脂管工事，がいし引き工事ができます。
2) 金属管工事や金属シースのあるケーブル工事は禁止です。

➡引込口開閉器の取付　　　　重要度 ★★

引込口開閉器は次のように取り付けます。
1) **図2**の例のように，引込口に近いところに引込口開閉器（ひきこみぐちかいへいき）（普通は過電流遮断器と兼ねる）①，②を取り付けます。
2) 別棟の引込口開閉器②は，図2の ℓ が **15**m 以下のときは省略できます。

➡屋外配線　　　　重要度 ★★

屋外の倉庫，物置，屋外灯に配線する電路を屋外配線（おくがいはいせん）といいます。屋外の施設には，倉庫，物置などの建物や，庭園灯，門灯，看板灯などの屋外灯があります。これらの施設に至る屋外回路の屋外用開閉器または過電流遮断器は，一般に屋内電路用と

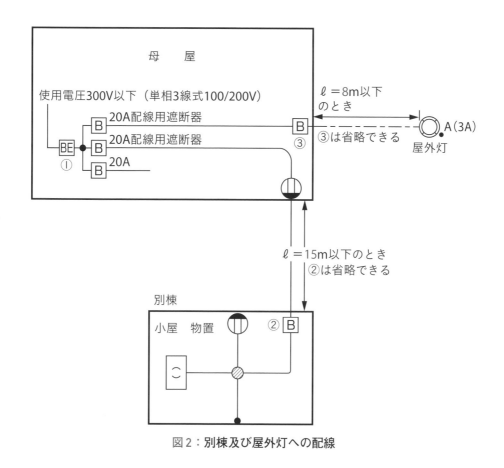

第1章

第2章

第3章

第4章

第5章

第6章

第7章

R5年上期1

R5年上期2

図2：別棟及び屋外灯への配線

は別個に設置します。

　ただし，屋内電路の分岐回路が15A分岐回路または，20A配線用遮断器で保護された分岐回路である場合は，省略することができます。省略できる条件は，倉庫，物置などの建物の場合で屋側と屋外の配線の長さℓが**15**m以下です。また，屋外灯の場合はℓが**8**m以下です（**図2**）。

➜ 動力配線　　　　　　　　　　　重要度 ★

　電気を回転力に変えて利用する設備を動力設備といいます。また，電源から開閉器を経て動力設備に至る配線を動力配線といいます。

　三相誘導電動機の配線図は，次ページの**図3**のようなものが一般的に使用されます。電動機の始動，停止，保護は，電磁開閉器で行います。力率改善用コンデンサは，電動機と並列に接続します。また，電動機，コンデンサ，開閉器の金属製外箱には，接地工事を施します。

　接地工事は，電圧300V以下の場合は**D**種接地工事，300Vを超え600V以下は**C**種接地工事になります。

　図3の配線図で，電動機を始動するには，最初に，主開閉器のスイッチを入れ，そ

の後に分岐開閉器のスイッチを入れて，次に電動機の始動スイッチを押して始動します。

作業を終了するには，最初に停止スイッチで電動機を止め，分岐開閉器，主開閉器と，逆の順番で開閉器のスイッチを切っていきます。

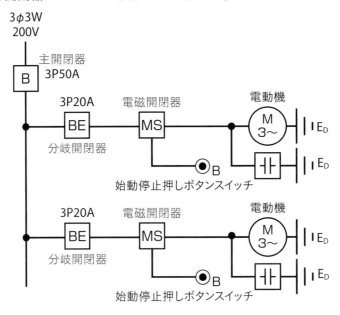

図3：動力配線の例

● 電動機の過負荷保護装置の施設　　重要度 ★

屋内に施設する200Wを超える電動機には，電磁開閉器（電磁接触器＋熱動継電器）などの過負荷保護装置を設置します。

ただし，次の場合はこれを省略できます。

1) 電動機を運転中，常時，取扱者が監視できる位置に施設する場合
2) 電動機の構造上または負荷の性質上，その電動機の巻線に当該電動機を焼損する過電流を生じるおそれがない場合
3) 電動機が単相のものであって，その電源側電路に施設する過電流遮断器の定格電流が15A（配線用遮断器にあっては20A）以下の場合
4) 電動機の出力が0.2kW以下の場合

● メタルラス張りなどとの絶縁　　重要度 ★★

メタルラス，ワイヤラス張り，または金属板張りの木造の造営材を貫通する金属管，金属線ぴ，金属製可とう電線管，ケーブルなどは，メタルラス，ワイヤラスまたは金属板を十分に切り開き，耐久性のある絶縁管などに収めて絶縁します。また，がいし引き工事の場合は，電線ごとに別の絶縁管に収めて施設します。

問い1	答え
定格電流20Aの配線用遮断器で保護されている低圧屋内配線から屋外配線（屋外灯の配線）を分岐した場合，専用の過電流遮断器が省略できる屋外配線の長さ〔m〕の最大は。	**イ**．1 **ロ**．5 **ハ**．8 **ニ**．15

解説

屋外灯の配線なので，**8**m以下の場合は省略できます。

【解答：**ハ**】

問い2	答え
引込線取付点の地表上の高さの最低値〔m〕は。 ただし，引込線は道路を横断せず，技術上やむを得ない場合で，交通に支障がないものとする。	**イ**．2.5 **ロ**．3.0 **ハ**．3.5 **ニ**．4.0

解説

技術上やむを得なく交通に支障がない場合において，引込線取付点の高さは，地表上**2.5**m以上とすることができます。

【解答：**イ**】

問い3	答え
倉庫の引込口開閉器が省略できる場合の，工場と倉庫との間の電路の長さの最大値〔m〕は（引込口開閉器は，工場にある分電盤の20A配線用遮断器分岐回路に接続されている）。	**イ**．5 **ロ**．10 **ハ**．15 **ニ**．20

解説

引込口開閉器を省略できるのは，工場と倉庫との間の電路の長さが**15**m以下です。

【解答：**ハ**】

これだけは覚えよう！

各種工事の施工できる場所，支持点間距離を覚える！

☑ 支持点間距離：ケーブルは**2**mと**6**m，金属管**2**m，合成樹脂管**1.5**m，金属ダクト**3**mと**6**m，ライティングダクト**2**m，がいし引き**2**m，ネオン電線**1**m，プリカ**1**m

☑ 曲げ半径：ケーブルは外径の**6**倍，金属管と合成樹脂管は管内径の**6**倍

➡ 各種工事の施工できる場所のまとめ　　重要度 ★★

各種工事の施工できる場所をまとめたものを**表1**に示します。

表1：各種工事の施工できる場所

施設場所 工事の種類	展開した場所（露出した場所）[1]	隠ぺい場所		危険物のある場所		木造の屋側電線路
		点検できる場所[2]	点検できない場所[3]	可燃性粉じん，石油，マッチ	爆燃性粉じん，可燃性ガス	
ケーブル工事	○	○	○	○ [5]	○ [5]	○
金属管工事	○	○	○	○	○	○
金属可とう電線管工事（2種）	○	○	○	○	○	
合成樹脂管工事（CD管を除く）	○	○	○	○		○
ライティングダクト工事 金属線ぴ工事 金属ダクト工事	○ 乾燥場所[4]	○ 乾燥場所[4]				
がいし引き工事	○					○
フロアダクト工事			○ 乾燥場所[4]			
平形保護層工事		○ 乾燥場所[4]				

1) 展開した場所（露出した場所）…配線が容易に見える場所
2) 点検できる隠ぺい場所…点検口のある天井裏，押入れなど，点検可能な場所
3) 点検できない隠ぺい場所…天井ふところ，壁内またはコンクリート床内など
4) 乾燥場所：湿気の多い場所（浴室，床下など，水蒸気が充満する場所または湿度が著しく高い場所）及び水気のある場所（土間などコンクリート打ちの場所，洗車場など水を扱う場所もしくは雨露にさらされる場所）以外の場所
5) 防護装置に収める

◆接触防護措置と簡易接触防護措置

　金属管工事や金属可とう電線管工事では，人が設備に接触することがないように，接触防護措置または簡易接触防護措置（**表2**）を施すことによって，接地工事の省略または緩和ができます。

表2：接触防護措置と簡易接触防護措置

接触防護措置 ※右のいずれかに適合するように施設すること	イ　設備を，屋内にあっては床上**2.3m**以上，屋外にあっては地表上**2.5m**以上の高さに，かつ，人が通る場所から手を伸ばしても触れることのない範囲に施設すること。 ロ　設備に人が接近または接触しないよう，さく，へいなどを設け，または設備を金属管に収めるなどの防護措置を施すこと。
簡易接触防護措置 ※右のいずれかに適合するように施設すること	イ　設備を，屋内にあっては床上**1.8m**以上，屋外にあっては地表上**2m**以上の高さに，かつ，人が通る場所から容易に触れることのない範囲に施設すること。 ロ　設備に人が接近または接触しないよう，さく，へいなどを設け，または設備を金属管に収めるなどの防護措置を施すこと。

➡ 各種工事の支持点間距離のまとめ　　重要度 ★★★

　各種工事の支持点間距離，曲げ半径，その他をまとめたものを**表3**に示します。

表3：各種工事の支持点間距離の比較

工事種別	支持点間距離	曲げ半径	その他
ケーブル工事	水平（下面または側面）**2m** 垂直**6m**（接触防護措置を施す） キャブタイヤケーブルは**1m**	ケーブル外径の**6倍**	―
金属管工事	2m以下が望ましい		―
合成樹脂管工事	**1.5m** 合成樹脂製可とう管は1m以下が望ましい	管内径の**6倍**	差し込み深さは管外径の**1.2倍**（接着剤使用の場合は**0.8倍**）
金属ダクト工事	**3m**，垂直**6m**（取扱者のみの出入り） ライティングダクトは**2m**	―	―
がいし引き工事	**2m** ネオン管灯回路は**1m**	―	電線相互間の距離6cm 造営材との距離2.5cm
金属可とう電線管工事（プリカチューブ）	水平（下面または側面）1m	内径の**6倍**または3倍（取り外し可能）	管相互，ボックスとの接続場所0.3m
金属線ぴ工事	1.5m以下が望ましい	―	幅が5cm以下のもの

No. 12 検査法

これだけは覚えよう！

絶縁抵抗と接地抵抗の測定方法，低圧電路の絶縁抵抗値，接地抵抗値を覚える！

☑ 分岐回路の絶縁抵抗値は，単相100/200V回路は**0.1**MΩ以上，三相200V回路は**0.2**MΩ以上。

☑ 接地抵抗値は，C種で**10**Ω以下，D種で**100**Ω以下，0.5秒以内に動作する漏電遮断器を施設した場合は**500**Ω以下。

➡ 検査の種類　　　　　　　　　　　　　　重要度 ★★

検査の種類は検査の実施時期によって，竣工検査(しゅんこうけんさ)・定期検査(ていきけんさ)・臨時検査(りんじけんさ)があります（**表1**）。

表1：検査の種類

竣工検査	新設または増設改修などによって，建築物が完成したときに行う検査。ただし，建物が完成した後では点検できない所や，隠れた部分の配線配管工事の検査は，工事の中間で行います（中間検査(ちゅうかんけんさ)という）。
定期検査	定期的に行う検査。現在使われている建物の電気設備が使用できるか，今後安全に使用できるかどうかを定期的に検査します。
臨時検査	使用中の建物の電気設備が定期検査以外のときに行う検査。 例：1)　火災・洪水など災害により，電気設備が冠水したときに行う検査 　　2)　漏電やその他異状が認められた場合に行う検査 　　3)　電気設備に故障や異変が生じたとき，改修しなければならないか，今後使用ができるか，判定するときに行う検査

ここでは特に竣工検査の仕方について学習します。

➡ 竣工検査　　　　　　　　　　　　　　重要度 ★★★

新設・増設・改修によって電気工作物が完成したときなどに行う検査で，次の順序で行われます。

点検 → 絶縁抵抗測定* → 接地抵抗測定* → 導通試験 → 通電試験(試送電)

＊絶縁抵抗測定と接地抵抗測定の順序は逆でもよい。

◆点検

点検は，竣工検査の一番最初に行い，配線設備や電気機械器具が安全に使用できるか，電気設備技術基準などの法規に適合しているかどうか，主に目視で電源側から順次検査します。

1) 引込線の施設状況点検

取付高さ・線種太さ・配線方法・樹木・建物などの接近状況について調査，点検します。

2) 分電盤の施設状況点検

配線用遮断器・漏電遮断器の施設状況や回路数・線の太さ・容量など，また母線との接続状態について，調査，点検します。

3) 配線・配管・電気機器の施設状況点検

配管・配線・電灯・スイッチ・コンセントの取付状況及び絶縁状況について点検します。

4) 接地工事の施設状況点検

接地線の太さ・処理方法，接地線の埋設状況について点検します。

◆絶縁抵抗測定

絶縁抵抗測定は，配線や電気機器器具の絶縁不良を発見し，電気事故を未然に防ぐ役目があります。測定には絶縁抵抗計（メガー）を用います。

屋内配線の絶縁抵抗測定は，分岐回路ごとに絶縁抵抗を測定します。電路の電線相互間及び電路と大地との間の絶縁抵抗は，分岐回路ごとに**表2**の値以上が必要です。

また，測定が困難な場合は，漏えい電流が**1mA以下**であればよいことになっています。

表2：低圧電路の絶縁抵抗値

電路の使用電圧の区分		絶縁抵抗値
300V以下	対地電圧が**150V以下**	**0.1**MΩ以上
	対地電圧が**150V**を超える場合	**0.2**MΩ以上
300Vを超えるもの		**0.4**MΩ以上

電線相互間の絶縁抵抗及び電路と大地間の絶縁抵抗が技術基準に定められた値以上であることを確認します。

単相100/200V回路で**0.1**MΩ以上，三相200Vで**0.2**MΩ以上の抵抗値が求められています。

電線相互間の絶縁抵抗は，分岐開閉器を開き，**図1**の測定方法で行います。

1) スイッチは閉じておきます。
2) 電球は取り外しておきます。
3) 電気機器はコンセントから取り外しておきます。
4) 絶縁抵抗計のL及びE端子のリード線を電線相互間に当て，測定します。

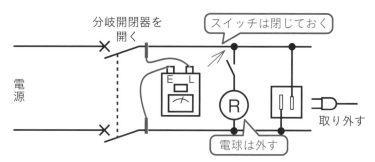

図1：電線相互間の絶縁抵抗の測定方法

電路と大地間の絶縁抵抗は，分岐開閉器を開き，**図2**の測定方法で行います。

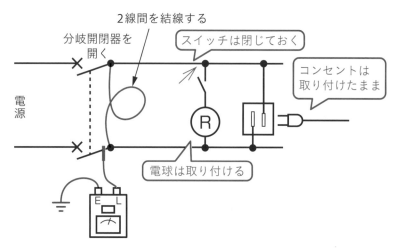

図2：電路と大地間との絶縁抵抗の測定方法

1) スイッチは閉じておきます。
2) 電球（負荷）は取り付けます。
3) 電気機器（負荷）はコンセントに取り付けたままにします。
4) 絶縁抵抗計のE端子のリード線を接地線に，L端子を電線にあて，測定します。

絶縁抵抗計は，測る回路によって測定電圧（絶縁抵抗計の定格測定電圧）が**表3**のように定められています。

電気機器は，回路にICなどの半導体が使用されている場合が多く，絶縁抵抗を測るときに回路に印加される高い電圧が，半導体の破壊を招き機器の故障の原因となる可能性があるからです。

表3：絶縁抵抗計の定格測定電圧

定格測定電圧	主な使用回路
100V	低圧用の電子製品の絶縁抵抗測定
250V	100V，200Vの低圧配線，電気機器の絶縁抵抗測定
500V	低圧の配線，電気機器など一般の絶縁抵抗測定
1000V 2000V	常時使用電圧の高い高圧用電気機器，ケーブル，高電圧を使用する通信機器などの絶縁抵抗測定

◆接地抵抗測定

電気機械器具・配線器具・配管などには，感電事故防止のため接地が求められています。接地は技術基準に決められた値以下になるようにします（**表4**）。

表4：電気機械器具の区分と接地工事の種類・抵抗値

電気機械器具の区分	工事の種類	接地抵抗値		接地線の太さ
300Vを超える低圧用	C種接地工事	10Ω以下	0.5秒以内に動作する漏電遮断器を施設した場合は500Ω以下	1.6mm以上
300V以下の低圧用	D種接地工事	100Ω以下		1.6mm以上

測定には接地抵抗計（アーステスタ）を用います。**図3**で，接地抵抗計による測定・方法を示します。

1) 測定する接地極より，ほぼ一直線上に**10**m程度の間隔に2本の補助接地極を打ち込みます。

2) 接地抵抗計の**E**端子に測定する被測定接地極，**P**端子に第1補助接地極，**C**端子に第2補助接地極を接続します。

3) 測定ボタンを押しながら，検流計の指針がゼロとなるよう目盛ダイヤルを回し，ダイヤルに表示されている値から接地抵抗の値を直読します。

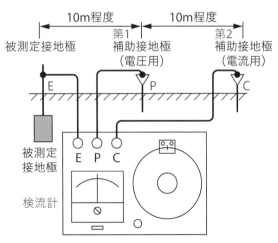

図3：接地抵抗計による接地抵抗の測定

◆導通試験

回路の結線の誤り，電線の断線・損傷，配線器具（スイッチ・コンセント・電灯）の不完全結線などを，テスタなどにより発見します。これを導通試験といいます。

◆通電試験 (試送電)

開閉器を投入し電源が入った状態で，電灯の点滅が正常か，コンセントの電圧・極性が正しいかなど，通電して動作を確認します。

練習問題

問い1	答え
次表は，電気使用場所の開閉器又は過電流遮断器で区切られる低圧電路の使用電圧と電線相互間及び電路と大地との間の絶縁抵抗の最小値についての表である。 次の空欄 (A), (B) 及び (C) に当てはまる数値の組合せとして，正しいものは。	**イ.** (A) 0.1　**ロ.** (A) 0.1 　　 (B) 0.2　　　 (B) 0.2 　　 (C) 0.3　　　 (C) 0.4 **ハ.** (A) 0.2　**ニ.** (A) 0.2 　　 (B) 0.3　　　 (B) 0.4 　　 (C) 0.4　　　 (C) 0.6 （令和3年度上期午前出題）

電路の使用電圧の区分		絶縁抵抗値
300V 以下	対地電圧 150V 以下の場合	A 〔MΩ〕
	その他の場合	B 〔MΩ〕
300V を超えるもの		C 〔MΩ〕

解説

低圧電路の絶縁抵抗の最小値は，対地電圧150V以下（単相三線式100/200V）の場合は (A) **0.1**MΩ，対地電圧300V以下（三相200V）の場合は (B) **0.2**MΩ，300Vを超えるものは (C) **0.4**MΩです。

【解答：ロ】

章末問題

問い1	答え
機械器具の金属製外箱に施すD種接地工事に関する記述で，不適切なものは。 （令和2年度下期午後出題）	**イ．**　一次側200V，二次側100V，3kV・Aの絶縁変圧器（二次側非接地）の二次側電路に電動丸のこぎりを接続し，接地を施さないで使用した。 **ロ．**　三相200V定格出力0.75kW電動機外箱の接地線に直径1.6mmのIV電線（軟銅線）を使用した。 **ハ．**　単相100V移動式の電気ドリル（一重絶縁）の接地線として多心コードの断面積 $0.75mm^2$ の1心を使用した。 **ニ．**　単相100V定格出力0.4kWの電動機を水気のある場所に設置し，定格感度電流15mA，動作時間0.1秒の電流動作型漏電遮断器を取り付けたので，接地工事を省略した。

解説

　水気のある場所の電気機械器具の接地工事は，省略できません。

　水気のある場所以外で，漏電遮断器（定格感度電流15mA以下，動作時間0.1秒以下）を施設する場合は，D種接地工事を省略できます。

【解答：ニ】

問い2	答え
低圧屋内配線の工事方法として，不適切なものは。 （令和2年度下期午前出題）	**イ．** 金属可とう電線管工事で，より線（絶縁電線）を用いて，管内に接続部分を設けないで収めた。 **ロ．** ライティングダクト工事で，ダクトの開口部を下に向けて施設した。 **ハ．** 金属線ぴ工事で，長さ3mの2種金属製線ぴ内で電線を分岐し，D種接地工事を省略した。 **ニ．** 金属ダクト工事で，電線を分岐する場合，接続部分に十分な絶縁被覆を施し，かつ，接続部分を容易に点検できるようにしてダクトに収めた。

解説

ハ．が不適切です。金属線ぴ工事で，**2種金属製線ぴ内で**電線を分岐する場合，線ぴの長さが3m（4m以下）でも**D種接地工事を省略できません**。

イ．金属可とう電線管工事で，管内に電線の**接続部分を設けることは禁止**です。

ロ．ライティングダクト工事は，**ダクトの開口部を下向きにする**のが原則です。

ニ．金属ダクト工事で，電線を分岐する場合，接続部分に十分な絶縁被覆を施し，かつ，**接続部分を容易に点検できるようにする**場合は，**金属ダクト内に電線の接続点を設けることができます**。

【解答：ハ】

問い3	答え
特殊場所とその場所に施工する低圧屋内配線工事の組合せで，不適切なものは。 （令和4年度下期午前出題）	**イ**．プロパンガスを他の小さな容器に小分けする可燃性ガスのある場所 厚鋼電線管で保護した600Vビニル絶縁ビニルシースケーブルを用いたケーブル工事 **ロ**．小麦粉をふるい分けする可燃性粉じんのある場所 硬質ポリ塩化ビニル電線管VE28を使用した合成樹脂管工事 **ハ**．石油を貯蔵する危険物の存在する場所 金属線ぴ工事 **ニ**．自動車修理工場の吹き付け塗装作業を行う可燃性ガスのある場所 厚鋼電線管を使用した金属管工事

解説

ハ．が不適切です。**石油を貯蔵する危険物のある場所**での金属線ぴ工事は，禁止です。

イ．可燃性ガスのある場所において厚綱電線管で保護したケーブル工事は，**ケーブルを防護装置に収めて施設している**ので適切です。

ロ．可燃性粉じんのある場所での**硬質ポリ塩化ビニル電線管 VE28** を使用した合成樹脂管工事は，適切です。

ニ．**可燃性ガスのある場所での厚銅電線管を使用した**金属管工事は，適切です。

〔参考〕

・爆発物のあるところは，**金属管工事**，防護装置に収めた**ケーブル工事**ができる。

・可燃性危険物のあるところは，**金属管工事**，防護装置に収めた**ケーブル工事**，**合成樹脂管工事**（CD管は除く）ができる。

【解答：ハ】

問い4	答え
低圧の地中配線を直接埋設式により施設する場合に使用できるものは。 （令和4年度上期午前出題）	**イ.** 600V架橋ポリエチレン絶縁ビニルシースケーブル（CV） **ロ.** 屋外用ビニル絶縁電線（OW） **ハ.** 引込用ビニル絶縁電線（DV） **ニ.** 600Vビニル絶縁電線（IV）

解説

　地中配線には，必ず**ケーブル**を使用しなければなりません。**イ**. 以外はすべてケーブルではありません。

【解答：**イ**】

問い5	答え
低圧屋内配線の金属可とう電線管（使用する電線管は2種金属製可とう電線管とする）工事で，不適切なものは。 （令和3年度上期午前出題）	**イ.** 管の内側の曲げ半径を管の内径の6倍以上とした。 **ロ.** 管内に600Vビニル絶縁電線を収めた。 **ハ.** 管とボックスとの接続にストレートボックスコネクタを使用した。 **ニ.** 管と金属管（鋼製電線管）との接続にTSカップリングを使用した。

解説

　ニ. が不適切です。TSカップリングは，硬質ポリ塩化ビニル電線管相互の接続に用います。

　イ. **ロ**. **ハ**. は，適切です。

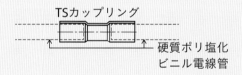

【解答：**ニ**】

問い6	答え
低圧屋内配線工事（臨時配線工事の場合を除く）で，600Vビニル絶縁ビニルシースケーブルを用いたケーブル工事の施工方法として，適切なものは。 （令和3年度上期午前出題）	**イ．** 接触防護措置を施した場所で，造営材の側面に沿って垂直に取り付け，その支持点間の距離を8mとした。 **ロ．** 金属製遮へい層のない電話用弱電流電線と共に同一の合成樹脂管に収めた。 **ハ．** 建物のコンクリート壁の中に直接埋設した。 **ニ．** 丸形ケーブルを，屈曲部の内側の半径をケーブル外径の8倍にして曲げた。

解説

ニ．が適切です。屈曲部の内側の半径は，**ケーブル外径の6倍以上**と決められているので，8倍は適切です。

イ．垂直に取り付ける場合は**6m以下**としなければならないので，**8m**は不適切です。

ロ．電話用弱電流電線と**同一の合成樹脂管に施設すること**は不適切です。

ハ．コンクリート壁に**直接埋設**（1年以内に限り使用する臨時配線を除く）は不適切です。

【解答：ニ】

問い7	答え
同一敷地内の車庫へ使用電圧100Vの電気を供給するための低圧屋側配線部分の工事として，不適切なものは。 （令和3年度下期午後出題）	**イ．** 1種金属製線ぴによる金属線ぴ工事 **ロ．** 硬質ポリ塩化ビニル電線管（硬質塩化ビニル電線管）（VE）による合成樹脂管工事 **ハ．** 600V架橋ポリエチレン絶縁ビニルシースケーブル（CV）によるケーブル工事 **ニ．** 600Vビニル絶縁ビニルシースケーブル丸形（VVR）によるケーブル工事

　低圧屋側配線部分の工事として，不適切なものは，**イ．1種金属製線ぴによる金属線ぴ工事**です。金属線ぴ工事は，乾燥した場所に施設できる工事より屋外で使用する屋側配線部分の工事はできません。

　VE管による合成樹脂管工事，CVによるケーブル工事，VVRによるケーブル工事は，屋側配線部分の工事ができます。

【解答：イ】

問い8	答え
100Vの低圧屋内配線工事で，不適切なものは。 （令和元年度上期出題）	**イ．** フロアダクト工事で，ダクトの長さが短いのでD種接地工事を省略した。 **ロ．** ケーブル工事で，ビニル外装ケーブルと弱電流電線が接触しないように施設した。 **ハ．** 金属管工事で，ワイヤラス張りの貫通箇所のワイヤラスを十分に切り開き，貫通部分の金属管を合成樹脂管に収めた。 **ニ．** 合成樹脂管工事で，その管の支持点間の距離を1.5mとした。

解説

　イ．が不適切です。フロアダクト工事は，ダクトの長さが短くても**D種接地工事**を省略できません。

　100Vの屋内配線ケーブルと弱電流電線は**接触しないように施設します**。金属管工事で，金属管を合成樹脂管に収めるなど壁貫通箇所のワイヤラスと金属管を**完全に絶縁します**。合成樹脂管（VE管）工事で，管の支持点間の距離は，**1.5m以下**とします。

【解答：イ】

問い9	答え
使用電圧100Vの屋内配線の施設場所による工事の種類として，適切なものは。 （令和2年度下期午後出題）	イ．点検できない隠ぺい場所であって，乾燥した場所の金属線ぴ工事 ロ．点検できない隠ぺい場所であって，湿気の多い場所の平形保護層工事 ハ．展開した場所であって，湿気の多い場所のライティングダクト工事 ニ．展開した場所であって，乾燥した場所の金属ダクト工事

解説

ニ．が適切です。**金属ダクト工事**は，展開した場所または**点検できる隠ぺい場所**であって乾燥した場所に施設できます。**金属線ぴ工事**は，点検できない隠ぺい場所には施設できません。平形保護層工事は，点検できる隠ぺい場所で乾燥した場所に施設でき，湿気の多い場所には施設できません。**ライティングダクト工事**は，**湿気の多い場所**には施設できません。

【解答：ニ】

問い10	答え
⑩で示す部分の工事方法で施工できない工事方法は。ただし図は，木造住宅である。 1φ3W 100/200V Wh ⑩ → L-1	イ．金属管工事 ロ．合成樹脂管工事 ハ．がいし引き工事 ニ．ケーブル工事 （令和5年度上期午前出題）

解説

⑩の部分で施工できない工事方法は，金属管工事です。

⑩の部分は，**引込口配線**（低圧引込線取付点から分電盤の引込口開閉器までの**低圧屋側電線路**）の施設です。

引込口配線で施工できる工事は，**がいし引き工事**（展開した場所），**合成樹脂管工事**，**金属管工事**（木造以外の造営物），**ケーブル工事**です。

木造住宅の場合，**金属類で電線を保護する工事は禁止**されています。

【解答：イ】

問い 11	答え
⑤で示す引込線取付点の地表上の高さの最低値 [m] は。 ただし，引込線は道路を横断せず，技術上やむを得ない場合で交通に支障がないものとする。 工場 ←┼→ 駐車場 P-1 Wh 3φ3W 200V ⑤	**イ.** 2.5 **ロ.** 3.0 **ハ.** 3.5 **ニ.** 4.0 （令和4年度上期午前出題）

解説

⑤の引込線取付点の地表上の高さの**最低値**は**2.5m**です（引込線が道路を横断せず，技術上やむを得ない場合で交通に支障がないとき）。

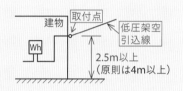

＊取り付け点の高さは，道路を横断するときは地表上4m以上，横断しない場合は地表上2.5m以上。

【解答：イ】

問い 12	答え
②で示す引込口開閉器の設置は。 ただし，この屋内電路を保護する過負荷保護付漏電遮断器の定格電流は20Aである。 倉庫 ② ニ ニ B ⓑ ニ 工場 ⓑ 2 EET LK WP L-1 電路の長さ 12m	**イ.** 屋外の電路が地中配線であるから省略できない。 **ロ.** 屋外の電路の長さが10m以上なので省略できない。 **ハ.** 過負荷保護付漏電遮断器の定格電流が20Aなので省略できない。 **ニ.** 屋外の電路の長さが15m以下なので省略できる。 （令和4年度上期午前出題）

解説

②で示す引込口開閉器の設置は，屋外の電路の長さが **15m以下**（12m）なので省略できます。

使用電圧が300V以下で，他の屋内電路（15A以下の過電流遮断器または20A以下の配線用遮断器で保護されている分岐回路に限る）に接続する長さが **15m以下の電路**から電気の供給を受けるものは，**引込口開閉器を省略できます。**

＊L–1の中にある BE で保護しているので，図の**電路の長さが15m以下**であれば②の B は省略できる。

【解答：ニ】

問い13	答え
分岐開閉器を開放して負荷を電源から完全に分離し，その負荷側の低圧屋内電路と大地間の絶縁抵抗を一括測定する方法として，適切なものは。 （令和3年度下期午前出題）	イ．負荷側の点滅器をすべて「切」にして，常時配線に接続されている負荷は，使用状態にしたままで測定する。 ロ．負荷側の点滅器をすべて「入」にして，常時配線に接続されている負荷は，使用状態にしたままで測定する。 ハ．負荷側の点滅器をすべて「切」にして，常時配線に接続されている負荷は，すべて取り外して測定する。 ニ．負荷側の点滅器をすべて「入」にして，常時配線に接続されている負荷は，すべて取り外して測定する。

解説

分岐開閉器を開放して負荷を電源から完全に分離し，その負荷側の低圧屋内電路と大地間の絶縁抵抗を一括測定する方法として，適切なものは，**負荷側の点滅器をすべて「入」**にして，**常時配線に接続されている負荷**は，**使用状態**にしたままで測定します。

〔参考〕

電線相互間の絶縁抵抗を測定する場合は，ニ．のように，負荷側の点滅器をすべて「入」にして，常時配線に接続されている負荷は，**すべて取り外して測定**します。

【解答：ロ】

問い14	答え
接地抵抗計（電池式）に関する記述として，誤っているものは。 （令和5年度上期午後出題）	**イ.** 接地抵抗計には，ディジタル形と指針形（アナログ形）がある。 **ロ.** 接地抵抗計の出力端子における電圧は，直流電圧である。 **ハ.** 接地抵抗測定の前には，接地抵抗計の電池が有効であることを確認する。 **ニ.** 接地抵抗測定の前には，地電圧が許容値以下であることを確認する。

解説

　接地抵抗計＊の出力端子における電圧は，**数百Hz**の**交流電圧**です。したがって，**ロ.直流電圧である**の記述は，誤っています。

　接地抵抗計には，ディジタル形と指針形（アナログ形）があり，測定の前には電池が有効であること，**地電圧**＊＊が許容値以下であることを確認します。

　＊接地抵抗計：インバータ（直流交流変換装置）を内蔵しており，**交流電流**を流して測定する。

　＊＊地電圧：接地極に接続される機器による漏れ電流などにより生じる電圧。

【解答：ロ】

第 **3** 章

電気工事で必要な
配線図を学ぶ

　本章では，配線，電気機器，配線器具の配線用図記号，単線図から複線図の描き方について学びます。

　試験では，「使用するリングスリーブ，あるいは差込形コネクタの種類と最少個数の組合せ」，「最少電線本数（心線数）」など，出題される配線図の指摘箇所に対する複線図を描くことによって正解を導くものが必ず出題されます。

この章の内容

配線用図記号

これだけは覚えよう！

配線図を読み取るための図記号を覚える！

☑ **配線** ── 天井　─ ─ ─ 床
　　　　　…… 露出　─・─ 地中
　　　　　↗ 立上り　↙ 引下げ

☑ **機器** Ⓜ 電動機
　　　　⊞ コンデンサ
　　　　⊗ 換気扇
　　　　⊠ 天井付換気扇
　　　　RC ルームエアコン

☑ **照明器具** ⊖ ペンダント
　　　　　　CL シーリングライト
　　　　　　CH シャンデリヤ
　　　　　　DL ダウンライト

☑ **点滅器** ● 単極
　　　　　●₃ **3路**　●₄ **4路**
　　　　　●ₕ 位置表示灯内蔵　●ₗ 確認表示灯内蔵
　　　　　●wp 防雨形

☑ **コンセントの傍記** **LK**：抜け止め形
　　　　　　　　　　E：接地極付
　　　　　　　　　　ET：接地端子付

　配線図は，電気設備を決められた図記号で描いたもので，工事技術者は図面の読み書きができるようにする必要があります。

➡ 一般配線の図記号　　　　　　　重要度 ★★★

　一般配線の図記号は設計図の基本となるもので，主な図記号に**表1**，**表2**があります。

第1章

第2章

第3章

第4章

第5章

第6章

第7章

R5
年上期
1

R5
年上期
2

表1：一般配線の図記号①

図記号	名称など	図記号	名称など
———————	天井隠ぺい配線 天井内で見えない配線	IV1.6（19）	IV 1.6mm 2本を薄鋼電線管に通した天井隠ぺい配線
— — — — —	床隠ぺい配線 床内で見えない配線	IV1.6（16）	IV 1.6mm 2本を厚鋼電線管に通した天井隠ぺい配線
··············	露出配線 見える配線	IV1.6（E19）	IV 1.6mm 2本をねじなし電線管に通した天井隠ぺい配線
—··—··—··—	地中配線 地中に埋める配線	IV1.6（VE16）	IV 1.6mm 2本を硬質塩化ビニル電線管（VE管）に通した天井隠ぺい配線
VVF1.6–2C	VVFケーブル 1.6mm 2心による天井隠ぺい配線	IV1.6（PF16）	IV 1.6mm 2本を合成樹脂製可とう電線管（PF管）に通した天井隠ぺい配線
（PF16）	電線の入っていないPF管（カラ配管）予備配管，天井隠ぺい配管	CV 5.5-2C（HIVE28）	CVケーブル 5.5mm² 2心を耐衝撃性硬質塩化ビニル電線管（HIVE管）に通した地中配線
□·············· LD	ライティングダクト 照明器具を自由に移動するためのダクト	CV 5.5-2C（FEP30）	CVケーブル 5.5mm² 2心を波付硬質合成樹脂管（FEP管）に通した地中配線
IV2.0 E2.0（PF22）	IV2.0mm2本と2.0mmの接地線を同一管内に入れる場合	IV1.6（F2 17）	IV1.6mm 3本を2種金属製可とう電線管に通した露出配線
E	ねじなし電線管	VE	硬質塩化ビニル電線管
PF	合成樹脂製可とう電線管	FEP	波付硬質合成樹脂管
F2	2種金属製可とう電線管	HIVE	耐衝撃性硬質塩化ビニル電線管

（19）奇数表示は薄鋼電線管，（16）偶数表示は厚鋼電線管，（E19）Eはねじなし電線管
※用語はJIS規格に基づいている（ポリ塩化ビニル→塩化ビニル）。

表2：一般配線の図記号②

図記号	名称など	図記号	名称など
↗	立上り 上の階への配線（例．1階から2階へ）	⊘	VVF用ジョイントボックス VVFケーブルの接続箱
↙	引下げ 下の階への配線（例．2階から1階へ）	⏚	接地端子 接地線を結線する端子
↗	素通し 下の階から上の階への配線（例．1階から3階へ配線するときの2階部分）	⏚	接地極　大地に接地する意 接地種別の例 ⏚ ⏚ ⏚ ⏚ EA EB EC ED
⊠	プルボックス 金属管等の電線管の集まる箱	⧹	受電点 引込口に適用してもよい
☐	ジョイントボックス（アウトレットボックス） 電線の接続箱などに用いる		

● 機器の図記号

重要度 ★★

機器の主な図記号に**表3**があります。

表3：**機器の図記号**

図記号	名称など	図記号	名称など
Ⓜ	電動機 Ⓜ 3φ200V 3.7kW 必要に応じ，電気方式，電圧，容量などを傍記する	∞	換気扇　∞ 天井付換気扇
⊥	コンデンサ 電動機の力率改善などに用いる	RC	ルームエアコン RC O 屋外ユニット RC I 室内ユニット
Ⓗ	電熱器	Ⓣ	小形変圧器　Ⓣ R リモコン変圧器 Ⓣ B ベル変圧器

● 照明器具の図記号

重要度 ★★

一般照明器具の主な図記号に**表4**があります。

表4：**照明器具の図記号**

図記号	名称など	図記号	名称など
⊖	ペンダント 天井から吊り下げる照明器具	◯H	**H**：水銀灯，**M**：メタルハライド灯，**N**：ナトリウム灯
CL	シーリングライト 天井に直付けする照明器具	⊏◯⊐	蛍光灯 天井に取り付ける
CH	シャンデリヤ 装飾を兼ねた照明器具	⊏◑⊐	壁付蛍光灯 壁側を塗る
DL	ダウンライト 天井埋込照明器具	▢	蛍光灯 形状に応じた表示とする
◑	壁付白熱灯 壁側を塗る	⊏●⊐	非常用照明 建築基準法によるもの
⊗	屋外灯 庭園灯など	⊏⊗⊐	誘導灯　消防法によるもの 避難口誘導灯，通路誘導灯
[◠]	引掛シーリング（角）　(◠)（丸）		

➡ 点滅器の図記号　　　　　　　　　重要度 ★★★

点滅器の主な図記号に**表5**があります。

表5：**点滅器 (スイッチ) などの図記号**

図記号	名称	図記号	名称
●	単極スイッチ	●WP	防雨形スイッチ
●3	3路スイッチ　●4 4路スイッチ	●A	自動点滅器
●P	プルスイッチ	↗	調光器
●H	位置表示灯内蔵スイッチ	●R	リモコンスイッチ
●L	確認表示灯内蔵スイッチ	○	確認表示灯
○●	別置された確認表示灯とスイッチ	◆	ワイドハンドル形
●2P	両切スイッチ（2極スイッチ）	●RAS	熱線式自動スイッチ

➡ コンセントの図記号　　　　　　　重要度 ★★★

コンセントの主な図記号に**表6**があります。コンセントの傍記表示の文字記号は，**表7**のとおりです。

表6：**コンセントの図記号**

図記号	名称，種類など	定格等の表し方
⊕	天井付コンセント　天井に取り付ける場合　⊕ フロアコンセント　床面に取り付ける場合	**15A 125V は，傍記しない**
⊕2	2口コンセント　2口以上は口数を傍記　⊕3 3口コンセント	
⊕LK	抜け止め形コンセント	**20A 以上は，定格電流を傍記する**　20A　20A
⊕E	接地極付コンセント	
⊕ET	接地端子付コンセント	**250V 以上は，定格電圧を傍記する**　20A250V　20A250V
⊕EET	接地極付接地端子付コンセント	
⊕T	引掛形コンセント	**3極以上は，極数を傍記する**　3P20A　3P20A
⊕EL	漏電遮断器付コンセント	
⊕WP	防雨形コンセント	**防爆形は，EX を傍記する**　250V EX
⊕H	医用コンセント	

※壁付は，壁側を塗る ⊖ 一般形　◇ ワイド形

表7：コンセントの傍記表示の文字記号

記号	意味	記号	意味
2	2口用	T	引掛形
LK	抜け止め形	EL	漏電遮断器付
E	接地極付	WP	防雨形
ET	接地端子付	H	医用
EET	接地極付接地端子付	EX	防爆形

➡ 開閉器，分電盤などの図記号　　　重要度 ★★★

開閉器や分電盤などの主な図記号に**表8**があります。

表8：**開閉器，分電盤などの図記号**

図記号	名称，定格など		
B	配線用遮断器	B 3P 200AF 150A	極数 フレーム 定格電流 ⎫傍記する
E	漏電遮断器	E 2P 20A 30mA	極数 定格電流 定格感度電流 ⎫傍記する
BE	過負荷保護付漏電遮断器	BE 2P 30AF 15A 30mA	極数 フレーム 定格電流 定格感度電流 ⎫傍記する ＊漏電遮断器の記号に定格電流を傍記してもよい
Ⓑ	モータブレーカ (電動機保護用配線用遮断器)	B M	＊Mを傍記してもよい
Wh	電力量計 (箱入りまたはフード付)	Ⓦh	箱のないもの
TS	タイムスイッチ		
◣	分電盤　幹線保護用と分岐回路保護用過電流遮断器を集合した盤		
⊠	配電盤　変電所等から分電盤や動力盤に配電するための盤		
◤◥	制御盤　一般に動力盤といい，電動機等に電力を供給，制御する盤		
◉B	電磁開閉器用押しボタンスイッチ		
◉LF	フロートレススイッチ電極	◉F フロートスイッチ	
◉P	圧力スイッチ		
Ⓛ	電流制限器　契約電流以上の電流を制限する(リミッタ)		

➔ 他の図記号

重要度 ★★

他に**表9**のような図記号があります。

表9：他の図記号

図記号	名称など		
⊡	押しボタン	◤•◥ 壁付は，壁側を塗る	
⬳	ベル	Ⓐ 警報用 / Ⓣ 時報用	
◿	ブザー	Ⓐ 警報用 / Ⓣ 時報用	
♩	チャイム		
▲	リモコンリレー	▲▲▲10	集合する場合は，リレー数を傍記する
⊗	リモコンセレクタスイッチ	⊗9	点滅回路数を傍記する
Ⓢ	開閉器	Ⓢ 2P30A f30A	極数，定格電流 ⎫ 傍記する ヒューズ定格電流 ⎭
Ⓢ	電流計付開閉器	Ⓢ 2P30A f30A A5	電流計の定格電流を傍記する

練習問題

問い1	答え
⑩で示す図記号の配線方法は。 洋室	**イ**．天井隠ぺい配線 **ロ**．床隠ぺい配線 **ハ**．露出配線 **ニ**．ライティングダクト配線

解説

⑩は，床隠ぺい配線を表します。

【解答：ロ】

第1章
第2章
第3章
第4章
第5章
第6章
第7章
R5年上期1
R5年上期2

No. 02 電灯配線と複線図

これだけは覚えよう！

複線図を理解する！

☑ **電線の絶縁被覆色**：接地側電線は白，非接地側電線は黒または赤，接地線は緑

☑ **複線図を描く方法**
　①単線図に合わせ器具を配置する。
　②電源の接地側電線（白）を各負荷に配線する（負荷とは，電灯，コンセント，他の負荷など，電気を使うところ）。
　③電線の非接地側電線（黒）をスイッチ（点滅器）の電気の入口，コンセント，他の負荷へ配線する。
　④スイッチの電気の出口から電灯などに配線する。

　電気工事を行うときは，単線図で描かれた配線図から回路を理解した上で，複線図を描いて施工します。

➡ 接地側電線 と 非接地側電線　　　　重要度 ★★★

　図1のように，電源は接地側（接地線に接続される側）と非接地側があり，接地側に用いる電線を接地側電線といい，絶縁被覆の色が白色の電線を用います。非接地側電線は，原則として，黒色または赤色を用います。また，大地に接続される接地線は，緑色を用います。

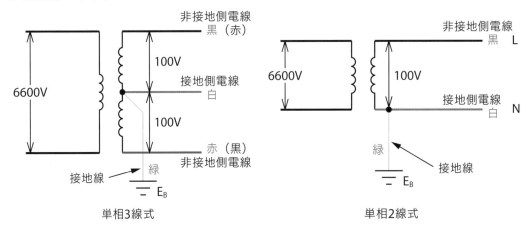

図1：接地側電線と非接地側電線

● 単線図と複線図

重要度 ★★★

図2(a)のように，配線経路を1本の線で結んだ図を単線図，図2(b)のように実際の回路を表現した図で電線1本毎に1本の線で表した図を複線図といいます。

電源と図3のような電灯負荷 Ⓡ（ランプレセプタクル）に電球を取り付け，2本の電線で結べば，ランプが点灯する回路となります。Ⓡへの配置は，技能試験で採用される基本的な配線となります。

（a）単線図

（b）複線図

図2：**単線図と複線図**

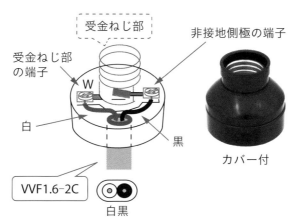

図3：**ランプレセプタクルとケーブルの結線**

◆複線図の描き方の基本

複線図を描くときは，線の交差が少なくなるように，接地側電線（白）を上側，非接地側電線（黒）を下側とすることが多いです（次ページの**図4**）。

絶縁被覆の色の表示は，次のようにします。

・白（W：White），黒（B：Black），赤（R：Red），緑（G：Green）

1) 電源の **N**（接地側極）から接地側電線（白）を Ⓡ の受金ねじ部の端子Wへ配線します。
2) 電源の **L**（非接地側極）から非接地側電線（黒）を Ⓡ の非接地側極の端子へ配線します。

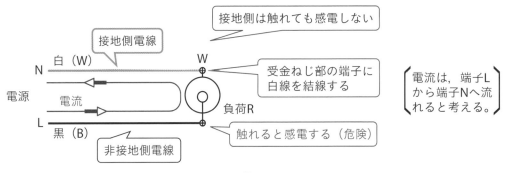

図4：Ⓡ への配線

Ⓡを点滅するには，**図5**(a)，(b)の方法が考えられます。
(a)の方法は感電領域が広く危険ですので，**禁止**されています。

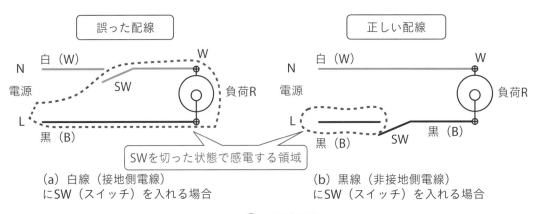

図5：Ⓡ の点滅方法

1) Ⓡ は，**受金ねじ部に白（W）**を配線します。
2) 電源Nからの**白（W）**は，**直接電灯** Ⓡ に配線します（白（W）は，スイッチSWを経由しないで照明器具に直接配線します）。
3) 電源Lからの**黒（B）**（非接地側電線）は，**スイッチSW**を経由して電灯負荷 Ⓡ に配線します。

➡ 単極スイッチで電灯を点滅する回路　　重要度 ★★★

1灯の電灯 Ⓡ を1箇所のスイッチで点滅する回路について，複線図を描きます（**図6**）。

イのスイッチSW（点滅器）でイの電灯 Ⓡ の点滅を行います。スイッチSWは，極性の区別はありません。スイッチSWは，電源の黒（B）を結線した方を電気の入口，反対側を出口とします。

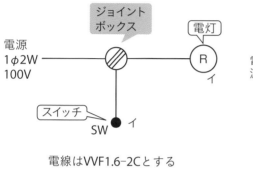

電線はVVF1.6-2Cとする
単線図

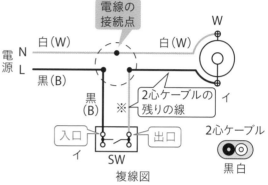

※の線は，非接地側なので黒（B）とすべきですが，2心ケーブルの心線の絶縁被覆の色は，黒（B）と白（W）なので，縦配線の2本を黒（B）とすることはできません。配線するときは，電気の入口側を黒（B）とすることが決められているので，出口側は残りの白（W）を使用することになります。

図6：**単極スイッチで電灯を点滅する回路**

◆複線図を描く手順

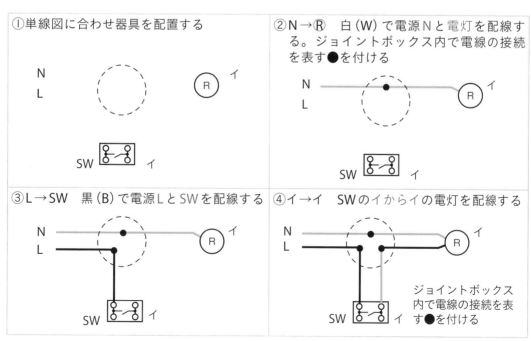

①単線図に合わせ器具を配置する

②N→Ⓡ　白（W）で電源Nと電灯を配線する。ジョイントボックス内で電線の接続を表す●を付ける

③L→SW　黒（B）で電源LとSWを配線する

④イ→イ　SWのイからイの電灯を配線する

ジョイントボックス内で電線の接続を表す●を付ける

（続く）

⑤接続点●にスリーブの刻印を記入し，電線の色を記入する

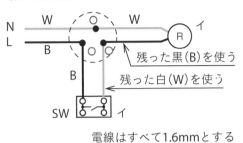

残った黒（B）を使う

残った白（W）を使う

電線はすべて1.6mmとする

⑥接続点の刻印（ダイスマーク）をチェックする

電線の接続は，1.6mm×2より小スリーブを用い，刻印は特小の○

1.6×2→○　3箇所

重要度 ★★★

2箇所の3路スイッチで電灯を点滅する回路

電灯 R を2箇所の3路スイッチで点滅する回路について，複線図を描きます（**図7, 8**）。

階段の下と上など，2箇所の（イ）3路スイッチで電灯（イ）を点滅するものです。

図7のように，全体を1つのスイッチと考えると，簡単に複線図ができます。

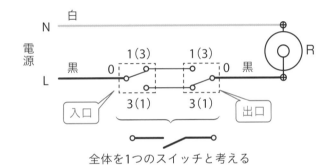

全体を1つのスイッチと考える

図7：2箇所の3路スイッチで電灯を点滅する回路

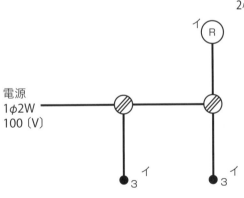

電線はすべてVVF1.6mmとする

単線図

2心ケーブル　3心ケーブル

黒白　黒白赤

複線図

図8：2箇所のスイッチによる点滅回路

※1 左の3心ケーブル
電気の入口（3路スイッチの0番）までは，黒（B）と決められています。1，3番に結線する電線は黒（B）を除く残りの白（W）と赤（R）です。
※2 上の3心ケーブル
白（W）は，接地側電線で負荷（電灯）まで接続されます。ジョイントボックス間の渡り線は，白（W）を除く残りの黒（B）と赤（R）です。

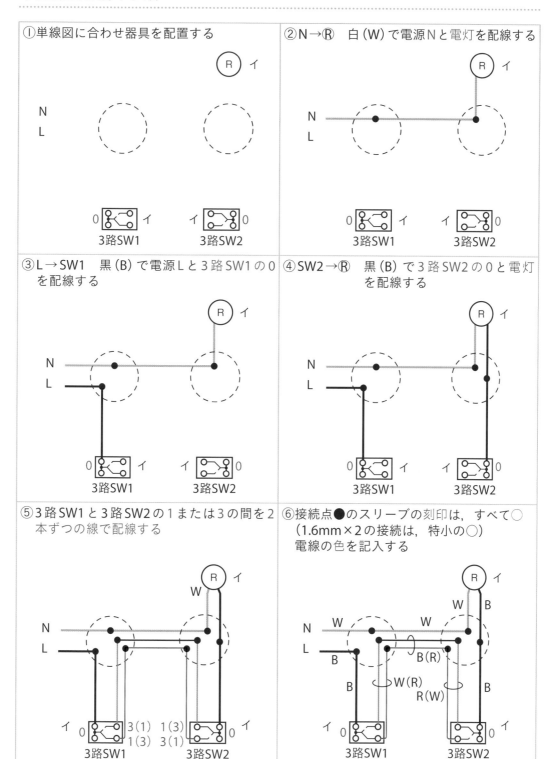

①単線図に合わせ器具を配置する

②N→Ⓡ 白（W）で電源Nと電灯を配線する

③L→SW1 黒（B）で電源Lと3路SW1の0を配線する

④SW2→Ⓡ 黒（B）で3路SW2の0と電灯を配線する

⑤3路SW1と3路SW2の1または3の間を2本ずつの線で配線する

⑥接続点●のスリーブの刻印は，すべて○（1.6mm×2の接続は，特小の○）電線の色を記入する

➡ 3箇所のスイッチで電灯を点滅する回路　　重要度 ★★★

電灯 Ⓡ を3箇所のスイッチ（3路スイッチ2個，4路スイッチ1個）で点滅する回路について，複線図を描きます（**図9，10**）。

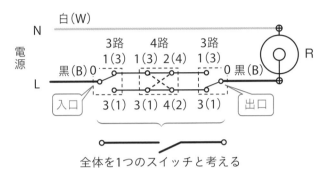

図9：3箇所のスイッチによる点滅回路

階段の下と上及び部屋の入口など，3箇所で電灯を点滅するものです。
図9のように，**全体を1つのスイッチと考える**とわかりやすいです。

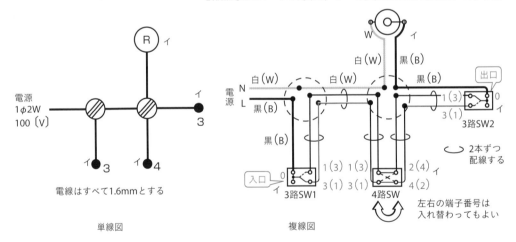

図10：3箇所のスイッチで電灯を点滅する回路

➡ 電灯とパイロットランプの同時点滅回路　　重要度 ★★★

図11のように，電灯 Ⓡ と ⓅⓁ（パイロットランプ）が同時に点滅し，ⓅⓁ は電灯の点滅状態を表示します。これを同時点滅といいます。
　スイッチをオンすると，Ⓡ は点灯，同時に ⓅⓁ も点灯する回路です。
　Ⓡ ⓅⓁ の2箇所に電灯があるとして複線図を考えます。

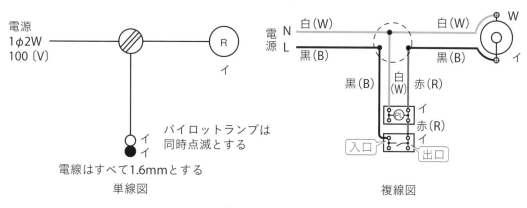

電源
1φ2W
100〔V〕

R
イ

パイロットランプは
同時点滅とする

イ
イ

電線はすべて1.6mmとする

単線図

電源 N　白(W)　　　　　　白(W)　　W
　　 L　黒(B)　　　　　　 黒(B)　　イ

黒(B)　白(W)　赤(R)

PL　イ
　　赤(R)
　　イ

入口　　　出口

複線図

図11：Ⓡ とⓅ の同時点滅回路

◆複線図を描く手順

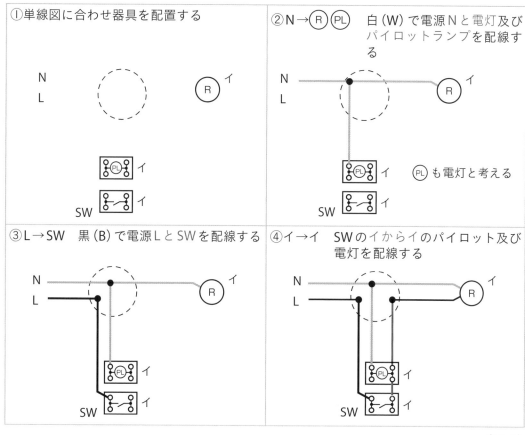

①単線図に合わせ器具を配置する

N
L

R
イ

PL
イ

SW
イ

②N→ⓇⓅ　白(W)で電源Nと電灯及び
　　　　　パイロットランプを配線す
　　　　　る

N
L

R
イ

PL
イ

SW
イ

Ⓟ も電灯と考える

③L→SW　黒(B)で電源LとSWを配線する

N
L

R
イ

PL
イ

SW
イ

④イ→イ　SWのイからイのパイロット及び
　　　　　電灯を配線する

N
L

R
イ

PL
イ

SW
イ

（続く）

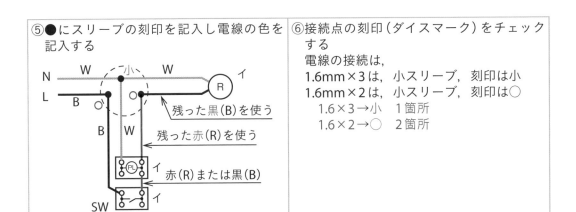

⑤●にスリーブの刻印を記入し電線の色を記入する

⑥接続点の刻印（ダイスマーク）をチェックする

電線の接続は，
1.6mm×3は，小スリーブ，刻印は小
1.6mm×2は，小スリーブ，刻印は○
　1.6×3→小　1箇所
　1.6×2→○　2箇所

⮕ 電灯とパイロットランプの異時点滅回路　　重要度 ★★

図12のように，電灯が消灯したとき，⒫ が点灯し，暗い場所でもスイッチの位置がわかるもので，これを異時点滅といいます。

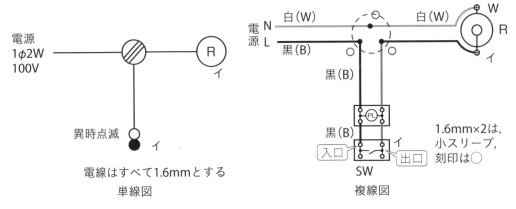

図12：パイロットランプの異時点滅回路

・⒫ は，スイッチと並列に入ります。

・スイッチがオフのとき，負荷と ⒫ が直列接続となり，負荷を通して，⒫ にわずかな電流が流れ ⒫ が点灯します。

・スイッチがオンのとき ⒫ は短絡され，消灯します。

◆異時点滅回路の複線図を描く手順

1) 単線図に合わせて使用する配線器具を配置します。

2) 電源Nからの白(W)は，⒭ のW（受金ねじ部の端子）に直接配線します。

3) 電源Lからの黒(B)は，⒫ を経由しスイッチSWの入口に配線します。

4) スイッチSWの出口から ⒫ を経由し ⒭ に配線します（イからイへ配線します）。

5) ⒫ はスイッチと並列に配線します。

● パイロットランプの常時点灯回路   重要度 ★★★

図13のように，㏚ が常時点灯し電源がきていることがわかるものを常時点灯といいます。

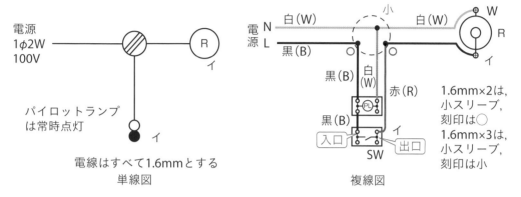

電源
1φ2W
100V

㇁

パイロットランプ
は常時点灯

㇁

電線はすべて1.6mmとする
単線図

電源 { N   白（W）   小   白（W）   W   R   ㇁
L   黒（B）

黒（B）   白（W）   赤（R）

黒（B）   ㇁

入口   出口
SW

1.6mm×2は，
小スリーブ，
刻印は○
1.6mm×3は，
小スリーブ，
刻印は小

複線図

図13：パイロットランプの常時点灯回路

◆ ㏚ が常時点灯する回路の複線図を描く手順

1) 単線図に合わせて使用する配線器具を配置します。
2) 電源Nからの白（W）は，㇁ のW（受金ねじ部の端子）及び ㏚ に直接配線します。
3) 電源Lからの黒（B）は，㏚ を経由しスイッチSWの入口に配線します。
4) スイッチの出口から ㇁ に配線します（イからイへ配線します）。

重要度 ★★★

● パイロットランプの同時点滅回路とコンセントの複合回路

㇁ と ⎡⎤， ㏚ をスイッチ SW で点滅する回路に， が加わった複合回路の複線図を描きます（次ページの**図14**）。

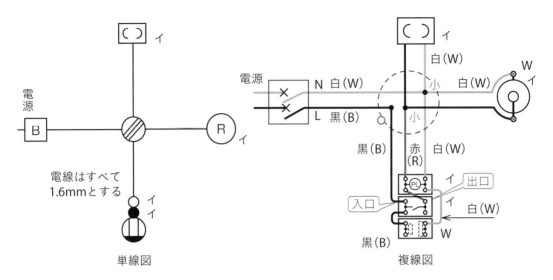

図 14 : **複合回路**

◆複線図を描く手順

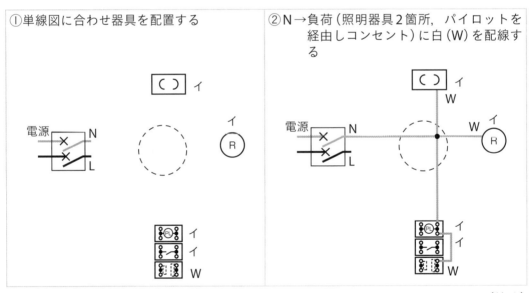

①単線図に合わせ器具を配置する	②N→負荷（照明器具2箇所，パイロットを経由しコンセント）に白（W）を配線する

（続く）

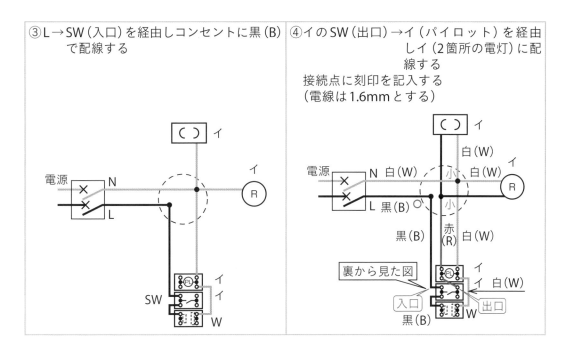

③L→SW（入口）を経由しコンセントに黒（B）で配線する

④イのSW（出口）→イ（パイロット）を経由しイ（2箇所の電灯）に配線する
接続点に刻印を記入する
（電線は1.6mmとする）

重要度 ★★★

→ ボックスと照明器具が一体化した単線図を複線図にする

　次ページの**図15**(a)のように，ボックスと照明器具を1つの器具として描いている場合は，(b)のようにボックスと照明器具を分離して複線図を描きます。

◆ボックスと照明器具が一体化した単線図を複線図にする手順

1) 照明器具とボックスを分離した単線図を描き，器具を配置します。
2) 電源Nからの白（W）は，各負荷に直接配線します。
3) 電源Lからの黒（B）は，電気の入口（3路SW1の**0**）に配線します。
4) 電気の出口（3路SW2の**0**）から各負荷に配線します（アからアへ配線します）。
5) 2個の3路スイッチの**1-1**と**3-3**（または**1-3**と**3-1**）を配線します。

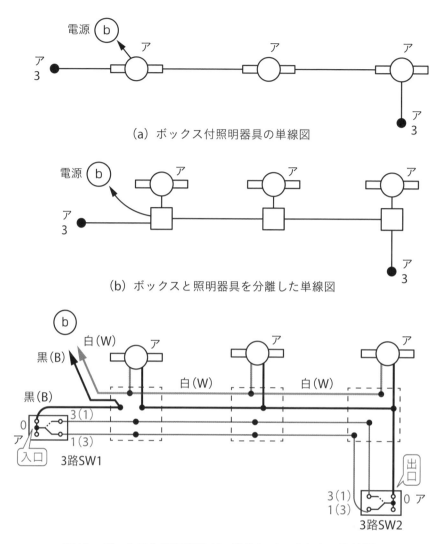

（a）ボックス付照明器具の単線図

（b）ボックスと照明器具を分離した単線図

図15：ボックスと照明器具が一体化しているときの複線図

➡ 複雑な回路の電線本数を調べる　　重要度 ★★★

　図16(a)において⑩の最少電線本数を調べるときは，(b)のようになるべく単純化します。

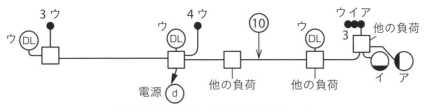

（a）複雑な回路の電線本数を調べる

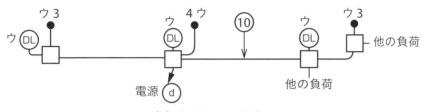

（b）単純化した単線図

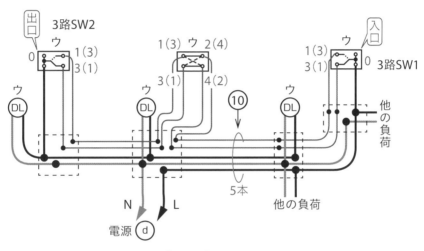

図16：⑩の電線本数を調べる

◆複雑な回路の複線図を描く手順

1) 電源Nからの白（W）は，照明器具と他の負荷に配線します。
2) 電源Lからの黒（B）は，他の負荷と3路SW1の0（電気の入口）に配線します。
3) 3路SW2の0（電気の出口）から3つの⒟に配線します。
4) 3路と4路スイッチの1–1と3–3（または1–3と3–1）及び4路と3路スイッチの2–1と4–3（または2–3と4–1）を配線します。
5) 図から⑩の最少電線本数は，5本となります。

● リングスリーブの必要個数を調べる（Ⅰ）　重要度 ★★★

図17（左）の⑲で示すジョイントボックス内で圧着接続する場合，使用するリングスリーブの種類と最少個数を調べます。

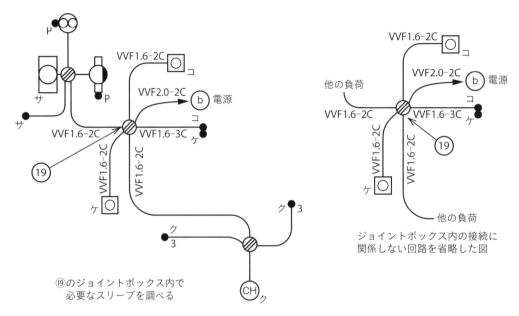

図17：ジョイントボックス内のスリーブの個数を調べる

　図17（左）電源が ⓑ の分岐回路において，図17（右）のように，ジョイントボックス内の接続に関係しない回路を除き，**図18** のような複線図を描きます。

◆複線図の描き方

1) 電源Nからの白（W）は，他の負荷と照明器具へ配線する。
2) 電源Lからの黒（B）は，他の負荷と2個のスイッチSWの電気の入口へ配線する。
3) スイッチSWのケの出口からケ，コの出口からコの照明器具へ配線する。

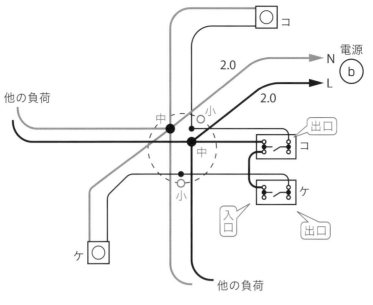

図 18：**複線図**

◆複線図からリングスリーブの数を調べる方法

1.6mm×2本＝小スリーブ　○の刻印（2箇所）
2.0mm×1本＋1.6mm×3本＝中スリーブ　中の刻印（1箇所）
2.0mm×1本＋1.6mm×4本＝中スリーブ　中の刻印（1箇所）
⑲のジョイントボックス内で，必要とするスリーブの種類と個数は，小スリーブ
2個，中スリーブ**2**個となります。

〔リングスリーブの数〕
1.6mm×（**2〜4**）本→小スリーブ
1.6mm×（**5〜6**）本→中スリーブ
2.0mmは1.6mm**2本**に換算します。

［参考］
　2.0mmの電線を，1.6mm2本分で考える方法は，電線の本数が1.6mmに換算し6
本以内の場合に成り立ちます。
〔例〕
（2.0mm×1本＋1.6×3本）の場合は，
1.6mmが2＋3＝5本と考えて，中スリーブを使用
（2.0mm×1本＋1.6×4本）の場合は，
1.6mmが2＋4＝6本と考えて，中スリーブを使用

第1章
第2章
第3章
第4章
第5章
第6章
第7章
R5
年上期
1
R5
年上期
2

→ リングスリーブの必要個数を調べる（Ⅱ）　重要度 ★★★

　図19のように，ジョイントボックスが照明器具と一体化しているときは，ジョイントボックスと照明器具を分離して**図20**のような複線図を描きます。

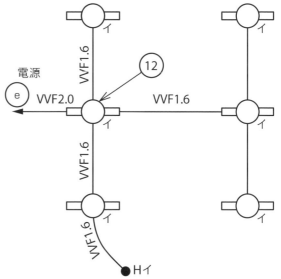

⑫のジョイントボックス内で必要なスリーブを調べる

図19：ジョイントボックス

◆複線図の描き方

> 1)　電源 N からの白（W）は，すべての照明器具へ配線する。
> 2)　電源 L からの黒（B）は，スイッチの入口へ配線する。
> 3)　スイッチ SW のイからすべての照明器具のイへ配線する。

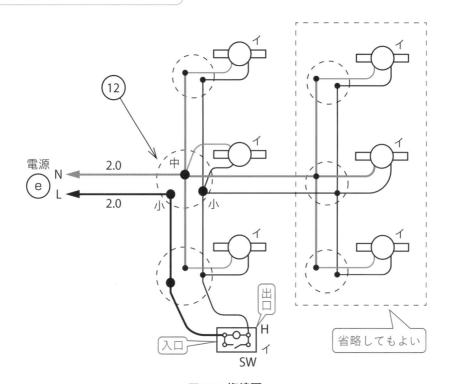

図20：複線図

◆複線図からリングスリーブの数を調べる方法

1.6mm×4本＝小スリーブ　小の刻印（1箇所）
2.0mm×1本＋1.6mm×1本＝小スリーブ　小の刻印（1箇所）
2.0mm×1本＋1.6mm×4本＝中スリーブ　中の刻印（1箇所）
⑫のジョイントボックス内で必要なスリーブの種類と個数は，小スリーブ2個，
中スリーブ1個となります。

〔リングスリーブの数〕
1.6mm×（2〜4）本→小スリーブ
1.6mm×（5〜6）本→中スリーブ
2.0mmは1.6mm2本に換算します。

練習問題

問い1	答え
⑩で示す図記号の配線方法は。 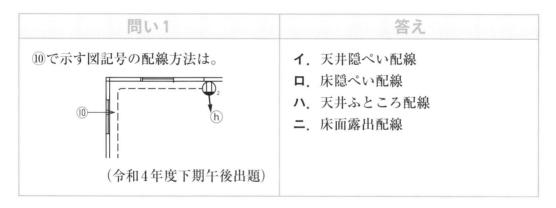 （令和4年度下期午後出題）	イ．天井隠ぺい配線 ロ．床隠ぺい配線 ハ．天井ふところ配線 ニ．床面露出配線

解説

⑩で示す図記号の配線方法は，床隠ぺい配線を表します。

【解答：ロ】

第1章
第2章
第3章
第4章
第5章
第6章
第7章
R5
年上期
1
R5
年上期
2

問い2	答え
④の部分の最少電線本数(心線数)は。ただし, 電源からの接地側電線は, スイッチを経由しないで照明器具に配線する。	**イ.** 3 **ロ.** 4 **ハ.** 5 **二.** 6

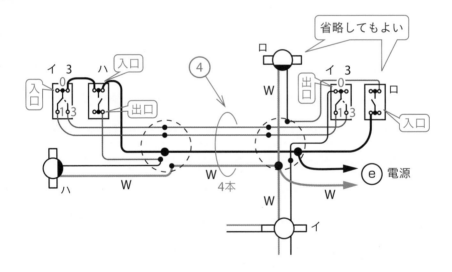

解説

複線図を描く。

①電源からの白(W)を各負荷イ. ロ. ハ. の照明器具に配線します。

②電源からの黒(B)をスイッチの入口(ハ. ロ.)及び左の3路の0に配線します。

③右の3路の0(出口)を負荷イに配線します。

④ハのスイッチの出口を負荷ハに配線します。

⑤左の3路の1, 3と右の3路の1, 3を配線します。

　ロの蛍光灯は電線本数に影響しないので省略してよい。

　最少電線本数(心線数)は, **4本**

【解答：ロ】

問い3	答え

⑲で示す部分の天井内のジョイントボックス内において，接続をすべて圧着接続とする場合，使用するリングスリーブの種類と最少個数の組合せで，適切なものは。

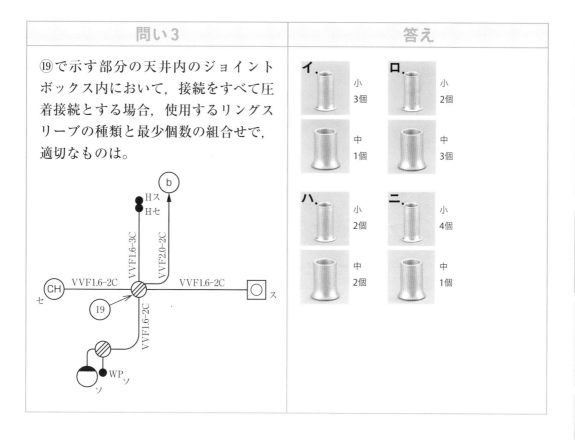

イ. 小 3個 / 中 1個

ロ. 小 2個 / 中 3個

ハ. 小 2個 / 中 2個

ニ. 小 4個 / 中 1個

解説

複線図から，小スリーブ3個，中スリーブ1個

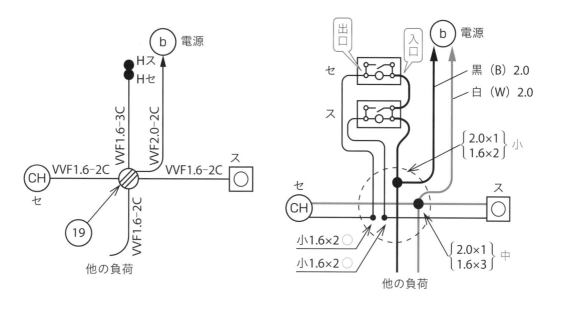

複線図を描く。

①電源からの白(W)を各負荷ス.セ.の照明器具及び他の負荷に配線します。

第1章
第2章
第3章
第4章
第5章
第6章
第7章
R5 年上期1
R5 年上期2

②電源からの黒（B）をスイッチの入口（ス．セ．）及び他の負荷に配線します。

③スのスイッチの出口から負荷スに配線します。

④セのスイッチの出口から負荷セに配線します。

（1.6mm 2本の接続が2箇所，2.0mm 1本と1.6mm 2本の接続が1箇所）

→小スリーブ**3**個

（2.0mm 1本と1.6ミリ3本の接続が1箇所）→中スリーブ**1**個

【解答：イ】

問い4	答え
⑧で示す部分の最少電線本数（心線数）は。	**イ**．3 **ロ**．4 **ハ**．5 **ニ**．6
⑧で示す部分の最少電線本数（心線数）は。	

地下1階平面図

1階平面図

他の負荷

ⓒ

3 ア

ア

⑧

3 ア

ア

解説

複線図を描く。

①電源の白（W）を負荷（2箇所のア）と他の負荷へ。

②電源の黒（B）を他の負荷とスイッチの入口（1階の3路の0）へ。

③スイッチの出口（地下の3路の0）を負荷（2箇所のア）へ。

④3路同士の1，3を配線する。

最少電線本数（心線数）は，**4**本

【解答：ロ】

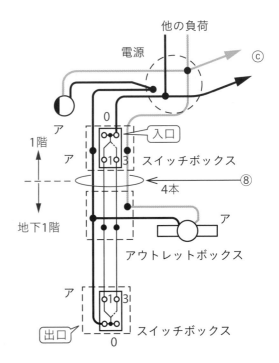

問い1

⑩で示す部分の配線工事で用いる管の種類は。

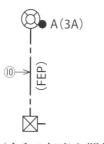

A（3A）

⑩→（FEP）

（令和5年度上期午後出題）

答え

イ． 波付硬質合成樹脂管
ロ． 硬質ポリ塩化ビニル電線管
ハ． 耐衝撃性硬質ポリ塩化ビニル電線管
ニ． 耐衝撃性硬質ポリ塩化ビニル管

解説

⑩の管の種類は，（**FEP***）**波付硬質合成樹脂管****です。FEPは地中埋設専用の合成樹脂製可とう電線管です。

＊FEP（Fluorinated Ethylene propylene）：フッ素化エチレンプロピレン

＊＊波付硬質合成樹脂管：軽くて強く曲げやすい，波付により通線性がよい等の特長があり地中埋設用として用いる。

【解答：**イ**】

問い2

①で示す低圧ケーブルの名称は。

3φ3W200V
1φ3W100/200V

CVT38×2（FEP）

電柱

①

（平成30年度上期出題）

答え

イ． 引込用ビニル絶縁電線
ロ． 600Vビニル絶縁ビニルシースケーブル平形
ハ． 600Vビニル絶縁ビニルシースケーブル丸形
ニ． 600V架橋ポリエチレン絶縁ビニルシースケーブル（単心3本より線）

解説

①CVTの名称は，**600V架橋ポリエチレン絶縁ビニルシースケーブル（単心3本より線）**です（P4参照）。

CVは，CVケーブル（架橋ポリエチレン絶縁ビニルシースケーブル），Tはトリプレックス形（単心3本より線），FEPは，波付硬質合成樹脂管です。

＊CVT38×2（FEP）：38mm²のCVT2組（6本のCVケーブル）をFEP管に通した地中配線

＊3φ3W200V（三相3線の引込），1φ3W100/200V（単相3線の引込）

【解答：ニ】

問い3	答え
⑨で示す部分の最少電線本数（心線数）は。 ただし，電源からの接地側電線は，スイッチを経由しないで照明器具に配線する。	**イ.** 3 **ロ.** 4 **ハ.** 5 **ニ.** 6

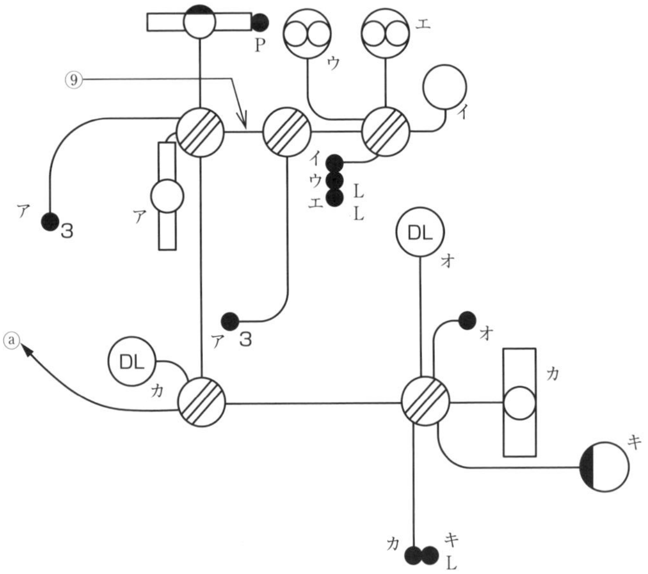

解説

複線図を描く。

①電線本数に関係する回路を抽出する。

②電源の白（W）を負荷（蛍光灯）と他の負荷へ。

③電源の黒（B）を他の負荷とスイッチの入口（3路の0）へ。

④スイッチの出口（左の3路の0）を負荷アへ。

⑤左の3路の1，3と右の3路の1，3を配線する。

最少電線本数（心線数）は，**4**本

【解答：ロ】

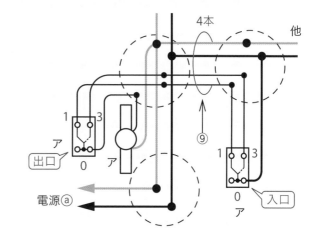

問い4	答え
⑧で示す部分の最少電線本数（心線数）は。	**イ**. 2　　**ロ**. 3 **ハ**. 4　　**ニ**. 5

(令和5年度上期午後出題)

解説

複線図を描く。

①電源の白（W）を負荷（2箇所のセ）へ。

②電源の黒（B）をスイッチの入口（1階の**3路の0**）へ。

③スイッチの出口（3階の**3路の0**）を負荷（2箇所のセ）へ。

④3路—4路—3路を2本ずつの電線で配線する。

最少電線本数（心線数）は，**3**本

【解答：ロ】

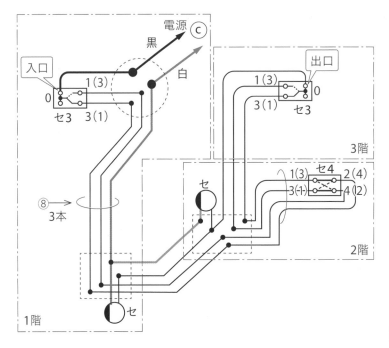

【解答：ロ】

問い5	答え
図の⑭で示す部分の接続工事をリングスリーブで圧着接続した場合のリングスリーブの種類，個数及び刻印との組み合わせで正しいものは。 ただし，使用する電線はすべてIV1.6とし，写真に示すリングスリーブ中央の○，小，中は接続後の刻印を表す。 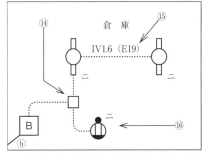 （平成28年度下期出題）	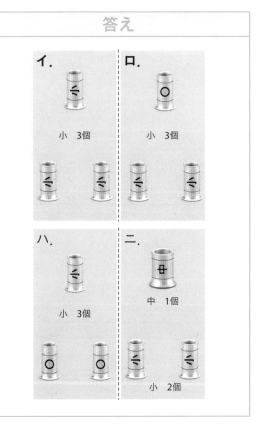

解説

⑭で示す部分の接続工事をリングスリーブで圧着接続した場合のリングスリーブの

種類，個数及び刻印の組合せは，図の複線図より，ハ．**小スリーブ3個，**（1.6mm3本接続　小の刻印1個，1.6mm2本接続　○の刻印が2個）です。

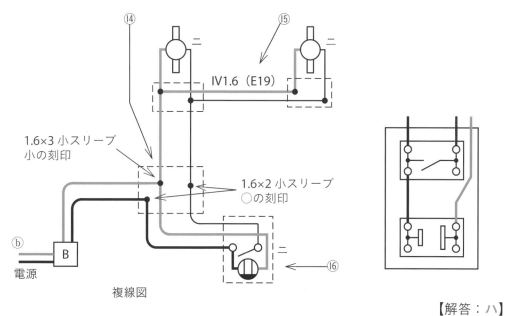

1.6×3 小スリーブ
小の刻印

1.6×2 小スリーブ
○の刻印

IV1.6（E19）

ⓑ　B
電源

複線図

【解答：ハ】

第1章

第2章

第3章

第4章

第5章

第6章

第7章

R5
年上期1

R5
年上期2

問い6	答え
問い5の図において，⑮で示す部分の工事において，使用されることのないものは。 （平成28年度下期出題）	イ.　　　　　ロ. ハ.　　　　　ニ.

⑮の工事は，ねじなし電線管を使用する金属管工事です。ねじなし電線管工事では，**イ.**のねじ切り器は使用しません。

【解答：イ】

問い7	答え
問い5の図において，⑯で示す部分の配線を器具の裏側から見たものである。正しいものは。 ただし，電線の色別は，白色は電源からの接地側電線，黒色は電源からの非接地側電線，赤色は負荷に結線する電線とする。 （平成28年度下期出題）	**イ.** **ロ.** **ハ.** **ニ.**

⑯で示す部分の配線を器具の裏から見ると，**ハ.**となります。

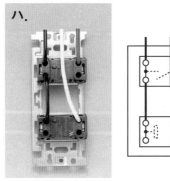

裏側の写真　　　裏側の図

【解答：ハ】

第 **4** 章

電気工事に関連する 法令を学ぶ

　本章では，電気工事で必要な法令について学びます。具体的には，電気事業法，電気工事士法，電気工事業法，電気用品安全法，電気設備技術基準とその解釈の5つの法令です。

この章の内容

アクセスキー　**0**　（大文字のオー）

01 電気事業法

これだけは覚えよう！

一般用電気工作物と自家用電気工作物の区分を覚える！

☑ 一般用電気工作物は，600V以下の低圧で受電するもの，または小規模発電設備を有するもの。

☑ 小規模発電設備には，太陽電池（出力50kW未満），風力（出力20kW未満），水力，内燃力，燃料電池などがある。

☑ 自家用電気工作物は，高圧・特別高圧で受電するもの。

電気事業法は，電気工作物の工事，維持及び運用を規制することによって，公共の安全を確保し，環境の保全を図ることを目的としています。

❷電気工作物の区分　　　　　　　　　重要度 ★★★

電気工作物は，一般用電気工作物（住宅などの小規模需要設備）と事業用電気工作物に区分されます。事業用電気工作物は，さらに電気事業用電気工作物（電気事業者の設備）と自家用電気工作物（高圧及び特別高圧で受電する需要家の設備など）に区分されます（図1）。

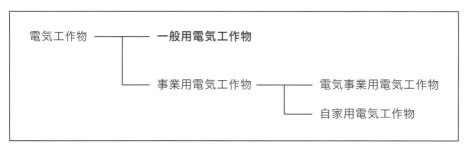

図1：電気工作物の区分

❷一般用電気工作物　　　　　　　　　重要度 ★★★

一般用電気工作物は，次の小規模需要設備で住宅，商店などの設備及び小規模発電設備をいいます。

1) 低圧（600V以下）で受電し，構内で使用するもの

2) 低圧で受電し，小規模発電設備（600V以下）を有するもの

※1）2）ともに受電用以外の電線路で構外と接続されていないもの

小規模発電設備とは，**表1**に示す設備をいいます。

表1：小規模発電設備の種類と適用範囲

発電設備の種類	適用範囲（600V以下）
太陽電池発電設備	出力**50kW**未満のもの
風力発電設備	出力**20kW**未満のもの
水力発電設備	出力**20kW**未満，かつダム，堰（せき）を有さない，かつ最大使用水量1m³/s未満のもの
内燃力発電設備	出力**10kW**未満の内燃力を原動力とする火力発電設備
燃料電池発電設備	・出力**10kW**未満のもの ・自動車に設置される出力**10kW**未満のもの
スターリングエンジン発電設備	出力**10kW**未満のもの
上記の組み合わせ	合計出力**50kW**未満のもの

＊太陽電池発電設備（10kW以上50kW未満），風力発電設備（20kW未満）については，新たに「小規模事業用電気工作物」となった。

⊃ 自家用電気工作物　　　　　　　　　　重要度 ★★★

自家用電気工作物は，次のものをいいます。

1) 高圧・特別高圧で受電するもの
2) 小規模発電設備を除く発電設備を有するもの
3) 非常用予備発電設備を備えるもの
4) 構外にわたる電線路を有するもの
5) 火薬類を製造する事業場，石炭坑の電気工作物

＊電気事業法の改正により，発電事業用の電気工作物（一定規模以上のものを除く）も自家用の電気工作物になることになった。

⊃ 一般用電気工作物の調査　　　　　　　重要度 ★★

一般用電気工作物は，所有者が電気工作物を維持，管理することは困難なので，電線路維持運用者に技術基準（「電技」）に適合しているかを，調査する義務を課しています。

調査は，一般用電気工作物が設置されたとき及び変更の工事が完成したときに行うほか，次に掲げる頻度で行うこととなっています。

1) **4年**に1回以上
2) **5年**に1回以上（登録点検業務受託法人が点検業務を受託している一般用電気工作物）

➡ 事故報告

重要度 ★

　電気事業者及び自家用電気工作物の設置者は，感電死傷事故，電気火災事故の発生を知ったときから**24時間**以内に可能な限り速やかに電話などにより報告（速報）し，事故の発生を知った日から起算して**30日**以内に報告書（詳報）を提出しなければなりません。報告先は，電気工作物の設置の場所を管轄する産業保安監督部長です。

練習問題

問い1	答え
一般用電気工作物の適用を受けるものは。 ただし，いずれも1構内に設置するものとする。 （令和2年度下期午後出題）	**イ.** 低圧受電で，受電電力の容量が40kW，出力15kWの非常用内燃力発電設備を備えた映画館 **ロ.** 高圧受電で，受電電力の容量が55kWの機械工場 **ハ.** 低圧受電で，受電電力の容量が40kW，出力15kWの太陽電池発電設備を備えた幼稚園 **ニ.** 高圧受電で，受電電力の容量が55kWのコンビニエンスストア

解説

　一般用電気工作物の適用を受けるものは，ハ.「低圧受電で，受電電力40kW，出力15kWの太陽電池発電設備を備えた幼稚園」です。

　ロ.とニ.の高圧で受電するものは，自家用電気工作物です。

　小規模発電設備に該当するものは，太陽電池発電設備は**50**kW未満，内燃力発電設備は**10**kW未満です。出力15kWの非常用内燃力発電設備を備えた映画館は，自家用電気工作物になります（非常用発電設備を備える場合は，電気事業法では，容量に関係なく自家用電気工作物です）。

【解答：ハ】

第1章

第2章

第3章

第4章

第5章

第6章

第7章

R5年上期1

R5年上期2

No. 02 電気工事士法

これだけは覚えよう！

■電気工事士の義務，電気工事士でできる作業を覚える！

☑ 電気設備技術基準に適合する電気工事をする。

☑ 電気工事の作業に従事するときは，電気工事士免状を携帯する。

☑ 電気工事の業務に関して都道府県知事により報告を求められた場合は，報告をしなければならない。

☑ 電気用品安全法の表示のない電気用品を電気工事に使用してはならない。

☑ 免状の交付，再交付及び返納命令は，都道府県知事が行う。

電気工事士法は，電気工事の作業に従事する者の資格及び義務を定め，電気工事の欠陥による災害の発生の防止に寄与することを目的としています。

◆ 電気工事士の資格と作業範囲 重要度 ★★

電気工事士の資格には，第一種電気工事士，第二種電気工事士，認定電気工事従事者，特種電気工事資格者の4つがあり，電気工事の作業に従事する者の資格と電気工作物の作業範囲は，表1のように定められています。

表1：電気工事の作業に従事する者の資格と作業範囲（○は工事ができる範囲）

| | 一般用電気工作物等* | 自家用電気工作物, 500kW未満の需要設備 | |
		簡易電気工事	特殊電気工事
第二種電気工事士	○		
第一種電気工事士	○	○	○**
認定電気工事従事者			○**
特種電気工事資格者			○***

*電気工事士法における用語。一般用電気工作物及び小規模事業用電気工作物をいう。
**簡易電気工事：自家用電気工作物のうち低圧（600V以下）部の電気工事
***特種電気工事資格者：自家用電気工作物の特殊電気工事（ネオン工事と非常用予備発電装置工事）については，特種電気工事資格者という認定証が必要

◆ 電気工事士の義務 重要度 ★★★

第二種電気工事士の作業範囲は，一般用電気工作物等の電気工事で，次の義務があ

ります。

1) **電気設備技術基準**に適合した作業を行う
2) 作業に従事するときは，電気工事士免状を**携帯**する
3) **都道府県知事**から工事内容に関して報告を求められた場合は，**報告**しなければならない
4) **電気用品安全法**の表示のない電気用品を電気工事に使用してはならない

➡ 電気工事士免状の交付等　　重要度 ★★★

電気工事士免状の交付，再交付，書き換えに関しては，次のようになっています。
1) 免状の**交付**，**再交付**及び**返納命令**は，**都道府県知事**が行う
2) **氏名**を変更した場合は，交付を受けた都道府県知事に書き換えを申請する

➡ 電気工事士でなければできない作業　　重要度 ★★★

電気工事士でなければできない主な作業は，次のとおりです。
1) 電線相互の**接続作業**
2) **がいし**に電線を取り付ける，取り外す作業
3) **電線**を造営材などに取り付ける，取り外す作業
4) 電線管，線ぴ，ダクトなどに**電線を収める**作業
5) 配線器具を造営材などに取り付ける，取り外す，またはこれに**電線を接続する作業**
6) 電線管を**曲げる**，**ねじを切る**，電線管相互の接続，電線管とボックスなどを**接続する**作業
7) **金属製のボックス**を造営材に取り付ける，取り外す作業
8) 電線，電線管，線ぴ，ダクトなどが造営材を貫通する部分に**金属製の防護装置**を取り付ける，取り外す作業
9) 金属製の電線管，線ぴ，ダクト及びこれらの付属品を建造物のメタルラス張り，ワイヤラス張りまたは金属板張りの部分に取り付ける，取り外す作業
10) **配電盤**を造営材に取り付ける，取り外す作業
11) 接地極を**地面に埋設する**作業

➡ 電気工事士でなくてもできる工事・作業　　重要度 ★★★

保安上支障がない工事として，電気工事士の資格がなくても行うことができる軽微な電気工事または作業は，次のとおりです。

〔軽微な工事〕

1) 600V以下で使用する接続器または開閉器に**コードまたはキャブタイヤケーブ
ル**を接続する工事

2) 600V以下で使用する電気機器や蓄電池の端子に**電線をねじ止め**する工事

3) 600V以下で使用する**電力量計，電流制限器**または**ヒューズ**を取り付ける，取
り外す工事

4) 電鈴，インターホン，火災感知器，豆電球などの施設に使用する小型変圧器
（二次電圧が**36V以下**）の**二次側の配線**工事

5) 電線を支持する**柱，腕木**などの設置または変更する工事

6) 地中電線用の**暗きょ**または**管**を設置または変更する工事

〔軽微な作業〕

1) **露出型点滅器，露出型コンセント**を取り換える作業

2) 金属製以外（合成樹脂製など）のボックスや**防護装置**の取り付け，取り外しの
作業

3) 600V以下の電気機器に**接地線**を取り付ける作業

4) 電気工事士が従事する作業を補助する作業

練習問題

問い1	答え
電気工事士が電気工事士法に違反した とき，電気工事士免状の返納を命ずる ことができる者は。	**イ．** 経済産業大臣 **ロ．** 経済産業局長 **ハ．** 都道府県知事 **ニ．** 市町村長

解説

電気工事士が電気工事士法に違反したとき，電気工事士免状の返納を命ずることが
できる者は，ハ. の**都道府県知事**です。

【解答：ハ】

第1章
第2章
第3章
第4章
第5章
第6章
第7章
R5
年
上
期
1
R5
年
上
期
2

No. 03　電気工事業法

これだけは覚えよう！

電気工事業の義務を覚える！

☑ 業務の登録として，2つ以上の都道府県に営業所を設置する場合は経済産業大臣の，1つの場合は都道府県知事の登録を受ける。

☑ 登録の有効期限は，5年間。

☑ 条件を満たした主任電気工事士を置く。

☑ 絶縁抵抗計，接地抵抗計，回路計を営業所ごとに備える。

☑ 帳簿は，5年間保存する。

　電気工事業法（電気工事業の業務の適正化に関する法律）は，電気工事業を営む者の登録等及びその業務の規制を行うことにより，その業務の適正な実施を確保し，電気工作物の保安の確保を目的としています。

➜ 電気工事業法による登録と業務規制　　重要度 ★★

1)　電気工事業の登録
　・2つ以上の都道府県に営業所を設置する場合は経済産業大臣の，1つの都道府県の場合は都道府県知事の登録を受ける必要がある
　・登録の有効期間は5年間
2)　営業所ごとに次のいずれかの条件を満たす主任電気工事士を置く
　・第一種電気工事士
　・第二種電気工事士で3年以上の実務経験を有するもの
3)　営業所ごとに備える器具
　・絶縁抵抗計，接地抵抗計，回路計
4)　営業所及び施工場所ごとに掲示する標識の記載事項
　・氏名または名称，法人にあっては代表者の氏名
　・営業所の名称，電気工事の種類
　・登録の年月日，登録番号
　・主任電気工事士等の氏名
5)　営業所ごとに備える帳簿の記載事項と保存期間

- ・注文者の氏名または名称及び住所
- ・電気工事の種類及び施工場所
- ・施工年月日
- ・主任電気工事士等及び作業者の氏名
- ・配線図
- ・検査結果
- ・帳簿は**5**年間保存する

6)　電気工事業者の業務規制
- ・電気工事士等でない者を電気工事に従事させてはならない
- ・電気用品安全法の表示のある電気用品を電気工事に使用する

第1章
第2章
第3章
第4章
第5章
第6章
第7章
R5
年上期1
R5
年上期2

電気事業法，電気工事士法，電気工事業法の3つは名前が似ているので，まとめて覚えておくといい。
付録のWebアプリも活用してね。

No. 04 電気用品安全法

これだけは覚えよう！

電気用品の表示，主な電気用品を覚える！

- ☑ 特定電気用品の表示 ◇PS E または〈PS〉E
- ☑ 特定電気用品以外の電気用品の表示 ○PS E または (PS) E
- ☑ 電気用品の表示があるものでなければ，電気用品を販売，陳列することができない。
- ☑ 電気用品の表示のない電気用品を，電気工作物の設置または変更の工事に使用できない。

電気用品安全法は，電気用品の製造，販売などを規制し，電気用品による危険及び障害の発生を防止することを目的としています。

電気用品安全法では，電気用品を特定電気用品と特定電気用品以外の電気用品に分類しています。特定電気用品は，構造または使用方法から見て特に危険または障害の発生するおそれが多いもの，特定電気用品以外の電気用品は，比較的危険または障害の少ないものをいいます。

➡ 電気用品の表示　　　　　　　　　　　　　重要度 ★★

電気用品には，**表1**のような表示をします。

表1：電気用品の表示

特定電気用品の表示	特定電気用品以外の電気用品の表示
①届出事業者の名称 ②登録検査機関の名称 ③記号 ◇PS E または〈PS〉E（上の表示が困難なもの）	①届出事業者の名称 ②記号 ○PS E または (PS) E（上の表示が困難なもの）

➡ 販売と使用の制限　　　　　　　　　　　　重要度 ★

電気用品の製造，輸入または販売を行うものは，電気用品の表示があるものでなければ，電気用品を販売，陳列することはできません。

また，電気用品の表示のない電気用品を，電気工作物の設置または変更の工事に使用することはできません。

→ 主な電気用品　　　　　　　　　　　　　　重要度 ★★

主な電気用品は，**表2**に示すとおりです。

表2：電気用品の例

特定電気用品の例	
電線類	絶縁電線：**100**mm²以下，ケーブル：**22**mm²以下，コード
ヒューズ類	温度ヒューズ，その他のヒューズ：1A以上200A以下（筒形（つつがた），栓形（せんがた）ヒューズは除く）
配線器具類	スイッチ：30A以下，開閉器（配線用遮断器など），差込接続器，電流制限器
小形単相変圧器類	変圧器：500V・A以下，安定器：500W以下
電熱器具類	電気温水器：10kW以下
電動力応用機械器具類	ポンプ：1.5kW以下，ショーケース：300W以下
携帯発電機	定格電圧30V以上300V以下
特定電気用品以外の電気用品の例	
電線管類とその付属品，フロアダクト，線ぴ，換気扇，電灯器具，ラジオ，テレビ，リチウムイオン蓄電池　など	

練習問題

問い1	答え
電気用品安全法において，特定電気用品の適用を受けるものは。 （令和2年度下期午後出題）	イ．外径25mmの金属製電線管 ロ．定格電流60Aの配線用遮断器 ハ．ケーブル配線用スイッチボックス ニ．公称断面積150mm²の合成樹脂絶縁電線

解説

特定電気用品の適用を受けるものは，ロ.の定格電流60Aの配線用遮断器です。

イ.ハ.は，特定電気用品以外の電気用品です。ニ.の公称断面積150mm²の合成樹脂絶縁電線は，電気用品の適用を受けません（100mm²以下が特定電気用品）。

【解答：ロ】

電気設備技術基準とその解釈

これだけは覚えよう!

電圧の区分，対地電圧の制限を覚える!

☑ 低圧とは，交流電圧 600V 以下，直流電圧 750V 以下

☑ 住宅の屋内電路の対地電圧は 150V 以下

☑ ただし，電気機器の消費電力が 2kW 以上の場合は，条件により対地電圧を 300V 以下にできる。

☑ 小勢力回路は最大使用電圧が 60V 以下で，ケーブルまたは 0.8mm 以上の軟銅線等を使用する。

☑ 臨時配線は，工事完了後，ケーブル工事は 1 年以内，がいし引き工事は 4 ヶ月以内に限り使用できる。

「電気設備技術基準」(「電技」)は，電気保安についてすべての電気工作物の基準とされています。また，具体的な内容を定め判断基準として「解釈」を公表し，技術的内容を具体的に示しています。

● 電圧の区分　　　　　　　　　　　　重要度 ★★

電気工作物は，電圧が高いほど危険であることから，「電技」では低圧，高圧，特別高圧に区分し，電圧ごとに規制に差を設け，保安上の安全を確保しています (**表1**)。

表1：電技による電圧の区分

電圧の区分	交流	直流
低　圧	600V 以下	750V 以下
高　圧	600V を超え 7000V 以下	750V を超え 7000V 以下
特別高圧	7000V を超えるもの	

● 住宅の屋内電路の対地電圧の制限　　　重要度 ★★

住宅の屋内電路は，原則として，対地電圧 150V 以下 (単相 100/200V) です。ただし，消費電力が 2kW 以上の電気機械器具を施設する場合は，次の条件により，対地電圧を 300V 以下にでき，三相 200V が使用できます。

1) 屋内配線及び電気機械器具には，簡易接触防護措置を施す
2) 屋内配線と直接接続する（コンセントは使用できない）
3) 専用の開閉器及び過電流遮断器を施設する
4) 電気を供給する電路には漏電遮断器を施設する
  （一般には，専用の過電流保護機能付きの漏電遮断器を施設する）

➡ 小勢力回路の施設　　　　　　　　　重要度 ★★

　小勢力回路とは，電磁開閉器の操作回路やベルなど，短時間使用の交流回路で対地電圧が300V以下の電路と絶縁変圧器で結合しているもので，最大使用電圧が60V以下であって電流が小さい回路をいいます。

　小勢力回路で使用する電線は，ケーブルとし，ケーブル以外の場合は，直径0.8mm以上の軟銅線またはこれと同等以上の強さ及び太さのものを用います。

➡ 臨時配線の施設　　　　　　　　　　重要度 ★

　臨時配線とは，工事現場，祭典場，農事用など短期間または一時的に使用する臨時の設備に施設される配線です。

◆ケーブル工事による場合

　ケーブルをコンクリートに直接埋設して施設する場合は，次の条件により，工事が完了した日から1年以内に限り使用することができます。
・300V以下の屋内配線で使用する
・電線はケーブルで，低圧分岐回路のみの施設で使用する
・電路の電源側には，漏電遮断器，開閉器，過電流遮断器を施設する

◆がいし引き工事による場合

　がいし引き工事を施設する場合は，次の条件により，工事が完了した日から4ヶ月以内に限り使用することができます。
・300V以下の屋内配線，屋側配線で使用する
・屋外配線は150V以下で使用する
・電線は，絶縁電線（OW線を除く）を使用する

章末問題

問い1	答え
電気事業法において，一般用電気工作物が設置されたとき及び変更の工事が完成したときに，その一般用電気工作物が同法の省令で定める技術基準に適合しているかどうかの調査義務が課せられている者は。	イ．電気工事業者 ロ．所有者 ハ．電線路維持運用者 ニ．電気工事士

解説

　一般用電気工作物は，所有者が電気工作物を維持，管理することは困難なので，電線路維持運用者は電気を供給する電気工作物が設置されたとき，変更の工事が完了したとき，及び一定期間ごとに技術基準に適合しているかどうかの調査義務が課せられています。

【解答：ハ】

問い2	答え
電気用品安全法における特定電気用品に関する記述として，誤っているものは。 （令和元年度下期出題）	イ．電気用品の製造又は輸入の事業を行う者は，電気用品安全法に規定する義務を履行したときに，経済産業省令で定める方式による表示を付すことができる。 ロ．特定電気用品は構造又は使用方法その他の使用状況からみて特に危険又は障害の発生するおそれが多い電気用品であって，政令で定めるものである。 ハ．特定電気用品には㊿又は (PS) E の表示が付されている。 ニ．電気工事士は，電気用品安全法に規定する表示の付されていない電気用品を電気工作物の設置又は変更の工事に使用してはならない。

解説

特定電気用品には〈PS E〉または**＜PS＞E**の表示が付されており，(PS E)または**(PS) E**の表示は，**特定電気用品以外の電気用品**の表示です。したがって，ハ.の記述は誤っています。

イ.ロ.ニ.は正しい記述です。

【解答：ハ】

問い3	答え
電気用品安全法により，電気工事に使用する特定電気用品に付すことが要求されていない表示事項は。 （平成26年度上期出題）	イ．〈PS E〉又は〈PS〉Eの記号 ロ．届出事業者名 ハ．登録検査機関名 ニ．製造年月

解説

「特定電気用品」及び「特定電気用品以外の電気用品」は，p.166の表1にある表示をすることになっています。

【解答：ニ】

問い4	答え
「電気工事士法」の主な目的は。 （令和2年度下期午前出題）	イ．電気工事に従事する主任電気工事士の資格を定める。 ロ．電気工作物の保安調査の義務を明らかにする。 ハ．電気工事士の身分を明らかにする。 ニ．電気工事の欠陥による災害発生の防止に寄与する。

解説

電気工事士法は，電気工事の作業に従事する者の資格及び義務を定め，電気工事の欠陥による災害の発生の防止に寄与することを目的としています。

【解答：ニ】

問い5	答え
特別な場合を除き，住宅の屋内電路に使用できる対地電圧の最大値〔V〕は。	イ. 110 ロ. 150 ハ. 200 ニ. 250

解説

住宅の屋内電路の対地電圧は，150V以下に制限されています。

【解答：ロ】

問い6	答え
電気工事士の義務又は制限に関する記述として，誤っているものは。 （令和3年度下期午前出題）	イ. 電気工事士は，都道府県知事から電気工事の業務に関して報告するよう求められた場合には，報告しなければならない。 ロ. 電気工事士は，「電気工事士法」で定められた電気工事の作業に従事するときは，電気工事士免状を事務所に保管していなければならない。 ハ. 電気工事士は，「電気工事士法」で定められた電気工事の作業に従事するときは，「電気設備に関する技術基準を定める省令」に適合するよう作業を行わなければならない。 ニ. 電気工事士は，氏名を変更したときは，免状を交付した都道府県知事に申請して免状の書換えをしてもらわなければならない。

解説

電気工事士は，作業に従事するときは電気工事士免状を携帯しなければなりません。したがって，**電気工事士免状を事務所に保管していなければならない**というロ.の記述は，誤りです。

【解答：ロ】

問い7	答え
「電気工事士法」において，一般用電気工作物に係る工事の作業でa，bともに電気工事士でなければ従事できないものは。 （令和4年度上期午前出題）	イ．a：配電盤を造営材に取り付ける。 　　b：電線管に電線に収める。 ロ．a：地中電線用の管を設置する。 　　b：定格電圧100Vの電力量計を取り付ける。 ハ．a：電線を支持する柱を設置する。 　　b：電線管を曲げる。 ニ．a：接地極を地面に埋設する。 　　b：定格電圧125Vの差込み接続器にコードを接続する。

解説

a，bともに電気工事士でなければ従事できないものは，イ．です。

ロ．のaとb，ハ．のa，ニ．のbは，電気工事士でなくてもできます。　【解答：イ】

問い8	答え
「電気工事士法」において，第二種電気工事士免状の交付を受けている者であってもできない電気工事の作業は。 （令和4年度上期午後出題）	イ．自家用電気工作物（最大電力500kW未満の需要設備）の低圧部分の電線相互を接続する作業 ロ．自家用電気工作物（最大電力500kW未満の需要設備）の地中電線用の管を設置する作業 ハ．一般用電気工作物の接地工事の作業 ニ．一般用電気工作物のネオン工事の作業

解説

第二種電気工事士免状の交付を受けている者であっても従事できない電気工事の作業は，イ．自家用電気工作物の低圧部分の電線相互を接続する作業（簡易電気工事に該当）です。

簡易電気工事は，認定電気工事従事者認定証の交付を受ければ従事できます。

ハ．ニ．は，電気工事士でなければできない作業，ロ．の地中電線用の管を設置する作業は，電気工事士でなくてもできる作業です。　【解答：イ】

問い9	答え
電気の保安に関する法令についての記述として，誤っているものは。 （令和2年度下期午後出題）	イ．「電気工事士法」は，電気工事の作業に従事する者の資格及び義務を定めた法律である。 ロ．一般用電気工作物の定義は，「電気設備に関する技術基準を定める省令」において定めている。 ハ．「電気用品安全法」は，電気用品の製造，販売等を規制することなどにより，電気用品による危険及び障害の発生を防止することを目的とした法律である。 ニ．「電気用品安全法」では，電気工事士は，同法に基づく表示のない電気用品を電気工事に使用してはならないと定めている。

解説

　一般用電気工作物の定義は，「電気事業法」で定めており，ロ．の「電気設備に関する技術基準を定める省令」において定めている，という記述は，誤っています。

【解答：ロ】

問い10	答え
「電気設備に関する技術基準を定める省令」における電圧の低圧区分の組合せで，正しいものは。 （令和5年度上期午後出題）	イ．直流にあっては600V以下，交流にあっては600V以下のもの ロ．直流にあっては750V以下，交流にあっては600V以下のもの ハ．直流にあっては600V以下，交流にあっては750V以下のもの ニ．直流にあっては750V以下，交流にあっては750V以下のもの

解説

　「電気設備に関する技術基準を定める省令」における電圧の低圧区分は，直流にあっては750V以下，交流にあっては600V以下です。ロ．が正解です。　　　【解答：ロ】

第 **5** 章

電気工事で必要な 電気理論を学ぶ

本章では，オームの法則，合成抵抗，電気回路の電圧や電流を求めるための基本となる直流回路，実際に使われる交流回路や三相交流回路の計算ができるまでを学習します。

この章の内容

アクセスキー **V** （大文字のブイ）

No. 01 オームの法則と抵抗

これだけは覚えよう！

オームの法則と2抵抗の合成抵抗の計算を覚える！

- ☑ 抵抗 $R = \dfrac{\text{電圧}\,V}{\text{電流}\,I}$〔Ω〕

- ☑ 電流 $I = \dfrac{\text{電圧}\,V}{\text{抵抗}\,R}$〔A〕

- ☑ 電圧 $V = \text{抵抗}\,R \times \text{電流}\,I$〔V〕

- ☑ 2抵抗の直列合成抵抗は，抵抗₁＋抵抗₂で求める。

- ☑ 2抵抗の並列合成抵抗は，$\dfrac{\text{抵抗}_1 \times \text{抵抗}_2}{\text{抵抗}_1 + \text{抵抗}_2}$ で求める。

- ☑ 電線の抵抗は長いほど大きく，太いほど小さい。

➡ 電気回路 　　　　　　　　　　　　　　　　　　　　重要度 ★

　乾電池に豆電球を電線（導線）で接続すると，豆電球は点灯します。これは，電気の流れがあるためと考え，これを電流といいます。

　乾電池には，電流を流すための電気的圧力すなわち電圧があり，この圧力により電流が流れ，電流によって豆電球が点灯すると考えることができます。

　電池のように，電圧を発生し，電流を流す源となるものを電源といい，電球のように電流が流れて仕事をするものを負荷といいます。このような電流の流れる通路を電気回路といいます。

　電球のような負荷は，電流の流れを妨げており，この電流を妨げる大きさ，すなわち抵抗力の大きさを電気抵抗または抵抗といいます。

　電気回路を図記号を用いて描くと，**図1**のようになります。本書では，電圧の低い方から高い方に向かって矢↑をつけ，電圧の低い側には矢をつけない，としています。

　電圧，電流，抵抗は**表1**のような量記号で表します。

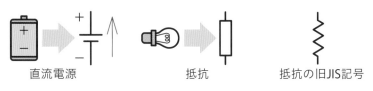

直流電源　　　　　抵抗　　　　　抵抗の旧JIS記号

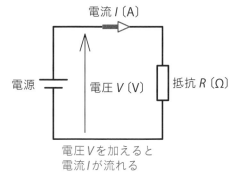

電流 I〔A〕

電源　　電圧 V〔V〕　　抵抗 R〔Ω〕

電圧 V を加えると
電流 I が流れる

図1：電気回路

表1：量記号と単位記号

	量記号	単位記号（読み）
電圧	V	〔V〕（ボルト）
電流	I	〔A〕（アンペア）
抵抗	R	〔Ω〕（オーム）

※量記号はJISに従ってイタリック（斜体）で表記します。

➡ オームの法則　　　　　　　　　重要度 ★★★

　オームの法則を使えば，回路の電圧 V，電流 I，抵抗 R の値を算出できます。**図1**のように，電球などの負荷に電圧 V〔V〕を加えると電流 I〔A〕が流れます。このとき，回路の電流 I は電圧 V に比例し，その比例定数は $1/R$ となり，R〔Ω〕が回路の抵抗になります。これをオームの法則といい，電圧 V を電流 I で割った値が抵抗 R になり，次のようになります。

$$抵抗 R = \frac{電圧 V}{電流 I} 〔Ω〕 \qquad 電流 I = \frac{電圧 V}{抵抗 R} 〔A〕 \qquad 電圧 V = 抵抗 R × 電流 I 〔V〕$$

➡ 電源の起電力と内部抵抗　　　　　　重要度 ★★

　電池のような電源は，次ページの**図2**のように，起電力 E〔V〕と内部抵抗 r〔Ω〕が直列に接続された回路で表すことができます。起電力とは，電流を流そうとする力の強さのことです。起電力 E〔V〕は，負荷抵抗 R〔Ω〕を接続しないときの端子電圧（電池両端の電圧）です。

　内部抵抗 r〔Ω〕は一般に小さいので，r〔Ω〕がないものとして扱うこともあり，$r=0$

のとき，起電力Eと端子電圧Vは等しく，起電力E〔V〕を電圧として扱います。このとき，オームの法則は，Vの代わりにEとなります。

$$抵抗R=\frac{起電力E}{電流I}〔Ω〕 \qquad 電流I=\frac{起電力E}{抵抗R}〔A〕 \qquad 起電力E=抵抗R×電流I〔V〕$$

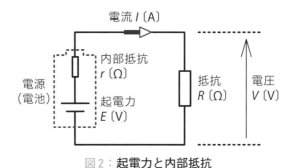

図2：**起電力と内部抵抗**

● 合成抵抗

重要度 ★★★

2個以上の抵抗を1列に接続する方法を直列接続といい，抵抗の両端を同じところに接続する方法を並列接続といいます。

直列接続された2抵抗（R_1，R_2）の合成抵抗R_0は，各抵抗の和に等しくなります。

$$合成抵抗R_0=抵抗R_1＋抵抗R_2〔Ω〕$$

2抵抗を並列に接続したときの合成抵抗R_0は，

$$合成抵抗R_0=\frac{抵抗R_1×抵抗R_2}{抵抗R_1＋抵抗R_2}〔Ω〕$$

のように和分の積（分母は足し算，分子はかけ算）で求められます。

直列接続

並列接続

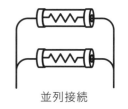

図3：**直列接続と並列接続**

● 電線の電気抵抗

重要度 ★★★

電線の抵抗R〔Ω〕は，長さ$ℓ$〔m〕に比例し，断面積A〔m²〕に反比例します。

$$抵抗R=抵抗率ρ\frac{長さℓ}{断面積A}〔Ω〕$$

$ρ$（ロー）は，電流の通しにくさを表す定数で抵抗率といい，単位は〔Ω・m〕（オームメートル）です。

電線の導体の断面積A〔m²〕は，直径をD〔m〕とすれば，

$A＝$円周率$π×$半径^{2}より

$$A = \pi \times \left(\frac{D}{2}\right)^2 = \frac{\pi D^2}{4} \ [m^2]$$

これを，抵抗を求める公式に代入すると，

$$R = \rho \frac{\ell}{A} = \rho \frac{\ell}{\dfrac{\pi D^2}{4}} = \frac{4\rho\ell}{\pi D^2} \ [\Omega]$$

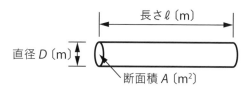

図4：電線の導体

◆2本の電線の抵抗値を比較

電線の抵抗は長いほど**大きく**，太いほど**小さく**なります。

2本の電線の抵抗R_1，R_2を比較してみます。

断面積Aが同じとき，長さℓが2倍であれば

⇒　抵抗は**2倍**。

長さℓが同じとき，直径が2倍であれば

⇒　抵抗は$\left(\dfrac{1}{2}\right)^2 = \dfrac{1}{4}$倍。

◆パーセント導電率

パーセント導電率は，国際標準軟銅の導電率を基準（100％）としたときの導体の電流の通しやすさを表します。

代表的な金属のパーセント導電率は，**表2**のようになります。アルミニウムは銅とくらべ軽く，同一重量とするとアルミ線の方が抵抗値が小さくなるので送電線などに用いられています。

表2：金属のパーセント導電率

金属名	パーセント導電率 (20℃)
銀	106
銅	100
金	71.6
アルミニウム	61.0
鉄	17.2

第1章
第2章
第3章
第4章
第5章
第6章
第7章
R4年上期1
R4年上期2

練習問題

問い1	答え
抵抗160Ωの電熱線に電圧をかけたら, 0.025Aの電流が流れた。このとき電熱線に加えた電圧は何ボルトか。	**イ.** 1.0 **ロ.** 2.0 **ハ.** 3.0 **ニ.** 4.0

解説

オームの法則の式に数値を代入します。

電圧を求める公式 $V=RI$〔V〕に, 抵抗 $R=160\Omega$, 電流 $I=0.025A$ を代入すると,

$V=160\times0.025=$ **4.0**V

【解答：ニ】

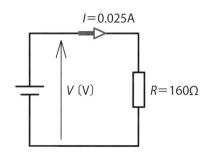

問い2	答え
図のような回路で, 端子a-b間の合成抵抗〔Ω〕は。	**イ.** 1 **ロ.** 2 **ハ.** 3 **ニ.** 4

解説

問題の回路図において, 点線内の3Ωと6Ωの並列の合成抵抗は,

$$\frac{3\times6}{3+6}=\frac{18}{9}=2\Omega$$

4Ωと点線内の直列回路は, $4+2=6\Omega$

a-b間の抵抗は, 3Ωと6Ωの並列接続の合成抵抗と考えればいいので, 和分の積から **2**Ωとなります。

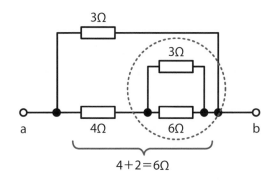

【解答：ロ】

第1章

第2章

第3章

第4章

第5章

第6章

第7章

R4年上期1

R4年上期2

No. 02 分電圧（分圧）と分路電流（分流）

これだけは覚えよう！

直列抵抗の分電圧, 並列抵抗の分路電流の公式を覚える！

☑ 分電圧＝全体の電圧×$\left(\dfrac{\text{求める側の抵抗値}}{\text{2抵抗値の和}}\right)$

☑ 分路電流＝全体の電流×$\left(\dfrac{\text{求める側と反対側の分路抵抗値}}{\text{2抵抗値の和}}\right)$

➡ 分電圧の公式（分圧の公式）　重要度 ★★

　分電圧とは, 直列に接続した複数の抵抗に対し, 各抵抗に加わる電圧をいいます（**図1**）。2個の抵抗を直列接続した回路に電圧V_0〔V〕を加えたとき, 各抵抗の電圧V_1, V_2〔V〕は, V_0〔V〕を$R_1 : R_2$（R_1対R_2と読む）に比例配分して求めます（$V_1 : V_2 = R_1 : R_2$）。

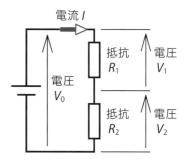

図1：**抵抗の分電圧**

全体の電圧　求める側の抵抗値

$$V_1 = V_0 \dfrac{R_1}{R_1 + R_2} \text{〔V〕}$$

2抵抗値の和

$$V_2 = V_0 \dfrac{R_2}{R_1 + R_2} \text{〔V〕}$$

➡ 分路電流の公式（分流の公式）　重要度 ★★

　分路電流とは, 並列回路でのそれぞれの抵抗に流れる電流をいいます（**図2**）。2抵抗の並列接続回路で, 全体の電流をI_0〔A〕, 抵抗R_1, R_2の分路電流をI_1, I_2〔A〕としたとき, 電流は抵抗に反比例して流れます。

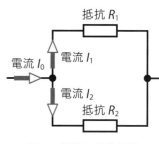

図2：**抵抗の分路電流**

$$I_1 : I_2 = \dfrac{1}{R_1} : \dfrac{1}{R_2} \quad (I_1 : I_2 = R_2 : R_1)$$

であり, 電流の比は, 抵抗の逆比（逆数の比）になります。

　各電流は, 次の分路電流の公式で求めます。

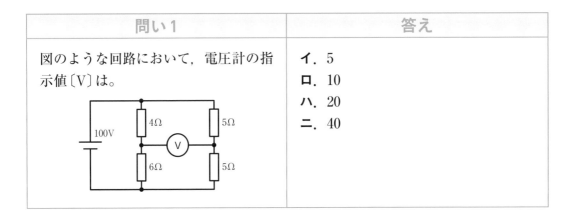

$$I_1 = I_0 \frac{R_2}{R_1 + R_2} \text{〔A〕}$$

全体の電流

求める側と反対側の抵抗値

2抵抗値の和

$$I_2 = I_0 \frac{R_1}{R_1 + R_2} \text{〔A〕}$$

練習問題

問い1	答え
図のような回路において，電圧計の指示値〔V〕は。	**イ**. 5 **ロ**. 10 **ハ**. 20 **ニ**. 40

解説

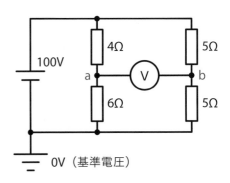

電源のマイナス側を0V（基準電圧）として考えます。

図のa点の電圧（6Ωに加わる電圧）V_aは，分電圧の公式より，

$$V_a = 100 \times \frac{6}{4+6} = 60\text{V}$$

b点の電圧（5Ωに加わる電圧）V_bは，

$$V_b = 100 \times \frac{5}{5+5} = 50\text{V}$$

電圧計Ⓥの指示値（a–b間の電圧）は，
$$V = V_a - V_b = 60 - 50 = \textbf{10}\text{V}$$

【解答：ロ】

これだけは覚えよう！

実効値の計算と交流回路のオームの法則を覚える！

☑ 実効値 $= \dfrac{\text{最大値}}{\sqrt{2}}$　　　☑ 抵抗 $R = \dfrac{\text{電圧}V}{\text{電流}I}$〔Ω〕

☑ 誘導リアクタンス $X_L = \dfrac{\text{電圧}V}{\text{電流}I}$〔Ω〕

☑ 容量リアクタンス $X_C = \dfrac{\text{電圧}V}{\text{電流}I}$〔Ω〕

☑ インピーダンス $Z = \dfrac{\text{電圧}V}{\text{電流}I}$〔Ω〕

➔ 交流

重要度 ★★★

電池を電源としたとき，電圧Vや電流Iの向きは一方向です。これを直流といいます。電圧と電流の大きさと方向が周期的に変化するものを交流といい，正弦波状に変化するものを正弦波交流といいます。

◆瞬時値と最大値

図1において，電圧v〔V〕は，時々刻々と変化しており，ある時刻t〔s〕における瞬時の大きさを表すので，これを瞬時値といいます。波形において最大の値V_mを最大値といいます。

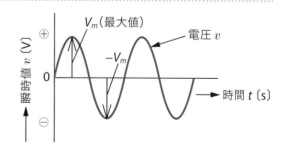

図1：電圧の変化

◆周期と周波数

交流は，同じ波形を繰り返しています。この変化1回に要する時間を周期といいT〔s〕で表し，1秒間に変化する回数を周波数といいf〔Hz〕で表します。周期Tと周波数fの関係は互いに逆数の関係になります。

$$\text{周期 } T = \frac{1}{\text{周波数 } f}\,(s) \qquad \text{周波数 } f = \frac{1}{\text{周期 } T}\,(Hz)$$

◆位相と位相差

　交流波形において，時間軸（横軸）を角度に換算した値を位相といいます。**図2**において電圧の位相は0，電流の位相はπ/2〔rad〕または90°遅れているといいます。また，**図2**の電圧と電流の位相差はπ/2〔rad〕または90°といいます。

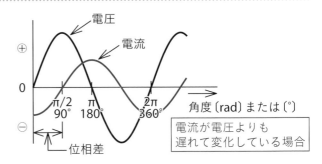

図2：位相差

◆実効値

　交流の電圧，電流を，これと等しい仕事をする直流の大きさをもって表した値を実効値といいます。

　正弦波交流の実効値は，最大値を$\sqrt{2}$ で割った値になります。

$$\text{実効値} = \frac{\text{最大値}}{\sqrt{2}}$$

$$V = \frac{V_m}{\sqrt{2}}\,(V)\,(電圧の場合) \qquad I = \frac{I_m}{\sqrt{2}}\,(A)\,(電流の場合)$$

抵抗の回路では，実効値を用いれば交流と直流は同じ計算式となります（**図3**）。

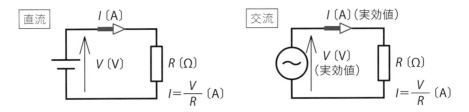

図3：抵抗の回路

　文字記号については，前ページの**図1**の波形のように，変化する値を瞬時値といい，文字記号はv，iのように小文字を用います。一定の大きさを表す量記号は大文字を用います。

　最大値はV_m，I_mのように添え字をつけます。実効値は，V，Iのように添え字はつけません。一般に交流の電圧や電流は，実効値で表します。

→ 交流回路のオームの法則　　重要度 ★★★

交流回路の負荷には，抵抗，コイル，コンデンサがあります（**図4**）。

図4：**交流回路の負荷**

◆抵抗 R〔Ω〕（抵抗の電流の通しにくさ）

抵抗 R は電圧 V を電流 I で割った値，すなわち電圧と電流の比が抵抗です（**図5**）。

$$抵抗 R = \frac{電圧 V}{電流 I} 〔Ω〕$$

抵抗の電流 i は，電圧 v と同位相（0で重なる）になります（**図6**）。

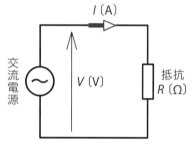

図5：**抵抗の回路**

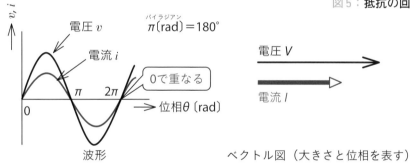

図6：**抵抗の電圧と電流（同位相）**

◆誘導リアクタンス X_L〔Ω〕（コイルの電流の通しにくさ）

コイルの交流電流の通しにくさを誘導リアクタンス，または誘導性リアクタンスといい，X_L で表します。

誘導リアクタンス X_L は，電圧 V を電流 I で割った値，すなわち電圧と電流の比が誘導リアクタンスです（**図7**）。

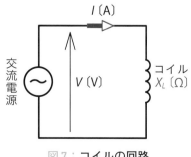

図7：**コイルの回路**

$$誘導リアクタンス X_L = \frac{電圧 V}{電流 I} 〔Ω〕$$

コイルの電流 i は，電圧 v より $\pi/2$（$90°$）だけ位相が遅れます（波形が右にずれる。図8）。

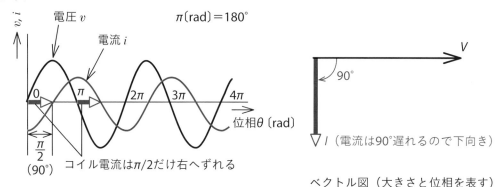

図8：コイルの電圧と電流

誘導リアクタンス X_L は，周波数 f とインダクタンス L に比例します。

コイルの持つ電気的な性質をインダクタンスといい，量記号は L，単位はヘンリー〔H〕を用います。

$$誘導リアクタンス X_L = \omega L = 2\pi f L 〔Ω〕$$

ω（オメガ）を角速度（変化の速さ）といい，$\omega = 2\pi f$〔rad/s〕です。

◆容量リアクタンス X_C〔Ω〕（コンデンサの電流の通しにくさ）

コンデンサの交流電流の通しにくさを容量リアクタンス，または容量性リアクタンスといい，X_C で表します。

容量リアクタンス X_C は，電圧 V を電流 I で割った値，すなわち電圧と電流の比が容量リアクタンスです（図9）。

$$容量リアクタンス X_C = \frac{電圧 V}{電流 I} 〔Ω〕$$

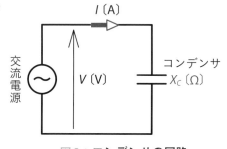

図9：コンデンサの回路

コンデンサの電流 i は，電圧 v より $\pi/2$（$90°$）だけ位相が進みます（波形が左にずれる。図10）。

容量リアクタンス X_C は，周波数 f と静電容量 C に反比例します。

コンデンサは，電荷（電気）を蓄積するための容器で，電荷を蓄積する能力を静電容量といい，量記号は C，単位はファラド〔F〕を用います。

$$容量リアクタンス X_C = \frac{1}{\omega C} = \frac{1}{2\pi f C} 〔Ω〕$$

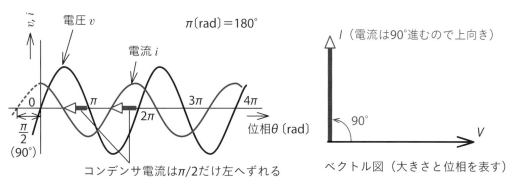

図10：コンデンサの電圧と電流

◆インピーダンスZ〔Ω〕（回路全体の電流の通しにくさ）

交流回路の負荷が，抵抗やリアクタンスで組み合わされた場合，回路全体の電流の通しにくさを**インピーダンス**といい，**Z**で表します。

インピーダンスZは，電圧Vを電流Iで割った値，すなわち電圧と電流の比が**インピーダンス**です（**図11**）。

$$インピーダンスZ＝\frac{電圧V}{電流I}〔Ω〕$$

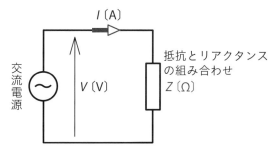

図11：インピーダンスの回路

練習問題

問い1	答え
実効値100Vの正弦波交流電圧の最大値〔V〕は。	**イ**．71　　**ロ**．100 **ハ**．141　　**ニ**．173

解説

実効値の公式　$V＝\dfrac{V_m}{\sqrt{2}}$〔V〕より，最大値　$V_m＝\sqrt{2}\,V＝\sqrt{2}×100≒$**141**V

【解答：ハ】

No. 04 交流回路の計算

これだけは覚えよう！

交流回路の計算を覚える！

☑ 抵抗R＋コイルX_L（直列）　インピーダンス$Z＝\sqrt{R^2＋X_L^2}$〔Ω〕
RとX_Lで直角三角形をつくる。

☑ 抵抗R＋コンデンサX_C（直列）　インピーダンス$Z＝\sqrt{R^2＋X_C^2}$〔Ω〕
RとX_Cで直角三角形をつくる。

☑ 抵抗R＋コイルX_L（並列）　電流$I＝\sqrt{I_R^2＋I_L^2}$〔A〕
I_RとI_Lで直角三角形をつくる。

☑ 抵抗R＋コンデンサX_C（並列）　電流$I＝\sqrt{I_R^2＋I_C^2}$〔A〕
I_RとI_Cで直角三角形をつくる。

重要度 ★★★

➡ 直列回路の計算—インピーダンスの三角形

交流回路において，回路全体の電流の通りにくさをインピーダンスといいます。直列回路のときは，インピーダンスの直角三角形で求めることができます。

◆$R＋X_L$直列回路（抵抗とコイルの直列回路）

図1のように，抵抗とコイルを直列接続したとき，インピーダンスZは，電圧Vを電流Iで割った値です（オームの法則）。また，その，RとX_Lで直角三角形をつくると，斜辺がインピーダンスZになります。

インピーダンス$Z＝\dfrac{電圧V}{電流I}$〔Ω〕　（オームの法則）

インピーダンス$Z＝\sqrt{R^2＋X_L^2}$〔Ω〕　（直角三角形の斜辺がインピーダンス）

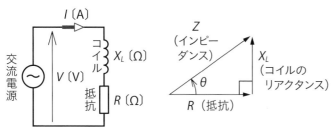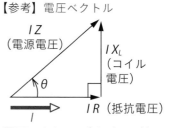

図1：**抵抗とコイルの直列回路と** $R+X_L$ **インピーダンスの直角三角形**

◆ $R+X_C$ **直列回路（抵抗とコンデンサの直列回路）**

　図2のように抵抗とコンデンサを直列接続したとき，インピーダンス Z は，オームの法則とインピーダンスの直角三角形の斜辺から求められます。

$$\text{インピーダンス } Z = \frac{\text{電圧 } V}{\text{電流 } I} \,(\Omega) \quad (\text{オームの法則})$$

$$\text{インピーダンス } Z = \sqrt{R^2 + X_C{}^2} \,(\Omega) \quad (\text{直角三角形の斜辺がインピーダンス})$$

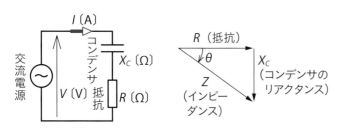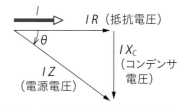

図2：**抵抗とコンデンサの直列回路と** $R+X_C$ **インピーダンスの直角三角形**

◆ $R+X_L+X_C$ **直列回路（抵抗とコイル，コンデンサの直列回路）**

　同様に，オームの法則とインピーダンスの直角三角形の斜辺から，インピーダンスが求められます（次ページの**図3**）。

$$\text{インピーダンス } Z = \frac{\text{電圧 } V}{\text{電流 } I} \,(\Omega) \quad (\text{オームの法則})$$

$$\text{インピーダンス } Z = \sqrt{R^2 + (X_L - X_C)^2} \,(\Omega)$$

または，

$$\text{インピーダンス } Z = \sqrt{R^2 + (X_C - X_L)^2} \,(\Omega) \,(\text{直角三角形の斜辺の長さがインピーダンス})$$

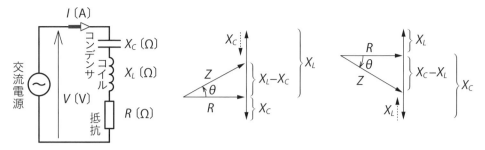

図3：抵抗とコイルとコンデンサの直列回路と$R＋X_L＋X_C$インピーダンスの直角三角形

➡ 並列回路の計算―電流の三角形 　　　重要度 ★★★

　抵抗，コイル，コンデンサなどの並列回路は，各要素に同じ電圧が加わるので，各要素ごとの電流を求めると，全体の電流は，電流の直角三角形で求められます。

◆$R＋X_L$並列回路（抵抗とコイルの並列回路）

　図4のような抵抗とコイルの並列回路のときは，I_RとI_Lで電流の直角三角形をつくると，斜辺が全体の電流I〔A〕となります。

　　電流$I＝\sqrt{I_R{}^2＋I_L{}^2}$〔A〕　（直角三角形の斜辺が全体の電流）

　電流Iは，電圧Vよりθだけ遅れ位相になります。

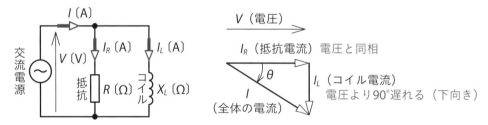

図4：抵抗とコイルの並列回路と$R＋X_L$並列回路

◆$R＋X_C$並列回路（抵抗とコンデンサの並列回路）

　図5のような抵抗とコンデンサの並列回路のときは，I_RとI_Cで電流の直角三角形をつくると，斜辺が全体の電流I〔A〕となります。

　　電流$I＝\sqrt{I_R{}^2＋I_C{}^2}$〔A〕　（直角三角形の斜辺が全体の電流）

　電流Iは，電圧Vよりθだけ進み位相になります。

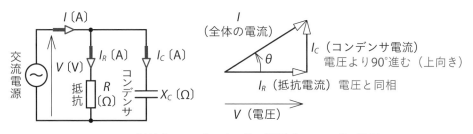

図5：抵抗とコンデンサの並列回路と$R+X_C$並列回路

◆$R+X_L+X_C$並列回路（抵抗，コイル，コンデンサの並列回路）

図6のような抵抗，コイル，コンデンサの並列回路のときは，I_Cは$\pi/2$進み位相なので上向き，I_Lは$\pi/2$遅れ位相なので下向きの矢となります。

抵抗電流I_R，と(I_C-I_L)または(I_L-I_C)で電流の直角三角形をつくり，斜辺の長さから全体の電流I〔A〕を求めることができます。

$$\text{電流}I=\sqrt{I_R{}^2+(I_C-I_L)^2}\ \text{〔A〕}$$

または，

$$\text{電流}I=\sqrt{I_R{}^2+(I_L-I_C)^2}\ \text{〔A〕}$$

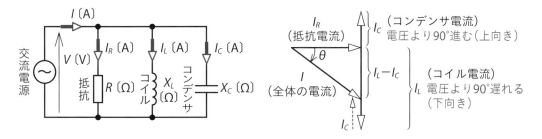

図6：**抵抗，コイル，コンデンサの並列回路と$R+X_L+X_C$並列回路**

練習問題

問い1	答え
図のような交流回路で，a–b間のインピーダンス〔Ω〕は。 a○──[12Ω]──[5Ω]── 交流電源 b○────────────	イ. 13 ロ. 14 ハ. 15 ニ. 16

解説

図のようなインピーダンスの直角三角形をつくり，斜辺の長さを求めます。

$$Z=\sqrt{R^2+X_L^2}$$
$$=\sqrt{12^2+5^2}=\sqrt{169}=13\,\Omega$$

【解答：イ】

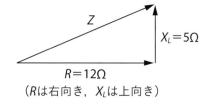

Z
 $X_L=5\Omega$
 $R=12\Omega$
 （Rは右向き，X_Lは上向き）

問い2	答え
図のような回路で，抵抗に流れる電流が8A，誘導リアクタンスに流れる電流が6Aであるとき，電流計Ⓐの指示値〔A〕は。	イ. 2 ロ. 10 ハ. 12 ニ. 14

解説

電流の直角三角形をつくり，斜辺の長さを求めます。

$$I=\sqrt{I_R^2+I_L^2}$$
$$=\sqrt{8^2+6^2}=\sqrt{100}=10\text{A}$$

【解答：ロ】

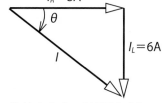

$I_R=8$A
 θ
 $I_L=6$A
 I
 （I_Rは右向き，I_Lは下向き）

No. 05 電力, 電力量, 熱エネルギー

これだけは覚えよう！

各種電力の計算式を覚える！

☑ $P = V_R I = I^2 R = \dfrac{V_R{}^2}{R}$ 〔W〕　抵抗が消費する電力（＝有効電力）

☑ $S = VI$ 〔V・A〕　　皮相電力＝電圧×電流

☑ $P = VI\cos\theta$ 〔W〕　有効電力＝電圧×電流×力率

☑ 力率 $\cos\theta = \dfrac{P}{S} = \dfrac{\text{有効電力}}{\text{皮相電力}}$

力率は，有効電力と皮相電力の比

☑ 電力量〔W・s〕＝熱エネルギー〔J〕＝電力〔W〕×時間〔s〕

● 抵抗が消費する電力　　　　重要度 ★★★

抵抗に V_R〔V〕の電圧を加え，I〔A〕の電流が流れるとき，抵抗 R〔Ω〕で，電気エネルギーが熱エネルギーに変換され，電力が消費されます。これを消費電力，有効電力または電力といい，文字記号は P，単位は〔W〕を用います。

消費電力 P〔W〕は，次式で表されます（抵抗が消費する電力は，直流，交流ともに同じ式で表されます。図1）。

消費電力 $P = V_R I$〔W〕　（抵抗電圧×抵抗電流）

消費電力 $P = I^2 R$〔W〕　（抵抗電流の2乗×抵抗）

消費電力 $P = \dfrac{V_R{}^2}{R}$〔W〕　（抵抗電圧の2乗÷抵抗）

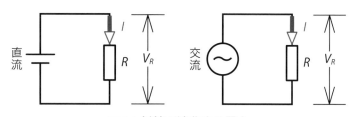

図1：抵抗が消費する電力

➡ 交流の電力

交流回路では，負荷の性質により位相が変わるため，直流の電力の式とは異なります。

交流の電力には，**皮相電力**，**有効電力**，**無効電力**があります。

皮相電力　$S = VI$〔V・A〕（見かけの電力）

有効電力　$P = VI \cos\theta$〔W〕（エネルギーとなる電力）

無効電力　$Q = VI \sin\theta$〔var〕（エネルギーにならない電力）

※$\cos\theta$：力率
※$\sin\theta$：無効率

◆電力の三角形

皮相電力S，有効電力P，無効電力Qは，**図2**のように電力の直角三角形で表すことができます。

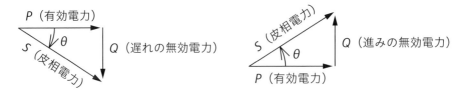

図2：**電力の直角三角形**

この三角形において，底辺を斜辺で割ると力率が求められます。

$$力率 \cos\theta = \frac{有効電力 P}{皮相電力 S}$$

θを力率角といいます。力率は，VI（皮相電力）のうちどれだけが有効な電力となるかを表す率で，0〜1の範囲の値です。パーセントで表すときは100倍します。

また，無効電力Qと皮相電力Sの比を無効率といいます。

$$無効率 \sin\theta = \frac{無効電力 Q}{皮相電力 S}$$

◆電力と電力量

1秒間の電気エネルギーを電力といい，電力に時間tをかけると電力量W_Pとなります。

$$電力量 W_P = VIt = I^2Rt = \frac{V^2}{R}t〔W・s〕$$

電力と時間の積は電気エネルギーの総量となり，これを電力量といいます。単位は，〔W・s〕（ワット秒），または〔J〕（ジュール）です。また，実用的には〔W・h〕（ワット時，またはワットアワー）や〔kW・h〕（キロワット時，またはキロワットアワー）が

用いられます。

電力量を W_P，tを「秒」，Tを「時間」とすると，

$$W_P〔W \cdot s〕＝P〔W〕 \times t〔s〕 \quad （Pワットでt秒間の電力量）$$

$$W_P〔W \cdot h〕＝P〔W〕 \times T〔h〕 \quad （PワットでT時間の電力量）$$

$$W_P〔kW \cdot h〕＝P〔kW〕 \times T〔h〕 \quad （PキロワットでT時間の電力量）$$

となります。

→ ジュールの法則　　　　　　　　　　　　　　　重要度 ★★

抵抗 $R〔Ω〕$ に電流 $I〔A〕$ が $t〔s〕$ 流れるとき，発生する熱エネルギー $Q〔J〕$ は，

熱エネルギー　　$Q＝I^2Rt〔J〕$

であり，これを**ジュールの法則**といいます。また，熱エネルギーは，電力量に等しく，$Q＝I^2Rt〔J〕＝Pt〔W \cdot s〕$ です。

◆熱量計算

水を電熱器などで加熱するとき，電気エネルギーにより発生する有効熱量と水の温度上昇に要する熱量は等しくなります。

電熱器の消費電力を $P〔kW〕$，加熱時間を $t〔s〕$，熱効率を η，水の質量を $m〔kg〕$，水の比熱（1kgの水を 1 K 温度上昇させるのに必要な熱量）を $c＝4.2kJ/(kg \cdot K)$，温度差（温度上昇）を $\theta〔K〕$ とすると，

熱量計算の公式　　$Pt\eta＝mc\theta〔kJ〕$　　（電気エネルギーにより発生する有効熱量＝水の温度上昇に要する熱量）

◆温度の単位〔K〕と〔℃〕について
温度の単位は〔℃〕だが，熱力学では〔K〕を用い，絶対零度（−273.15℃）を0Kとしている。
温度間隔や温度差を表す場合は〔K〕＝〔℃〕で，たとえば「20K上昇させる」は「20℃上昇させる」と同じ意味になる。

第1章

第2章

第3章

第4章

第5章

第6章

第7章

R4年上期1

R4年上期2

練習問題

問い1	答え
図のような回路に，交流100Vを加えたときの消費電力〔W〕は。 （回路図：$R=8\Omega$，$X=6\Omega$，100V）	**イ.** 100 **ロ.** 600 **ハ.** 800 **ニ.** 1000

解説

　消費電力は有効電力のことで，一般にこれを電力と呼びます。直列回路なので，インピーダンスの直角三角形を描き，斜辺の長さがインピーダンスZ〔Ω〕になります。

$$Z=\sqrt{8^2+6^2}=10\Omega$$

　回路の電流は，オームの法則により，

$$I=\frac{V}{Z}=\frac{100}{10}=10A$$

　電力の公式により，

$$P=I^2R=10^2\times8=\textbf{800}W$$

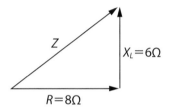

【解答：ハ】

[別解]

　電力＝抵抗の電圧×抵抗の電流より，
$$P=V_R\times I=80\times10=800W$$

　電力＝(抵抗の電圧)²/抵抗より，
$$P=\frac{V_R^2}{R}=\frac{80^2}{8}=\textbf{800}W$$

$P=V_RI=I^2R=\dfrac{V_R^2}{R}$〔W〕のように，いずれの公式を用いてもよいですが，電圧は，抵抗の電圧，電流は抵抗の電流を用います。

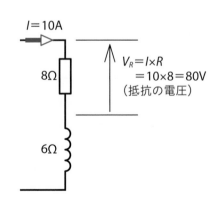

　または，

$$P=VI\cos\theta=100\times10\times\frac{8}{10}=\textbf{800}W \qquad \left(\cos\theta=\frac{R}{Z}\right)$$

| 第1章 |
| 第2章 |
| 第3章 |
| 第4章 |
| 第5章 |
| 第6章 |
| 第7章 |
| R4 年上期1 |
| R4 年上期2 |

問い2	答え
2kWの電熱器を5分間使用したとき，発生する熱量〔kJ〕は。	**イ**．200　　**ロ**．400 **ハ**．600　　**ニ**．800

解説

熱量〔J〕＝電力〔W〕×時間（秒）〔s〕，〔W〕＝〔J/s〕より，$\left(\dfrac{J}{s}\right) \times$〔s〕＝〔J〕

電力は，2kW＝2000W，時間は，5min＝5×60＝300s

熱量は，$Q=2000 \times 300 = 600000J = \textbf{600}$kJ

（0が3個の代わりに k とします）

【解答：ハ】

問い3	答え
電熱器により，60kgの水の温度を20K上昇させるのに必要な電力量〔kW・h〕は。 ただし，水の比熱は4.2kJ/（kg・K）とし，熱効率は100%とする。	**イ**．1.0 **ロ**．1.2 **ハ**．1.4 **ニ**．1.6 （令和元年度上期出題）

解説

熱量計算の公式より，$Pt\eta = mc\theta$〔kJ〕

電熱器の消費電力をP〔kW〕，加熱時間をt〔s〕，熱効率をη，水の質量をm〔kg〕，水の比熱を$c=4.2$kJ/（kg・K），温度差（温度上昇）をθ〔K〕とし，温度上昇に要する時間をT〔h〕とすると$t=3600T$〔s〕（1時間は3600秒より），

$$3600PT\eta = mc\theta \text{〔kJ〕}$$

求める電力量（電力×時間）PTは，$PT = \dfrac{mc\theta}{3600\eta}$〔kW・h〕となります。

水の質量$m=60$kg，水の比熱$c=4.2$kJ/（kg・K），温度上昇$\theta=20$K，熱効率$\eta=1$（熱効率100%は$\eta=1$）を代入します。

$$PT = \frac{60 \times 4.2 \times 20}{3600 \times 1} = \frac{4.2}{3} = \textbf{1.4}\text{kW・h}$$

【解答：ハ】

No. 06 三相交流

これだけは覚えよう！

Y結線の線間電圧，Δ結線の線電流の式を覚える！

☑ $V_\ell = \sqrt{3} V_p$ 〔V〕　　Y結線のとき，線間電圧は相電圧の$\sqrt{3}$倍

$I_\ell = I_p$〔A〕　　　　Y結線のとき，線電流と相電流は等しい。

$V_\ell = V_p$〔V〕　　　Δ結線のとき，線間電圧と相電圧は等しい。

$I_\ell = \sqrt{3} I_p$〔A〕　　Δ結線のとき，線電流は相電流の$\sqrt{3}$倍

$P = \sqrt{3} V_\ell I_\ell \cos\theta$〔W〕

三相の有効電力＝$\sqrt{3}$×線間電圧×線電流×力率

➡ 三相は3つの単相回路

重要度 ★★

三相交流回路は，3つの単相交流回路を組み合わせたものです。

◆Y―Y結線

図1(a)のように，3組の単相交流回路の電流の帰り線3本をまとめて，1本の線にすることができます。電源と負荷の共通点N，N′を**中性点**，NとN′を結ぶ線を**中性線**といいます。中性線を流れる3線の合成電流$(i_a+i_b+i_c)$は0となり，電流が流れないので，図1(b)のように中性線は省略できます。

電源や負荷を，Y形に接続する方法を**Y結線**または**星形結線**または**スター結線**といいます。

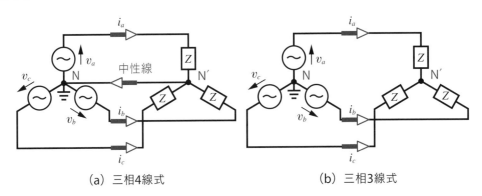

(a) 三相4線式　　　　　　　　(b) 三相3線式

図1：Y―Y結線

三相4線式は電源と負荷を4本の電線で結ぶ方式，三相3線式は電源と負荷を3本の電線で結ぶ方式です。

◆Δ─Δ結線

　図2のように，3組の単相交流回路の各々の2本の線を1本にまとめ，電源と負荷を3本の電線で結ぶもので，電源と負荷は三角状になるので，これを三角結線，またはΔ結線（デルタ結線）といいます。

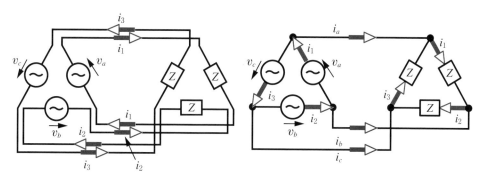

図2：三相3線式（Δ─Δ結線）

◆相電圧，相電流，線間電圧，線電流

　三相交流回路において各相1相の電圧を相電圧，各相1相に流れる電流を相電流といいます。

　また，電源と負荷を結ぶ電線と電線の間の電圧を線間電圧，電線の電流を線電流といいます（図3，図4）

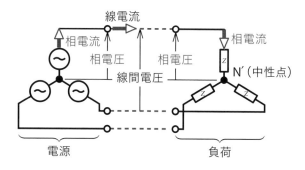

図3：電源・負荷ともY結線

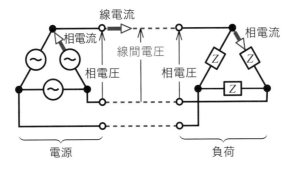

図4：電源・負荷とも△結線

◆Y結線の電源
....

　Y結線回路は，中性線があるものとして1相だけで考えると，相電流と線電流は同じであることがわかります（**図5**）。

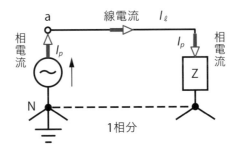

図5：Y結線の電流

　線電流をI_ℓ〔A〕，相電流をI_p〔A〕とすれば，
　　　$I_\ell = I_p$〔A〕　（線電流＝**相電流**）
　線間電圧は，**図6**の2電源の合成電圧で，1相の電圧の$\sqrt{3}$倍になります。線間電圧をV_ℓ〔V〕，相電圧をV_p〔V〕とすると，
　　　$V_\ell = \sqrt{3}\ V_p$〔V〕　（線間電圧＝$\sqrt{3}$×**相電圧**）

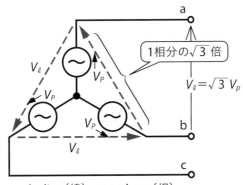

ℓ：line（線），p：phase（相）

図6：Y結線の線間電圧

◆Δ結線の電源

Δ結線の電源は，**図7**のように，線間電圧と相電圧が等しくなります。

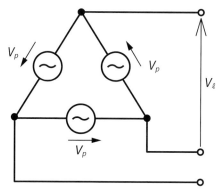

図7：Δ結線の電源

線間電圧をV_ℓ〔V〕，相電圧をV_p〔V〕とすると，

　　$V_\ell = V_p$〔V〕　（線間電圧＝相電圧）

Δ結線の線電流は，193ページの**図2**のように電線2本分の電流が流れるので，1相分の電流の$\sqrt{3}$倍になります。

線電流をI_ℓ〔A〕$(I_a = I_b = I_c = I_\ell)$，相電流を$I_p$〔A〕$(I_1 = I_2 = I_3 = I_p)$とすれば，

　　$I_\ell = \sqrt{3}\, I_p$〔A〕　（線電流＝$\sqrt{3}$×相電流）

となります。

◆三相電力

三相回路の電力は，1相の電力の3倍です。

三相の有効電力Pは，

$$P = 3 \times 相電圧 \times 相電流 \times 力率 = \overbrace{3V_p I_p \cos\theta}^{1相の電力}〔W〕$$

三相の電力を線間電圧V_ℓと線電流I_ℓで表すと，

　　皮相電力　$S = \sqrt{3}\, V_\ell I_\ell$〔V・A〕
　　有効電力　$P = \sqrt{3}\, V_\ell I_\ell \cos\theta$〔W〕
　　無効電力　$Q = \sqrt{3}\, V_\ell I_\ell \sin\theta$〔var〕

となります。

また，S，P，Qの関係は，次ページの**図8**のような電力の三角形で表すことができます。

第1章
第2章
第3章
第4章
第5章
第6章
第7章
R4年上期1
R4年上期2

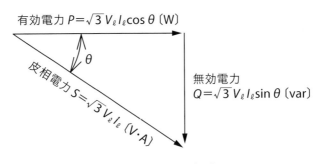

有効電力 $P = \sqrt{3} V_\ell I_\ell \cos\theta$ 〔W〕

皮相電力 $S = \sqrt{3} V_\ell I_\ell$ 〔V·A〕

無効電力 $Q = \sqrt{3} V_\ell I_\ell \sin\theta$ 〔var〕

図8：電力の三角形

練習問題

問い1	答え
図のような三相負荷に三相交流電圧を加えたとき，各線に20Aの電流が流れた。線間電圧 E 〔V〕は。 3φ3W電源　E〔V〕　20A 6Ω　6Ω　6Ω	**イ．** 120 **ロ．** 173 **ハ．** 208 **ニ．** 240 （令和3年度下期午前出題）

解説

1相のみで考えると，相電圧 V_p は，

$V_p = IR = 20 \times 6 = 120$V

線間電圧 V_ℓ は，

$V_\ell = \sqrt{3} \times V_p = 1.73 \times 120 \fallingdotseq$ **208**V

問題は，線間電圧を E としているので，

$E = $ **208**V

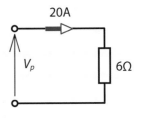

【解答：ハ】

問い2	答え
図のような三相3線式回路の全消費電力〔kW〕は。 3φ3W 電源　200V　200V　200V 8Ω　6Ω 6Ω　8Ω 8Ω　6Ω	イ．2.4 ロ．4.8 ハ．9.6 ニ．19.2 （令和5年度上期午前出題）

解説

1相を取り出し，インピーダンスの直角三角形からインピーダンスZ〔Ω〕を求めます。

$Z = \sqrt{R^2 + X_L{}^2} = \sqrt{8^2 + 6^2} = 10\,Ω$

電流I〔A〕（相電流）は，

$I = \dfrac{V}{Z} = \dfrac{200}{10} = 20\,A$

1相の消費電力（有効電力）P_1〔W〕は，

$P_1 = I^2 R = 20^2 \times 8 = 3200\,W = 3.2\,kW$

三相電力P_3〔W〕は，1相分の3倍より，

$P_3 = 3 \times 3.2 = \textbf{9.6}\,kW$

【解答：ハ】

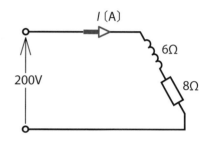

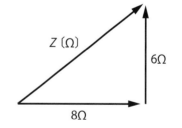

[別解]

三相電力の公式を用いると，

三相電力P_3〔W〕は，$P_3 = \sqrt{3} \times$ 線間電圧 $\times$ 線電流 $\times$ 力率〔W〕

$P_3 = \sqrt{3}\,V_\ell I_\ell \cos\theta = \sqrt{3} \times 200 \times \boxed{\sqrt{3} \times 20} \times \boxed{0.8} = 9600 = \textbf{9.6}\,kW$

　　　　　　　　　　　　　　　　　　　　　　↑線電流　　↑力率

$\begin{cases} \text{線電流} = \sqrt{3} \times \text{相電流}\quad I_\ell = \sqrt{3} \times 20\,A \\[2mm] \text{力率} = \dfrac{R}{Z} = \dfrac{8}{10} = 0.8 \end{cases}$

章末問題

問い1	答え
図のような回路で，30Ωの抵抗に加わる電圧〔V〕は。 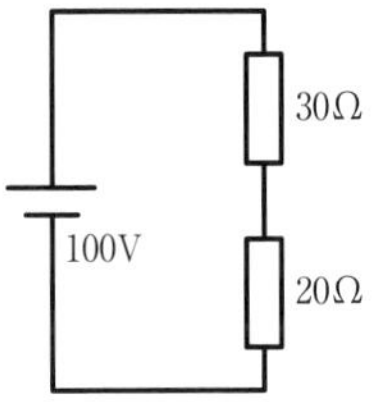 	**イ.** 40 **ロ.** 60 **ハ.** 70 **ニ.** 80

解説

分電圧の公式 $V_1 = V_0 \dfrac{R_1}{R_1 + R_2}$〔V〕に，$V_0 = 100V$，$R_1 = 30\ \Omega$，$R_2 = 20\ \Omega$，を代入します。

$$V_1 = 100 \times \frac{30}{30 + 20} = \mathbf{60}V$$

【解答：ロ】

問い2	答え
図のような回路で，端子a−b間の合成抵抗〔Ω〕は。 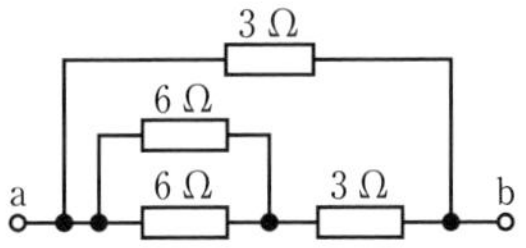 	**イ.** 1 **ロ.** 2 **ハ.** 3 **ニ.** 4 （令和元年度下期出題）

解説

同じ抵抗が2個の並列合成抵抗
は，1つの抵抗の1/2より，

$6 \times \dfrac{1}{2} = 3\Omega$

直列合成抵抗は，和より
$3+3=6\Omega$

図（a）　　　　　　　　　図（b）

　図（a）において，6Ωが2個の並列合成抵抗は **3Ω** となり，図（b）の3Ωが2個の直列合成抵抗は **6Ω** です。次に図（b）の **3Ω** と **6Ω** の並列合成抵抗（端子a–b間の合成抵抗）R_{ab} は，公式（**和分の積**）により，

$R_{ab} = \dfrac{3 \times 6}{3 + 6} = 2\Omega$ 　となります。

かけ算

たし算

【解答：ロ】

問い3	答え
抵抗率ρ〔$\Omega \cdot$m〕，直径D〔mm〕，長さL〔m〕の導線の電気抵抗〔Ω〕を表す式は。 （令和3年度下期午後出題）	イ．$\dfrac{\rho L^2}{\pi D^2} \times 10^6$ 　ロ．$\dfrac{4\rho L}{\pi D^2} \times 10^6$ ハ．$\dfrac{4\rho L}{\pi D} \times 10^6$ 　ニ．$\dfrac{4\rho L^2}{\pi D} \times 10^6$

解説

　導線（電線）の電気抵抗Rは，長さLに比例し，断面積Aに反比例します。

$R = \rho \dfrac{L}{A}$ 〔Ω〕　（1）　　　　ρ:抵抗率〔Ω·m〕，L:長さ〔m〕，A:断面積〔m²〕

　断面積は，$\pi \times$（半径）² より，直径D〔mm〕のときの断面積をA〔m²〕とすると，

$A = \pi \left(\dfrac{D \times 10^{-3}}{2} \right)^2 = \dfrac{\pi D^2 \times 10^{-6}}{4}$ 〔m²〕　これを，式(1)に代入すると，

$R = \rho \dfrac{L}{\dfrac{\pi D^2 \times 10^{-6}}{4}} = \dfrac{4\rho L}{\pi D^2} \times 10^6$ 〔Ω〕

【解答：ロ】

問い4	答え
図のような直流回路で，a–b間の電圧〔V〕は。 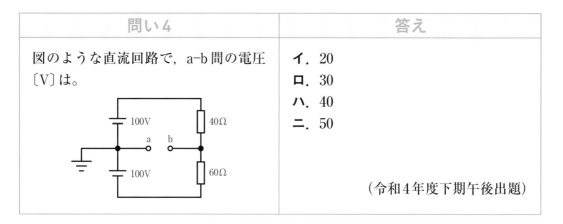	イ．20 ロ．30 ハ．40 ニ．50 （令和4年度下期午後出題）

解説

基準電圧（0V）を図の位置としてa，b点の電圧 V_a，V_b を求めます。

図から，

$V_a = 100V$

分電圧の公式から，

$V_b = 200 \times \dfrac{60}{40+60} = 120V$

a–b間の電圧を V とすると，V は V_a と V_b の差の電圧より，

$V = V_b - V_a = 120 - 100 = $ **20**V

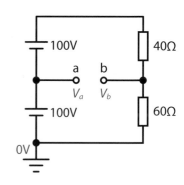

【解答：イ】

問い5	答え
50Hzの交流電圧の周期〔ms〕は。	イ．10　　ロ．20 ハ．30　　ニ．40

解説

50Hzは，1秒間に50回の変化をするので，周期（1回の変化に要する時間）は，

$\dfrac{1}{50} = 0.02s = $ **20**ms

【解答：ロ】

問い6	答え
図のような交流回路において，抵抗8Ωの両端の電圧 V〔V〕は。 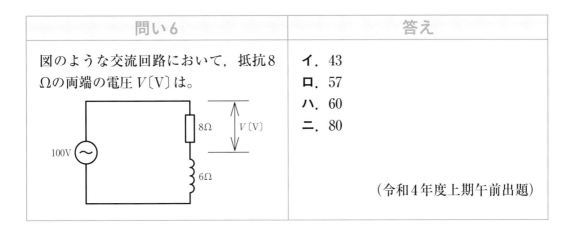	**イ**．43 **ロ**．57 **ハ**．60 **ニ**．80 （令和4年度上期午前出題）

解説

　インピーダンスの三角形を作ります（右向きに抵抗，上向きに誘導リアクタンス）。斜辺の長さからインピーダンス Z を求めます。

$Z=\sqrt{8^2+6^2}=10Ω$　　（6：8：10の三角形＝3：4：5の三角形）

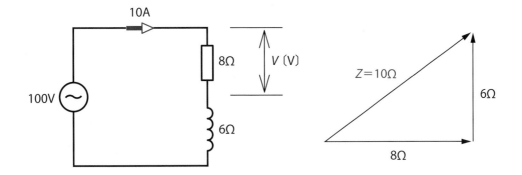

　回路に流れる電流 I は，交流回路のオームの法則（電流＝電圧／インピーダンス）から，

$$I=\frac{100}{10}=10A$$

　抵抗に加わる電圧 V は，

$V=IR=10×8=$ **80**V　　　　　　　　　　　　　　【解答：ニ】

問い7	答え
図のような交流回路で，電源電圧204V，抵抗の両端の電圧が180V，リアクタンスの両端の電圧が96Vであるとき，負荷の力率〔%〕は。 204V ⎓ 負荷 180V 96V	イ．35 ロ．47 ハ．65 ニ．88 （令和2年度下期午後出題）

解説

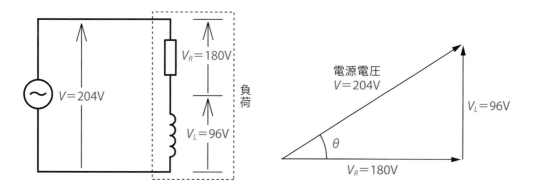

　電圧の三角形をつくります（右向きに抵抗の電圧，上向きに誘導リアクタンスの電圧を描く）。

　図の $\cos\theta$ が力率となります。

$$\cos\theta = \frac{底辺}{斜辺} = \frac{V_R}{V} = \frac{180}{204} \fallingdotseq 0.88\,(88\,\%)$$

【解答：ニ】

〔参考〕

　$\dfrac{180}{204}$ は，$\dfrac{180}{200} = 0.9$ のように，おおよその値を計算し，近い値を選べばよい。

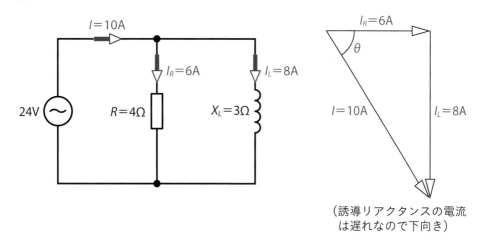

問い8	答え
図のような回路で，電源電圧が24V，抵抗$R=4\Omega$に流れる電流が6A，リアクタンス$X_L=3\Omega$に流れる電流が8Aであるとき，回路の力率〔%〕は。 10〔A〕 6A 24V　$R=4\Omega$　$X_L=3\Omega$　8A	イ．43 ロ．60 ハ．75 ニ．80 （令和3年度上期午後出題）

解説

（図）$I=10A$　$I_R=6A$　$I_L=8A$　24V　$R=4\Omega$　$X_L=3\Omega$

（ベクトル図）$I_R=6A$　θ　$I=10A$　$I_L=8A$

（誘導リアクタンスの電流
は遅れなので下向き）

電流の三角形をつくります（右向きに抵抗の電流，下向きに誘導リアクタンスの電流を描く）。

図の$\cos\theta$が力率となります。

$$\cos\theta=\frac{底辺}{斜辺}=\frac{I_R}{I}=\frac{6}{10}=0.6(\textbf{60}\%)$$

【解答：ロ】

問い9	答え
図のような回路に，交流電圧 E〔V〕を加えたとき，回路の消費電力 P〔W〕を示す式は。 E〔V〕　R〔Ω〕　X〔Ω〕	イ．$\dfrac{E^2}{R}$ ロ．$\dfrac{E^2}{\sqrt{R^2+X^2}}$ ハ．$\dfrac{XE^2}{R^2+X^2}$ ニ．$\dfrac{RE^2}{R^2+X^2}$

解説

インピーダンスの三角形から，インピーダンスは，

$Z=\sqrt{R^2+X^2}$〔Ω〕

回路の電流 I は，電圧／インピーダンスから，

$I=\dfrac{E}{Z}=\dfrac{E}{\sqrt{R^2+X^2}}$〔A〕

消費電力 P は，

$P=I^2R=\left(\dfrac{E}{\sqrt{R^2+X^2}}\right)^2\times R=\dfrac{RE^2}{R^2+X^2}$〔W〕

【解答：ニ】

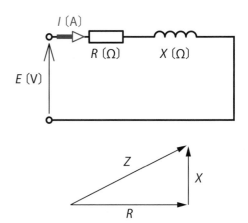

問い10	答え
図のような交流回路の力率〔%〕を示す式は。 R〔Ω〕　X〔Ω〕 （令和4年度下期午後出題）	イ．$\dfrac{100RX}{R^2+X^2}$　　ロ．$\dfrac{100R}{\sqrt{R^2+X^2}}$ ハ．$\dfrac{100X}{\sqrt{R^2+X^2}}$　　ニ．$\dfrac{100R}{R+X}$

解説

インピーダンス Z（インピーダンスの三角形の斜辺）は，

$Z=\sqrt{R^2+X^2}$〔Ω〕

力率は，インピーダンスの三角形より，

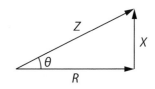

$$\cos\theta = \frac{底辺}{斜辺} = \frac{R}{Z} = \frac{R}{\sqrt{R^2+X^2}}$$

パーセントで表すときは，100倍します。

$$\cos\theta = \frac{R}{\sqrt{R^2+X^2}} \times 100 = \frac{100R}{\sqrt{R^2+X^2}} \ (\%)$$

【解答：ロ】

問い11	答え
図のような交流回路で，抵抗に流れる電流が8A，コンデンサに流れる電流が6Aであるとき，電流計Ⓐの指示値〔A〕は。	イ．2 ロ．6 ハ．8 ニ．10

解説

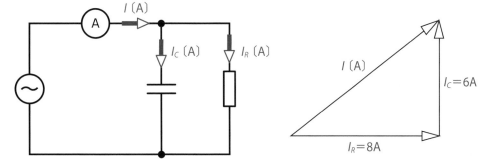

電流の三角形をつくります（右向きに抵抗の電流，上向きにコンデンサの電流を描く）。

図の斜辺の長さが電流計の指示値 I〔A〕となります。

$I = \sqrt{I_R^2 + I_C^2} = \sqrt{8^2 + 6^2} = \textbf{10}\text{A}$　　（6：8：10の三角形＝3：4：5の三角形）

【解答：ニ】

第1章
第2章
第3章
第4章
第5章
第6章
第7章
R4年上期1
R4年上期2

問い12	答え
抵抗R〔Ω〕に電圧V〔V〕を加えると，電流I〔A〕が流れ，P〔W〕の電力が消費される場合，抵抗R〔Ω〕を示す式として，誤っているものは。	イ. $\dfrac{V}{I}$　　ロ. $\dfrac{P}{I^2}$ ハ. $\dfrac{V^2}{P}$　　ニ. $\dfrac{PI}{V}$ （令和4年度下期午後出題）

解説

イ．オームの法則から，$R=\dfrac{V}{I}$〔Ω〕

ロ．電力の公式より，$P=I^2R$〔W〕→$R=\dfrac{P}{I^2}$〔Ω〕

ハ．電力の公式より，$P=\dfrac{V^2}{R}$〔W〕→$R=\dfrac{V^2}{P}$〔Ω〕

ニ．この式は誤りです。

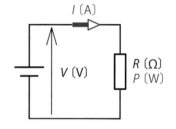

【解答：ニ】

問い13	答え
単相交流回路で200Vの電圧を力率90%の負荷に加えたとき，15Aの電流が流れた。負荷の消費電力〔kW〕は。 （令和5年度上期午後出題）	イ. 2.4 ロ. 2.7 ハ. 3.0 ニ. 3.3

解説

　負荷の**消費電力P（W）**は，電圧をV〔V〕，流れる電流をI〔A〕，負荷の力率を$\cos\theta$とすると，

　$P=VI\cos$〔W〕で表されます。

　$V=200$V，$I=15$A，$\cos\theta=0.9$を代入すると，

　$P=200\times15\times0.9=2700W=$**2.7**kW

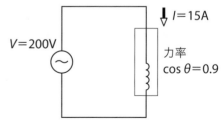

【解答：ロ】

問い14	答え
図のような三相3線式200Vの回路で，c–o間の抵抗が断線した場合，断線後のa–o間の電圧は断線前の何倍になるか。	**イ．** 0.50 **ロ．** 0.58 **ハ．** 0.87 **ニ．** 1.16

第1章

第2章

第3章

第4章

第5章

第6章

第7章

R4年上期1

R4年上期2

解説

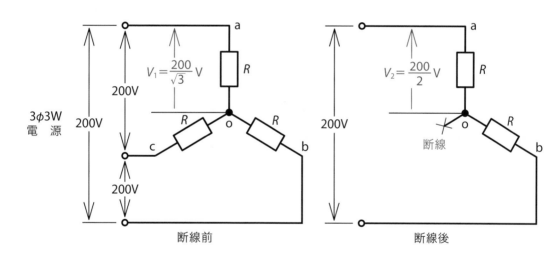

断線前のa–o間の電圧を V_1 とすると，V_1 は三相回路の相電圧（1相の電圧）より，

$$V_1 = \frac{200}{\sqrt{3}} \text{V}$$

断線後のa–o間の電圧を V_2 とすると，V_2 は200Vの $\frac{1}{2}$ で100Vとなります。

したがって，V_2 と V_1 の比を求めると，

$$\frac{V_2}{V_1} = \frac{100}{\frac{200}{\sqrt{3}}} = \frac{\sqrt{3}}{2} \fallingdotseq \textbf{0.87} \text{倍}$$

【解答：ハ】

問い15	答え
図のような電源電圧 $E[V]$ の三相3線式回路で，図中の×印点で断線した場合，断線後のa-c間の抵抗 $R[\Omega]$ に流れる電流 $I[A]$ を示す式は。 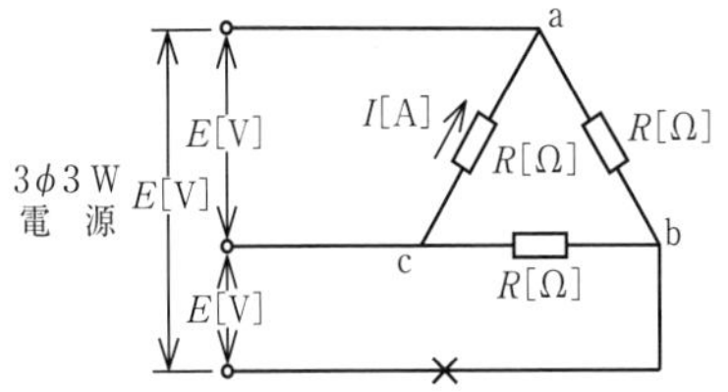 	イ． $\dfrac{E}{2R}$ ロ． $\dfrac{E}{\sqrt{3}R}$ ハ． $\dfrac{E}{R}$ ニ． $\dfrac{3E}{2R}$ （令和4年度下期午前出題）

解説

　×印で断線したとき，図のような単相回路となり，図のa-c間の**抵抗 R〔Ω〕**に E〔V〕の電圧が加わるので，**電流 I〔A〕**を示す式は，オームの法則により，

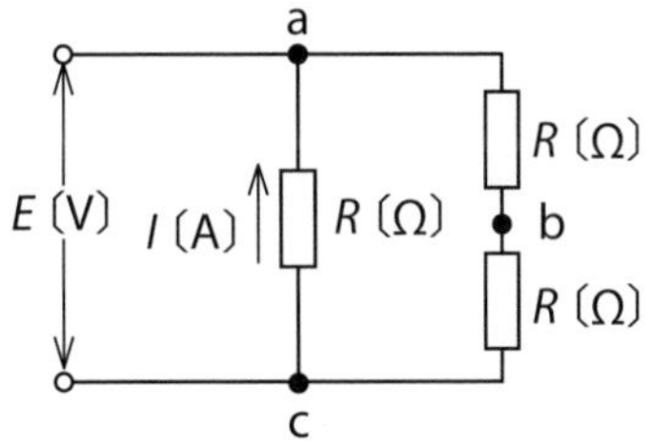

$$I = \frac{E}{R} \text{〔A〕}$$

【解答：ハ】

第**6**章

電気工事で必要な
配電理論を学ぶ

　本章では，電線により電気のエネルギーを各需要家に配る方法としての配電理論を学びます。その方法には，単相2線式，単相3線式，三相3線式などがあります。

アクセスキー　**W**　（大文字のダブリュー）

No. 01 | 単相の配電方式

これだけは覚えよう！

単相3線式の電流と中性線が断線したときの電圧を求める！

☑ 100/200V単相3線式　**100V**と**200V**の機器を使用できる。

☑ 単相3線式の電流

線路電流 $I_a = I_1 + I_3$ 〔A〕（和の電流）

線路電流 $I_b = I_2 + I_3$ 〔A〕（和の電流）

中性線の電流 $I_n = I_1 - I_2$ 〔A〕（差の電流）

＊2つの100V負荷の電流を I_1, I_2, 200V負荷の電流を I_3 としたとき

➡ 単相の配電方式　　　　　　　　　　重要度 ★★★

電源から負荷に電力を送る方法には，単相2線式，単相3線式が用いられます。

◆100V単相2線式

100V単相2線式は，2本の電線で，電源（変圧器の二次側）と負荷を結ぶ方式です。電源の片側1線を接地します。対地電圧は，100Vです（**図1**）。

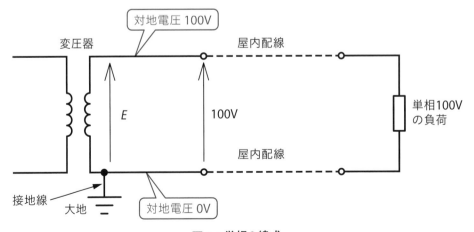

図1：単相2線式

◆100/200V単相3線式

100/200V単相3線式は，変圧器により，100Vの電源を2つつくり，3本の電線で，電源と負荷を結ぶ方式です。N点（変圧器巻線の中央の点）を中性点，N点に接続する線を中性線といい，N点を接地します（**図2**）。この方式は，100Vの負荷と200Vの負荷を接続できます。対地電圧は，100Vです。

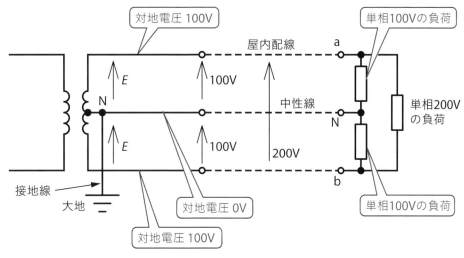

図2：単相3線式

◆公称電圧と対地電圧

100V，200Vは，公称電圧です。

公称電圧は，その電線路を代表する線間電圧（電線間の電圧）を表します。また，大地を0V（基準）としたときの電圧を対地電圧といいます。

◆屋内配線の電線被覆の色別

接地側電線（中性線，対地電圧0Vの線）は，白を用います。非接地側電線（対地電圧100Vの線）は，原則，黒または赤を用います。

また，接地線は緑を用います（**図3**）。

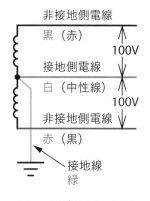

図3：電線被覆の色別

➡ 単相3線式回路の電圧と電流　　　　重要度 ★★★

単相3線式回路は，**図4**のように，単相の回路2つを組み合わせたもので，中性線の電流は2回路の差の電流となり，3線式は2線式よりも経済的に有利な配電ができます。

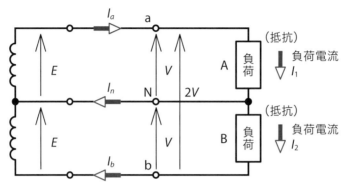

図4：単相3線式回路の電圧と電流（抵抗負荷）

◆電圧

単相3線式回路では，a-N間，N-b間の電圧はV〔V〕，a-b間の電圧は2倍の$2V$〔V〕です（**図4**）。

◆V〔V〕（100V）の負荷A，Bの場合の電流

図5のように，Aの負荷電流をI_1，Bの負荷電流をI_2としたとき，
線路電流I_aは，$I_a = I_1$〔A〕（負荷電流に等しい）
線路電流I_bは，$I_b = I_2$〔A〕（負荷電流に等しい）
中性線電流I_nは，$I_n = I_1 - I_2$〔A〕（差の電流）
となります。

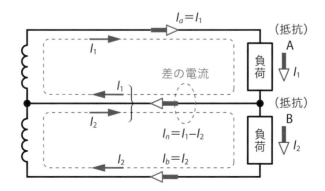

図5：単相3線式回路の電流（抵抗負荷）

中性線の電流は，I_1とI_2の差です。$I_1＝I_2$のとき，中性線の電流は0で，電流は流れません。

◆V〔V〕（100V）の負荷A，Bと$2V$〔V〕（200V）の負荷Cの場合の電流

図6のように，Aの負荷電流をI_1，Bの負荷電流をI_2，Cの負荷電流をI_3としたとき，

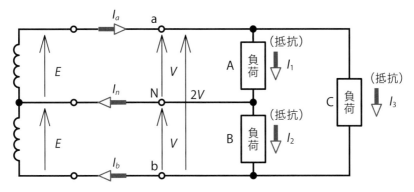

図6：100/200〔V〕単相3線式回路の電圧と電流（抵抗負荷）

線路電流I_aは，$I_a＝I_1＋I_3$〔A〕（和の電流）

線路電流I_bは，$I_b＝I_2＋I_3$〔A〕（和の電流）

中性線電流I_nは，$I_n＝I_1－I_2$〔A〕（差の電流）（**図7**）

となります。

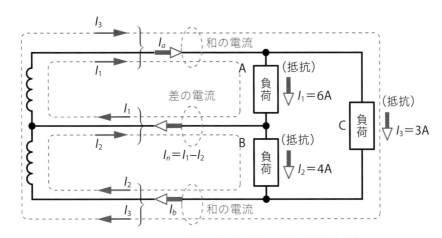

図7：100/200V単相3線式回路の電流（抵抗負荷）

例えば，$I_1＝6A$，$I_2＝4A$，$I_3＝3A$のときは次のようになります。

$I_a＝6＋3＝9A$

$I_b＝4＋3＝7A$

$I_n＝6－4＝2A$（左向き）

◆中性線が断線したときの電圧

中性線が断線した場合，A，Bの両負荷に2V〔V〕の電圧が加わります（**図8**）。

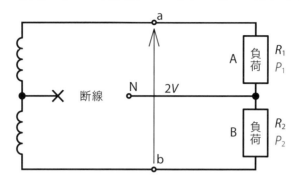

図8：中性線が断線したときの電圧

A負荷に加わる電圧（分担電圧）V_{aN} は，

抵抗比から求める ─ 求める側の抵抗値

電力比から求める ─ 求める側と反対側の値

$$V_{aN}=2V\frac{R_1}{R_1+R_2}=2V\frac{P_2}{P_1+P_2}〔V〕$$

B負荷に加わる電圧（分担電圧）V_{Nb} は，

$$V_{Nb}=2V\frac{R_2}{R_1+R_2}=2V\frac{P_1}{P_1+P_2}〔V〕$$

中性線が断線したときの分担電圧は，各負荷の抵抗値に比例するので，全体の電圧を抵抗値で比例配分します。また，抵抗値は，各負荷の電力と反比例の関係があり，全体の電圧を電力の大きさで逆比例配分しても求められます。

◆中性線が断線したときの負荷電流

A，B負荷の抵抗をR_1，R_2とすると，中性線が断線したときの負荷電流Iは，次式となります（**図9**）。

$$I=\frac{2V}{R_1+R_2}〔A〕$$

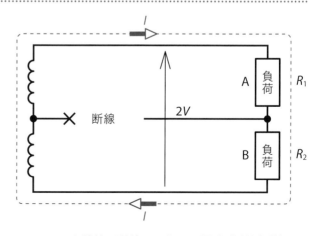

図9：中性線が断線したときの電流（抵抗負荷）

第1章

第2章

第3章

第4章

第5章

第6章

第7章

R5
年上期1

R5
年上期2

練習問題

問い1	答え
図のような単相3線式回路で，電流計Ⓐの指示値〔A〕は。 ただし，電線の抵抗及び電流計の抵抗は無視できるものとする。 a 2kW抵抗負荷 100V 200V Ⓐ N 4kW抵抗負荷 100V 1kW抵抗負荷 b	**イ．** 10 **ロ．** 20 **ハ．** 30 **ニ．** 40

解説

2〔kW〕の電流は，$I_1 = \dfrac{2000}{100} = 20A$，　1kWの電流は，$I_2 = \dfrac{1000}{100} = 10A$

中性線の電流は，$I_n = I_1 - I_2 = 20 - 10 = \mathbf{10}A$

[参考]

抵抗負荷のときは，電力＝電圧×電流〔W〕より，電流＝$\dfrac{電力}{電圧}$〔A〕です。

【解答：イ】

問い2	答え
問い1の図において，電流計が断線したとき，2kW，1kWの各抵抗負荷にかかる電圧 V_{aN}，V_{Nb}〔V〕は。	**イ．** $V_{aN} = 100$　**ロ．** $V_{aN} = 133$ 　　$V_{Nb} = 100$　　　$V_{Nb} = 67$ **ハ．** $V_{aN} = 67$　**ニ．** $V_{aN} = 95$ 　　$V_{Nb} = 133$　　　$V_{Nb} = 105$

解説

全体の電圧を，電力の大きさ（〔kW〕の大きさ）で逆比例配分して求めます。

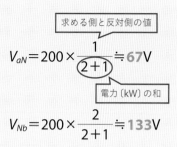

$$V_{aN} = 200 \times \frac{1}{(2+1)} \fallingdotseq \mathbf{67}V$$

求める側と反対側の値

電力〔kW〕の和

$$V_{Nb} = 200 \times \frac{2}{2+1} \fallingdotseq \mathbf{133}V$$

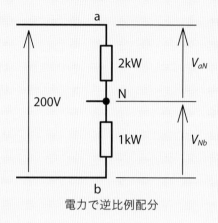

電力で逆比例配分

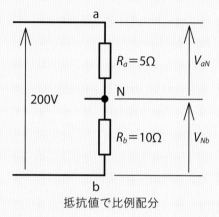

抵抗値で比例配分

【解答：ハ】

[別解]

　負荷の抵抗値を求めます。

　2kW負荷の抵抗　$R_a = \dfrac{V^2}{P} = \dfrac{100^2}{2000} = 5\,\Omega$,　または，　$R_a = \dfrac{電圧}{電流} = \dfrac{100}{20} = 5\,\Omega$

　1kW負荷の抵抗　$R_b = \dfrac{100^2}{1000} = 10\,\Omega$,　または，　$R_b = \dfrac{100}{10} = 10\,\Omega$

（※電流は，問題1の解説より）

　全体の電圧を抵抗値で比例配分します。

$$V_{aN} = 200 \times \frac{5}{5+10} \fallingdotseq \mathbf{67}V$$

$$V_{Nb} = 200 \times \frac{10}{5+10} \fallingdotseq \mathbf{133}V$$

第1章

第2章

第3章

第4章

第5章

第6章

第7章

R5
年上期1

R5
年上期2

No. 02 | 三相の配電方式

これだけは覚えよう！

三相電源の3方式と，電圧と電流の関係を把握する！

☑ 三相の電源は**Y**，**Δ**，**V**がある

☑ **Y**結線電源の線間電圧が200Vのとき，相電圧は，

$$\frac{200}{\sqrt{3}} \fallingdotseq 115V$$

☑ **Δ**結線のとき，相電流は線電流の$\frac{1}{\sqrt{3}}$倍。

☑ **V**結線の電源は，**Δ**結線電源の**1**相分を除いたもの。

☑ **V**結線変圧器に接続できる負荷容量は，

$$S_v = \sqrt{3}\ V_n\ I_n\ [V \cdot A] \quad (V_n\ I_n：変圧器1台の容量)$$

V_n＝定格電圧〔V〕，I_n＝定格電流〔A〕

→ Y結線（スター結線）　　　　　　　重要度 ★★

　Y結線は，3組の単相回路を組み合わせたものです。**図1**の3本の電線を1本にまとめたときの合成電流は0（ゼロ）になり，電流が流れないので，省略できます。よって，6本の電線を3本にすることができます。次ページの**図2**は，電源を変圧器の記号で表したものです。

　線間電圧が200Vのとき，相電圧（1相の電圧）は，次式となります。

$$\frac{200}{\sqrt{3}} \fallingdotseq 115V$$

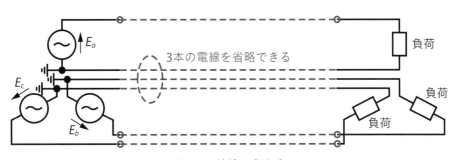

図1：Y結線の考え方

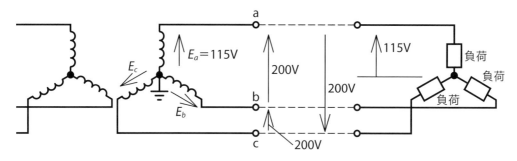

図2：電源Y結線，負荷Y結線の配電方式

◆相電圧，相電流，線間電圧，線電流

相電圧は1相の電圧，相電流は1相の電流のことです。

また，線間電圧とは電源と負荷を結ぶ電線と電線の間の電圧のことで，線電流は電源と負荷を結ぶ電線の電流のことです。

➡ Δ結線（デルタ結線）　　　　　重要度 ★★

デルタ
Δ結線は，3組の単相回路を組み合わせたものです。**図3**の2本ずつの電線を1本の電線にできるので，6本の電線を3本にすることができます。**図4**は，電源を変圧器の記号で表したものです。

図3：Δ結線の考え方

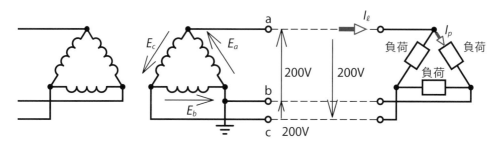

図4：電源Δ結線，負荷Δ結線の配電方式

Δ結線では，相電流I_p（1相の電流）は，線電流I_ℓの$\dfrac{1}{\sqrt{3}}$倍です。

$$I_p = \frac{I_\ell}{\sqrt{3}} \text{〔A〕}$$

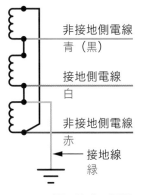

◆ 三相3線式（Δ結線）の電線被覆の色別

赤，白，青（ケーブルの場合は黒）を用います。また，接地線は緑を用います（**図5**）。

図5：**三相3線式の電線被覆の色**

● V結線の電源　　　　重要度 ★★

Δ結線電源の1相を除いたものをV結線の電源といい，三相の電源とすることができます。これは，**図6**のように2相の電源で，除かれた1相分を分担することによって三相の電源となります。**図7**は，変圧器2台を使用し，V結線としたときの図です。

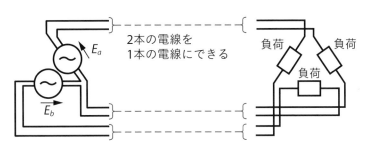

図6：V結線の考え方

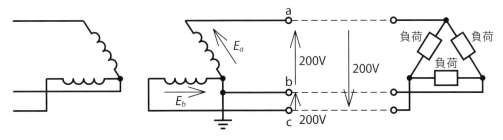

図7：**電源V結線，負荷Δ結線の配電方式**

◆ V結線変圧器の出力（皮相電力）

変圧器2台をV結線にしたとき，接続できる負荷容量S_vは，次のとおりです。

$$S_v = \sqrt{3}\,V_n I_n \text{〔V・A〕} \quad (V_n I_n : 変圧器1台の容量)$$

練習問題

問い1	答え
図のような三相3線式回路に流れる電流 I〔A〕は。 3φ3W 電源 200V / 200V / 200V I〔A〕 10Ω / 10Ω / 10Ω	**イ.** 8.3 **ロ.** 11.6 **ハ.** 14.3 **ニ.** 20.0 （令和3年度下期午後出題）

解説

図のように，1相を取り出します。

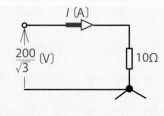

$$相電圧 = \frac{線間電圧}{\sqrt{3}} = \frac{200}{\sqrt{3}}\,V$$

$$線電流 I = \frac{相電圧}{1相の抵抗} = \frac{\frac{200}{\sqrt{3}}}{10} = \frac{20}{\sqrt{3}} = \frac{20}{1.73}$$

$$≒ \mathbf{11.6A}$$

［参考］

$$\frac{20}{\sqrt{3}} = \frac{20}{\sqrt{3}} \times \frac{\sqrt{3}}{\sqrt{3}} = \frac{20 \times 1.73}{3} = \frac{34.6}{3} ≒ 11.5A \rightarrow \mathbf{11.6A}$$

分母の数字を1桁にすると計算が簡単になります。

【解答：ロ】

第 1 章

第 2 章

第 3 章

第 4 章

第 5 章

第 6 章

第 7 章

R5 年 上 期 1

R5 年 上 期 2

No. 03 線路の電圧降下

これだけは覚えよう！

単相回路，三相回路のそれぞれの電圧降下を覚える

☑ 単相2線式の電圧降下は$2Ir$〔V〕，負荷電圧$V = E - 2Ir$〔V〕

☑ 単相3線式の中性線の電圧降下の符号

$I_1 > I_2$のとき　　$V_1 = E - I_1 r - I_n r$〔V〕

> 負荷電流の大きい方はマイナス

$V_2 = E - I_2 r + I_n r$〔V〕

> 負荷電流の小さい方はプラス

☑ 三相3線式の電圧降下は$\sqrt{3} Ir$〔V〕，負荷電圧$V = E - \sqrt{3} Ir$〔V〕

➡ 電圧降下の計算 　　　　重要度 ★★★

配電線路（はいでんせんろ）は，電線の抵抗により電圧降下（でんあつこうか）を生じます。

◆単相2線式の電圧降下

電線1条（1線）の電圧降下（抵抗電圧）は$I \times r$，往復の電線2条の電圧降下は$2Ir$です。

負荷の電圧V〔V〕は，電源電圧E〔V〕から電線の電圧降下を引いた値になります。

$$V = E - 2Ir \text{〔V〕}$$

また，電源電圧E〔V〕は，電圧の総和より，B点，負荷，A点とたどり，電圧の総和を求めます（電圧の低い方から電圧の高い方へたどる）。

$$E = Ir + V + Ir \text{から，}$$
電源の電圧＝電圧の総和

$$V = E - 2Ir \text{〔V〕}$$

のように考えることもできます（図1）。

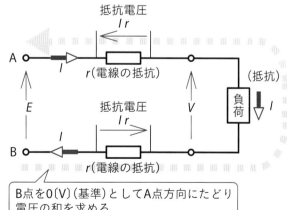

B点を0〔V〕（基準）としてA点方向にたどり電圧の和を求める

※電圧，電圧降下の矢の向きは，電流の方向と逆方向となります。

図1：単相2線式配電線の電圧降下

◆負荷電圧

　太さ1.6mmの電線は，11mで約0.1Ωの抵抗があります。太さ2.0mmの電線は，18mで約0.1Ωです。

　$I=20$A，$r=0.1$Ω（1条の抵抗），$E=105$Vのとき，負荷端の電圧Vは，

　$V=105-2\times20\times0.1=101$V

となります。

　太さ1.6mmの電線が11mの距離（往復22m）の配電線に10Aの電流を流すと，2V程度の電圧降下があります（10mで約2V電圧が下がると覚えておくと便利です）。

◆電圧降下の矢印

　電圧，電圧降下の矢印は，矢を両方につけるときと，片側につけるときがあります。

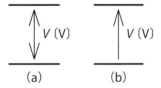

(a)　(b)

（a）は，大きさのみを表すときに用います。

（b）は，電圧の低い方から高い方に向かって矢をつけます。

（b）は，電圧の和を求めるのに便利です。

$\overrightarrow{V_1}+\overrightarrow{V_2}+\overrightarrow{V_3}$　矢が同じ向きのときは，足し算

$\overrightarrow{V_1}-\overleftarrow{V_2}+\overrightarrow{V_3}$　逆向きの矢のときは，引き算

➡ 単相3線式の電圧降下　　　　　　　　重要度 ★★★

　単相3線式回路の中性線の電流は，I_1とI_2の差の電流となり，電流は小さくなり，中性線の電圧降下も小さくなります。

◆2つの負荷の電流I_1とI_2が等しいとき

　$I_1=I_2$のとき，中性線の電流は0になるので，中性線の電圧降下はありません（**図2**）。

　　$I_n=I_1-I_2=0$A

負荷端の電圧V_1とV_2は等しく，次のようになります。

　　$V_1=E-I_1 r$〔V〕

　　$V_2=E-I_2 r$〔V〕

また，電源電圧＝負荷の電圧＋電圧降下から次のように求めることができます。

　N点，負荷，A点とたどると，

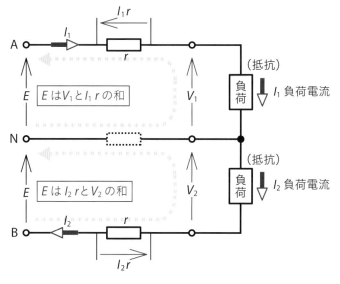

図2：単相3線式配電線の電圧降下（$I_1 = I_2$のとき）

$$E = V_1 + I_1 r \quad \Rightarrow \quad V_1 = E - I_1 r \text{ (V)}$$

B点，負荷，N点とたどると，

$$E = I_2 r + V_2 \quad \Rightarrow \quad V_2 = E - I_2 r \text{ (V)}$$

◆2つの負荷の電流I_1とI_2が異なる（$I_1 > I_2$）とき

中性線の電流は，左向きになります（**図3**）。

$$I_n = I_1 - I_2 \text{ (A)}$$

N点，負荷，A点とたどると，

$$E = I_n r + V_1 + I_1 r$$

B点，負荷，N点とたどると，

$$E = I_2 r + V_2 - I_n r$$

> 電圧の矢がたどる方向と逆向きのときはマイナス

よって，

> 負荷電流の大きい方はマイナス

$$V_1 = E - I_1 r - I_n r \text{ (V)}$$

$$V_2 = E - I_2 r + I_n r \text{ (V)}$$

> 負荷電流の小さい方はプラス

のようになります。

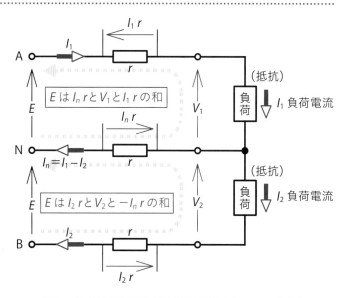

図3：単相3線式配電線の電圧降下（$I_1 > I_2$のとき）

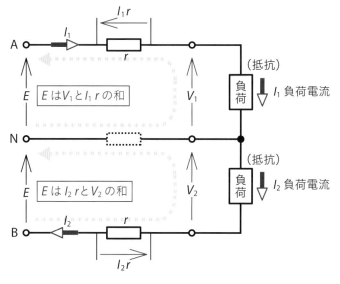
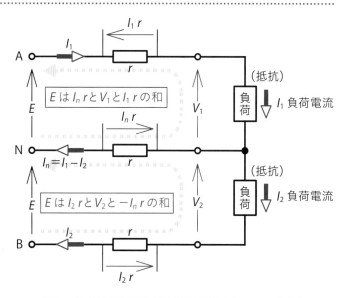

第1章
第2章
第3章
第4章
第5章
第6章
第7章
R5年上期1
R5年上期2

図4において，$E=105$V，$I_1=20$A，$I_2=10$Aのときの負荷電圧V_1，V_2〔V〕を求めてみます。

電線1条の抵抗を0.1Ωとするとき，中性線の電流を計算します。

中性線の電流は，

$I_1-I_2=20-10=10$A（左向き）

各電線の電圧降下を求めると，上から順に，

$20×0.1=2$V，$10×0.1=1$V，$10×0.1=1$V

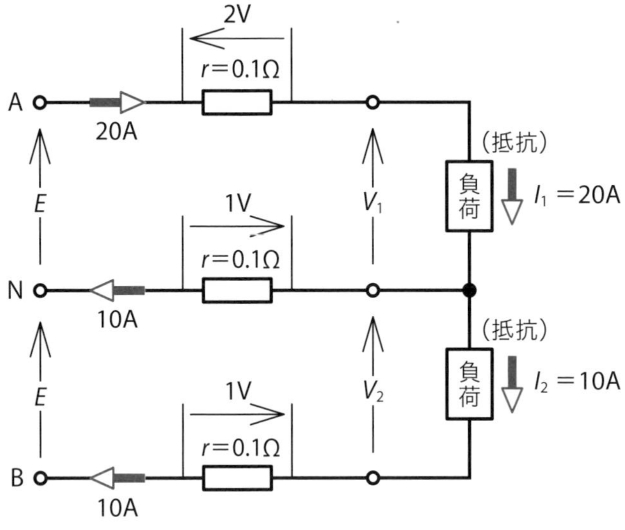

N点，負荷，A点とたどると，$E=105$Vより，

$105=1+V_1+2=V_1+3$

$V_1=105-3=102$V　　　（$V_1=105-2-1=102$V）

> 負荷電流の大きい方はマイナス

B点，負荷，N点とたどると，$E=105$Vより，

$105=1+V_2-1=V_2$　　　（$V_2=105-1+1=105$V）

$V_2=105$Vとなります。

> 負荷電流の小さい方はプラス

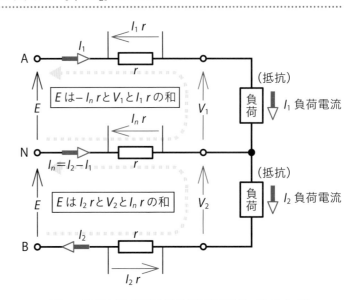

図4：電圧降下

> 中性線の電圧

◆2つの負荷の電流I_1とI_2が異なる（$I_1<I_2$）のとき

中性線の電流は，右向きになります（図5）。

$I_n=I_2-I_1$〔A〕

N点，負荷，A点と，たどると，

$E=-I_n r+V_1+I_1 r$

> 電圧の矢がたどる方向と逆向きのときはマイナス

B点，負荷，N点と，たどると，

$E=I_2 r+V_2+I_n r$

よって，

> 負荷電流の小さい方はプラス

$V_1=E-I_1 r+I_n r$〔V〕

図5：単相3線式配電線の電圧降下（$I_1<I_2$のとき）

$V_2 = E - I_2\, r - I_n\, r\, (\text{V})$ のようになります。

負荷電流の大きい方はマイナス

⮕ 多数の抵抗負荷が接続されたときの電圧降下

多数の抵抗負荷が接続されている場合，各電線の合成電流により電圧降下を求めます（**図6**）。

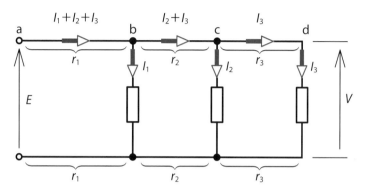

図6：多数の抵抗負荷が接続されたとき

末端の負荷電圧（d点の電圧）Vは，電源電圧から各区間の電圧降下を引いて求めます。

$$V = E - 2\, r_1(I_1 + I_2 + I_3) - 2\, r_2(I_2 + I_3) - 2\, r_3\, I_3\ (\text{V})$$

⮕ 三相3線式の電圧降下 重要度 ★★

図7のように，三相配電線の1条（1本）の抵抗をrとします。

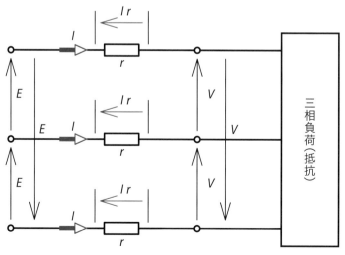

図7：三相3線式の電圧降下

Y結線の負荷として1相分の回路を考えると（**図8**），

$$\frac{E}{\sqrt{3}}=\frac{V}{\sqrt{3}}+Ir \,(\text{V})$$

のようになります。両辺に$\sqrt{3}$をかけると，

$E=V+\sqrt{3}\,Ir\,(\text{V})$ （電源電圧＝負荷電圧＋電線の電圧降下）

のように，三相回路の電圧降下は，

$\sqrt{3}\,Ir\,(\text{V})$

よって，負荷電圧$V\,(\text{V})$は，次式となります。

$V=E-\sqrt{3}\,Ir\,(\text{V})$

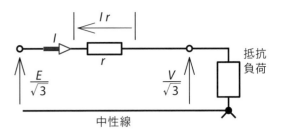

図8：三相3線式の1相分を取り出した回路

練習問題

問い1	答え
図のように，電線のこう長16mの配線により，消費電力2000Wの抵抗負荷に電力を供給した結果，負荷の両端の電圧は100Vであった。配線における電圧降下〔V〕は。 ただし，電線の電気抵抗は長さ1000m当たり3.2Ωとする。 1φ2W電源　16m　100V　負荷　抵抗負荷2000W　16m	**イ**．1 **ロ**．2 **ハ**．3 **ニ**．4 （平成30年度上期出題）

解説

こう長16m（往復電線32m）の電線の抵抗を$r\,(\Omega)$とし，比例式をつくります。

$1000:3.2=32:r$

（1000mで3.2Ωのとき，32mの抵抗値 r〔Ω〕は，$r=\dfrac{3.2\times32}{1000}\fallingdotseq0.1Ω$）

2000Wの抵抗負荷に流れる電流 I〔A〕は，

$$I=\frac{消費電力}{電圧}=\frac{2000}{100}=20A$$

配線における電圧降下を ΔV〔V〕とすると，

$$\Delta V=Ir=20\times0.1=\mathbf{2}V$$

【解答：ロ】

問い2	答え
図のような三相3線式回路で，電線1線当たりの抵抗が0.15Ω，線電流が10Aのとき，電圧降下 (V_s-V_r)〔V〕は。 10A 0.15Ω V_s V_r 3φ3W 電源 三相抵抗負荷 V_s 10A V_r 0.15Ω V_s V_r 10A 0.15Ω	**イ.** 1.5 **ロ.** 2.6 **ハ.** 3.0 **ニ.** 4.5 （令和元年度下期出題）

解説

三相3線式回路をY結線の負荷として，1相分の回路を考えると，図のようになり，次式が成り立ちます。

$$\frac{V_s}{\sqrt{3}}=\frac{V_r}{\sqrt{3}}+Ir$$

両辺に $\sqrt{3}$ をかけると，

$$V_s=V_r+\sqrt{3}\,Ir$$

したがって，

$$V_s-V_r=\sqrt{3}\,Ir=1.73\times10\times0.15\fallingdotseq\mathbf{2.6}V$$

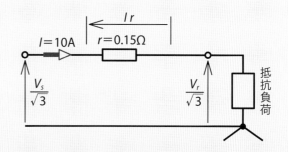

【解答：ロ】

No. 04 電力損失

これだけは覚えよう！

電力損失の式を覚える！

☑ 1線の線路損失　$P_{loss1}=(電流)^2×電線の抵抗〔W〕$

☑ 線路損失は，線路電流の**2**乗に比例する

☑ 線路電流が $\dfrac{1}{2}$ 倍のとき，線路損失は $\left(\dfrac{1}{2}\right)^2=\dfrac{1}{4}$ 倍になる

➡ 単相2線式と単相3線式の電力損失　重要度 ★★★

配電線路では，電線の抵抗により電力を消費します。これを，電線による<ruby>電力損失<rt>でんりょくそんしつ</rt></ruby>といいます。配電線路の電力損失を線路損失といいます。

配電線の電線の抵抗により，少しの電力を消費します。

1線の線路損失は，

$P_{loss1}=(電流)^2×電線の抵抗〔W〕$

線路損失は，線路電流の2乗に比例します。

図1のように単相2線式と単相3線式を比較すると，単相3線式の場合，単相2線式と比較して線路電流は $\dfrac{1}{2}$ 倍，線路損失は $\dfrac{1}{4}$ 倍になります。

なお，中性線の電流が0のときは中性線の電力損失も0です。

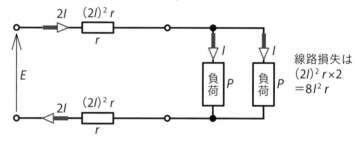

（a）単相2線式（抵抗負荷）

線路損失は
$(2I)^2\,r×2$
$=8I^2\,r$

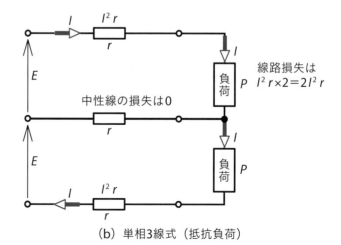

（b）単相3線式（抵抗負荷）

線路損失は
$I^2\,r×2=2I^2\,r$

図1：単相2線式・単相3線式の線路損失の比較

第1章

第2章

第3章

第4章

第5章

第6章

第7章

R5
年上期1

R5
年上期2

◉ 三相3線式の電力損失 重要度 ★★★

三相3線式の各線に流れる電流は同じなので，三相3線式の電力損失は，1線の線路損失の3倍になります。

$$P_{loss3相}＝3×（電流）^2×電線の抵抗$$
$$＝3\,I^2\,r〔W〕$$

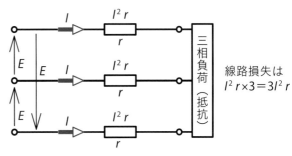

線路損失は
$I^2\,r×3＝3I^2\,r$

図2：三相3線式の線路損失

練習問題

問い1	答え
図のように，電線のこう長L〔m〕の配線により，消費電力1000Wの抵抗負荷に電力を供給している。負荷の電圧は100Vであった。配線における電力損失〔W〕を表す式として，正しいものは。 ただし，電線の電気抵抗は長さ1m当たりr〔Ω〕とする。	**イ．** $20\,r\,L$ **ロ．** $r\,L$ **ハ．** $100\,r\,L$ **ニ．** $200\,r\,L$

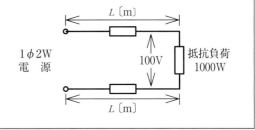

解説

電線L〔m〕の電気抵抗R〔Ω〕は，1m当たりr〔Ω〕より，

$R＝r\,L$〔Ω〕

電線に流れる電流I〔A〕は，

$$I＝\frac{消費電力}{電圧}＝\frac{1000}{100}＝10A$$

電力損失P_l〔W〕は，　$P_l＝\boxed{2}I^2R＝2×10^2×r\,L＝\textbf{200}\,\boldsymbol{r}\,\boldsymbol{L}$〔W〕

（電線2本）

【解答：ニ】

章末問題

問い1	答え
図のような単相3線式回路で，消費電力100W，500Wの2つの負荷はともに抵抗負荷である。図中の×印点で断線した場合，a–b間の電圧〔V〕は。ただし，断線によって負荷の抵抗値は変化しないものとする。	**イ．** 33 **ロ．** 100 **ハ．** 167 **ニ．** 200

図（問題図）: a, 抵抗負荷 100 W（100 Ω）, 100 V, 1φ3W 電源 200 V, 100 V, b, 抵抗負荷 500 W（20 Ω）

（令和元年度下期出題）

解説

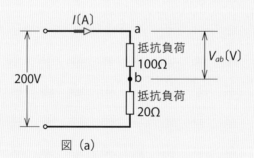

図（a）

問題文中の図において，×印点で断線した場合，図（a）となります。

電流 $=\dfrac{\text{電圧}}{\text{抵抗}}$〔A〕より， $I=\dfrac{200}{100+20}≒$ **1.67**A

電圧＝電流×抵抗より，a–b間の電圧 V_{ab}〔V〕は，

$V_{ab}=1.67×100=$ **167**V となります。

※中性線が断線すると抵抗値の大きい方の負荷の電圧が高くなります。

【解答：ハ】

問い2	答え
図のような単相3線式回路において，電線1線当たりの電気抵抗が0.2Ωのとき，a-b間の電圧〔V〕は。 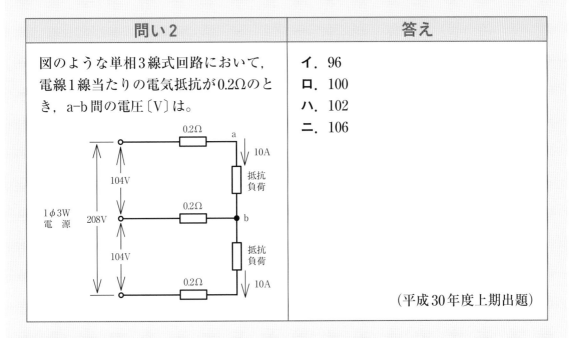	**イ.** 96 **ロ.** 100 **ハ.** 102 **ニ.** 106 （平成30年度上期出題）

解説

　下図のように上下回路の負荷電流が等しいので，中性線の電流が0Aとなり，中性線の電圧降下は**0**V，0.2Ωの電圧降下は10×0.2＝2Vです。よって，a-b間の電圧V_{ab}は，
$V_{ab}=104-2=$**102**V

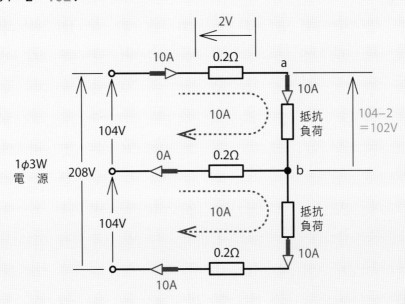

【解答：ハ】

問い3	答え
図のように，電線のこう長10mの配線により，消費電力1500Wの抵抗負荷に電力を供給した結果，負荷の両端の電圧は100Vであった。配線における電圧降下〔V〕は。 ただし，電線の電気抵抗は長さ1000m当たり5.0Ωとする。 1φ2W 電源　抵抗負荷 1500W　100V　10m	**イ**．0.15 **ロ**．0.75 **ハ**．1.5 **ニ**．3.0 （平成29年度上期出題）

解説

負荷電流Iは，消費電力÷電圧より，

$$I = \frac{1500}{100} = 15\text{A}$$

1000m当たりの抵抗が5.0Ωから10m当たりの抵抗R〔Ω〕を求めます。

$$1000 : 5.0 = 10 : R$$

$$R = \frac{5.0 \times 10}{1000} = 0.05\,\Omega$$

配線における電圧降下ΔV〔V〕（電線2本分）は，

$$\Delta V = 2IR = 2 \times 15 \times 0.05 = 1.5\text{V}$$

となります。

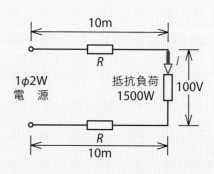

【解答：ハ】

問い4	答え
図のような単相3線式回路で電流計Ⓐの指示値が最も小さいものは。 1φ3W 電源 200V 100V / 100V a / b Ⓗ 100V 200W / Ⓗ 100V 100W Ⓐ Ⓗ 100V 300W c	**イ.** スイッチa, bを閉じた場合。 **ロ.** スイッチa, cを閉じた場合。 **ハ.** スイッチb, cを閉じた場合。 **ニ.** スイッチa, b, cを閉じた場合。

解説

Ⓐの指示値が最も小さいとは，指示値が0Aになることです。

上の回路の電力（200＋100）〔W〕＝下の回路の電力300Wのとき，中性線の電流が0Aとなるので，スイッチ**a, b, c**を閉じた場合，Ⓐの指示値が最小となります。

$$I = \frac{300}{100} = 3A$$

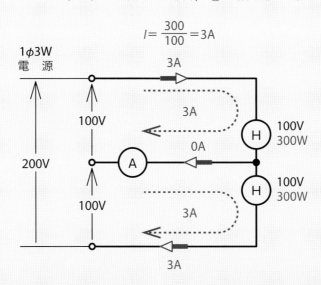

【解答：ニ】

問い5	答え
図のような単相3線式回路において，電線1線当たりの抵抗が0.1Ω，負荷に流れる電流がいずれも10Aのとき，この電線路の電力損失〔W〕は。 ただし，負荷は抵抗負荷とする。 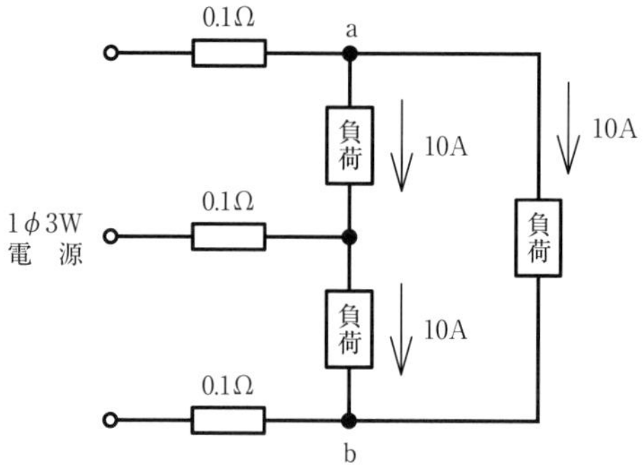 	**イ**．30 **ロ**．80 **ハ**．120 **ニ**．160

解説

両外線に流れる電流は，10＋10＝20A

中性線の電流は0Aなので，電力損失は0W

電線路の電力損失は両外線の損失のみであり，電流をI〔A〕，電線1条の抵抗をr〔Ω〕とすれば，電力損失＝$2I^2r$〔W〕であり，

　　$2I^2r＝2×20^2×0.1＝80$W

【解答：ロ】

問い6	答え
100V単相2線式配線を100/200V単相3線式に変更して同一電力を送る場合，線路損失は何倍となるか。 ただし，負荷は抵抗負荷，単相3線式の負荷は平衡がとれ，中性線の電流は0とする。	**イ**．$\dfrac{1}{4}$　　**ロ**．$\dfrac{1}{3}$ **ハ**．$\dfrac{1}{2}$　　**ニ**．$\dfrac{2}{3}$

解説

100V単相2線式を100/200V単相3線式としたときは，電圧を2倍にしたことと同じです。負荷の電力が同じときは，電流が1/2倍になるので，線路損失は$(1/2)^2$倍＝**1/4**倍になります。

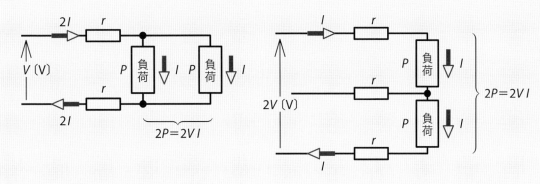

単相2線式の損失 $= 2 \times (2I)^2 r \,[\mathrm{W}]$
$\qquad\qquad\qquad\quad = 8 I^2 r \,[\mathrm{W}]$

単相3線式の損失 $= 2 I^2 r \,[\mathrm{W}]$（平衡時）

$$\frac{単相3線式の損失}{単相2線式の損失} = \frac{2 I^2 r}{8 I^2 r} = \frac{1}{4}$$

$\left(\begin{array}{l} 電線の抵抗が同じで電流が1/2倍になるので, \\ 線路損失は \mathbf{1/4} 倍になります（中性線の電流は0） \end{array} \right)$

【解答：イ】

問い7	答え
図のような三相3線式回路において，電線1線当たりの電気抵抗が $r\,[\Omega]$，線電流が $I\,[\mathrm{A}]$ のとき，配線の電力損失 $[\mathrm{W}]$ を示す式は。 （回路図：$3\phi3\mathrm{W}$ 電源、各線に $I\,[\mathrm{A}]$、$r\,[\Omega]$、抵抗負荷）	**イ.** $\sqrt{3}\,I r^2$ **ロ.** $\sqrt{3}\,I^2 r$ **ハ.** $3 I r^2$ **ニ.** $3 I^2 r$

解説

　三相3線式回路の配線の電力損失は，線電流を $I\,[\mathrm{A}]$，電線1条の抵抗を $r\,[\Omega]$ とすれば，電線1条の電力損失は $I^2 r\,[\mathrm{W}]$ であり，三相回路は，電線3条分の電力損失となるので，$\mathbf{3 I^2 r}\,[\mathrm{W}]$ となります。

【解答：ニ】

問い8	答え
図のような三相3線式回路で，電線1線当たりの抵抗値が0.15Ω，線電流が10Aのとき，この電線路の電力損失〔W〕は。 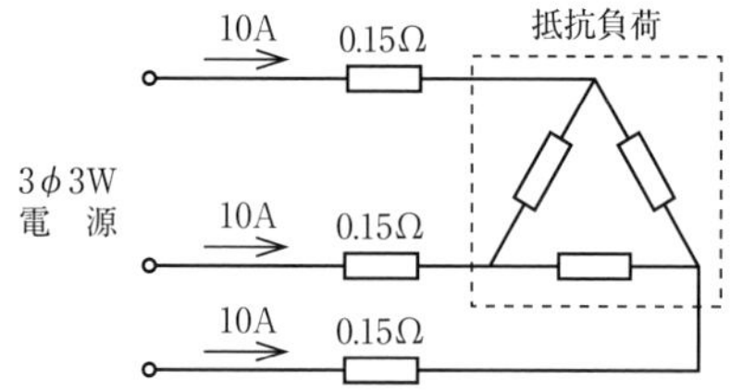 	イ．2.6 ロ．15 ハ．26 ニ．45 （平成28年度下期出題）

解説

三相3線式回路で，電線路の電力損失をP_ℓ〔W〕とすると，P_ℓ〔W〕は，電線1線当たりの電力損失の3倍です。

1線の抵抗をr〔Ω〕，電流をI〔A〕とすれば，

$P_\ell = 3\,I^2\,r$〔Ω〕

数値を代入すれば，

$P_\ell = 3 \times 10^2 \times 0.15 = 45$W

【解答：ニ】

第 **7** 章

電気工事で必要な
配線設計を学ぶ

　本章では，配線に用いる電線の選定や保護装置である過電流遮断器の選定方法など，負荷の性質を考えた設計を行う技術としての配線設計を学びます。

これだけは覚えよう！

600V ビニル絶縁電線の太さの種類と許容電流, 電流減少係数を覚える！

＊周囲温度30℃以下

単線の種類 （直径）	1.6 mm	2.0 mm	2.6 mm	3.2 mm
許容電流〔A〕	**27**	**35**	**48**	**62**

より線の種類 （断面積）	2 mm^2	3.5 mm^2	5.5 mm^2	8 mm^2
許容電流〔A〕	**27**	**37**	**49**	**61**

☑ コードの許容電流：$0.75mm^2$ は **7**A, $1.25mm^2$ は **12**A, $2mm^2$ は **17**A

☑ 電流減少係数：**0.7**（3本以下）, 0.63（4本）, 0.56（5, 6本）, 0.49（7〜15本）

➡ 電線の太さと許容電流　　　　　重要度 ★★★

　電線には単線とより線があり, それぞれ決められた太さのものを使用します。単線の太さは導体の直径, より線の太さは導体の断面積で表します。

　電線に安全に流せる電流を許容電流（きょうようでんりゅう）といい, 電線の太さにより, その値が決められています。**表1**, **表2** に示す 600V ビニル絶縁電線 (IV 電線) の種類 (太さ) と許容電流＊の値は重要なので, 暗記する必要があります。

表1：主な単線の種類と許容電流

種類（太さ）	許容電流
1.6mm	**27**A
2.0mm	**35**A
2.6mm	**48**A
3.2mm	**62**A

表2：主なより線の種類と許容電流

種類（太さ）	許容電流
$2mm^2$	**27**A
$3.5mm^2$	**37**A
$5.5mm^2$	**49**A
$8mm^2$	**61**A

＊がいし引き配線により施設する場合の許容電流

◆コードの許容電流

　コードの許容電流は, 絶縁物の種類で決められています。一般的に用いるビニル混

合物, 天然ゴム混合物で絶縁されたコードの許容電流は, 次ページの**表3**のとおりです。

表3：コードの許容電流

種類（太さ）	許容電流
0.75mm^2	**7**A
1.25mm^2	**12**A
2mm^2	**17**A

➡ 許容電流と電流減少係数　　　　　重要度 ★★★

何本かの電線をまとめると, 許容電流は小さくなります。この割合を電流減少係数といいます（**表4**）。

表4：電線の電流減少係数

同一管内の電線本数*	電流減少係数
3本以下	**0.7**
4本	0.63
5〜6本	0.56
7〜15本	0.49

＊中性線, 接地線及び制御回路用の電線は, 同一管, 線ぴまたはダクト内に収める電線数に算入しません。

表1, 表2の電線の許容電流は, がいし引き配線による場合です。金属管配線, 合成樹脂管配線などは, 電流減少係数を乗じた値が許容電流となります。VVF, VVRの2心及び3心ケーブルの許容電流も, 表4の電流減少係数0.7を乗じた値が許容電流となります。

算出された許容電流値は, 小数点以下1位を**7捨8入**します。

◆許容電流の計算例
. . . .

金属管による低圧屋内配線工事で, 2.0mmの電線3本を同一管内に収めたときの許容電流を求めると, 次のようになります。

$$35A × 0.7 = 24.5A \quad → \quad 24A$$

> 表1, 表2の電線の許容電流の覚え方の例
>
> **27** な, **35** ご, **48** や, **62** に（単線）
>
> **27** な, **37** な, **49** か, **61** い（より線）

第1章
第2章
第3章
第4章
第5章
第6章
第7章
R5年上期1
R5年上期2

問い1	答え
600V ビニル絶縁ビニルシースケーブル平形(VVF)，太さ1.6mm，3心の許容電流〔A〕は。	イ．19　　ロ．24 ハ．33　　ニ．43

解説

　1.6mmの電線の許容電流は，27Aです。これに3本の場合の電流減少係数0.7をかけます。

　27×0.70＝18.9Aより，小数点以下1位を7捨8入して，許容電流は**19A**となります(小数点以下1位が7以下は切り捨て，8以上は切り上げ)。

【解答：イ】

問い2	答え
許容電流から判断して，公称断面積1.25mm²のゴムコード(絶縁物が天然ゴムの混合物)を使用できる最も消費電力の大きな電熱器具は。 ただし，電熱器具の定格電圧は100Vで，周囲温度は30℃以下とする。	イ．600Wの電気炊飯器 ロ．1000Wのオーブントースター ハ．1500Wの電気湯沸器 ニ．2000Wの電気乾燥機 (令和3年度下期午前出題)

解説

　1.25mm²のコードの許容電流は12Aです。

　使用できる消費電力の最大値は，100×12＝1200W

　したがって，**1000Wのオーブントースター**が，使用できる最も消費電力の大きな電熱器具となります。

【解答：ロ】

No. 02 過電流遮断器と漏電遮断器

これだけは覚えよう！

過電流遮断器の動作時間と漏電遮断器の省略可能な条件を覚える！

☑ ヒューズ：**1.1**倍の電流で溶断しない，**1.6**倍で**60**分以内，**2**倍で**2**分*以内に溶断

☑ 配線用遮断器：**1**倍の電流で動作しない，**1.25**倍で**60**分以内，**2**倍で**2**分*以内に動作

　　　　　　　　　　　　　　　　　＊定格電流が**30A**以下の場合

☑ 漏電遮断器：**60**Vを超える電路に施設する（金属製外箱を有する機械器具の電路）。

☑ 漏電遮断器の省略可能条件：次の機器の各電路

　　簡易接触防護措置を施した機器

　　乾燥した場所の機器

　　水気のある場所以外で**150V**以下の機器

　　二重絶縁構造の機器

　　接地抵抗値が**3**Ω以下の機器

⊃ 過電流遮断器

重要度 ★★★

　過電流遮断器は，電路に過大な電流が流れたときに電路を遮断し電路を保護するもので，ヒューズ，配線用遮断器があります。

　ヒューズは過電流による発熱で溶断し，電路を遮断します。

　配線用遮断器は，

a)　開閉器として電路の開閉ができます。

b)　過電流，短絡電流が流れたとき電路を遮断します。

　次ページの**図1**（a）の2P1Eは100V20Aタイプ，（b）の2P2Eは100/200V20Aタイプです。

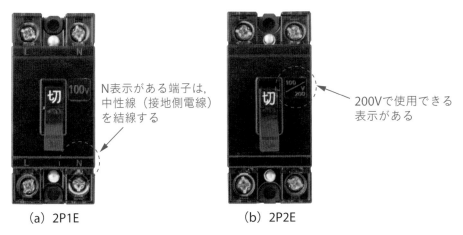

（a）2P1E

N表示がある端子は，
中性線（接地側電線）
を結線する

（b）2P2E

200Vで使用できる
表示がある

図1：配線用遮断器

◆ヒューズの溶断時間

　過電流遮断器として低圧電路に使用するヒューズは，水平に取り付けた場合において，次の各要件に適合するものであることが決められています。

1) 定格電流の**1.1**倍の電流に耐えること
2) 定格電流の**1.6**倍及び**2**倍の電流を通じた場合において，**表1**の時間内に溶断すること

表1：**ヒューズの溶断時間**

定格電流の	30A以下	30Aを超え60A以下
1.1倍	溶断しない	溶断しない
1.6倍	60分以内	60分以内
2倍	2分以内	4分以内

◆配線用遮断器の動作時間

　過電流遮断器として低圧電路に使用する配線用遮断器は，次の各要件に適合するものであることが決められています。

1) 定格電流の**1**倍の電流で自動的に動作しないこと
2) 定格電流の**1.25**倍及び**2**倍の電流を通じた場合において，**表2**の時間内に自動的に動作すること

表2：**配線用遮断器の動作時間**

定格電流の	30A以下	30Aを超え50A以下
1倍	動作しない	動作しない
1.25倍	60分以内	60分以内
2倍	2分以内	4分以内

➲ 漏電遮断器

重要度 ★★★

電路に地絡を生じたとき（漏電したとき），自動的に電路を遮断するのが漏電遮断器（**図2**）です。また，過電流素子付漏電遮断器は，過電流，短絡においても回路を遮断する機能を持ちます。

絶縁物の劣化や施工不良などにより，電気回路の充電部と大地がつながることを地絡といいます。このとき流れる電流を地絡電流（漏電電流）といいます。

電気回路の2点間以上を電線などでつなぐことを短絡またはショートといいます。負荷を短絡すれば，電気回路の抵抗が電線のみの抵抗となり，過大な電流が流れます。これを短絡電流といいます。

図2：漏電遮断器

◆漏電遮断器の施設

金属製外箱を有する機械器具の電路（60Vを超える電路を有する低圧機器）には，電路に地絡を生じたときに自動的に電路を遮断する漏電遮断器を施設しなければなりません。ただし，以下の場合は省略できます。

1) 機械器具に簡易接触防護措置を施す場合
2) 機械器具を乾燥した場所に施設する場合
3) 対地電圧150V以下の機器を水気のある場所以外に施設する場合
4) 二重絶縁構造の機器を施設する場合
5) 機械器具に施された接地工事の接地抵抗値が3Ω以下の場合
6) 絶縁変圧器（300V，3kV・A以下）を施設し，二次側を非接地とする場合
7) 機械器具内に漏電遮断器を取り付ける場合

◆過電流遮断器の極

電路には，どの電線に過電流が流れても遮断できる過電流遮断器を施設します（**図3**）。このとき，単相3線式の中性線にヒューズを施設することは禁止されています。配線用遮断器は，過電流素子及びこれによって動作する開閉部を電路の各極に施設します。ただし，各極が同時に遮断されるときは，接地側電線に過電流素子を設けなくてもよいことになっています（100Vの回路では，2極1素子の配線用遮断器の使用が可能です）。

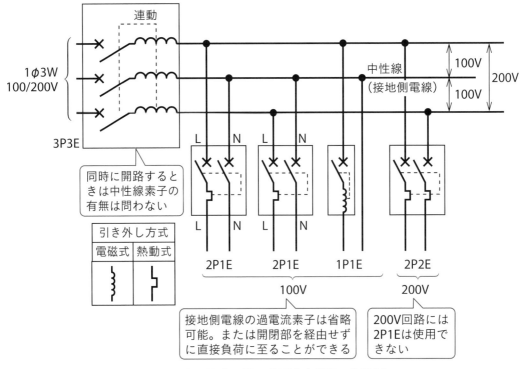

図3：単相3線式配電の過電流遮断器の施設例

図中のラベル:
- 連動
- 1φ3W 100/200V
- 3P3E
- 同時に開路するときは中性線素子の有無は問わない
- 引き外し方式 / 電磁式 / 熱動式
- 中性線（接地側電線）
- 100V / 200V / 100V
- 2P1E / 2P1E / 1P1E / 2P2E
- L N / L N / L / L N
- 100V / 200V
- 接地側電線の過電流素子は省略可能。または開閉部を経由せずに直接負荷に至ることができる
- 200V回路には2P1Eは使用できない

練習問題

問い1	答え
低圧電路に使用する定格電流30Aの配線用遮断器に60Aの電流が継続して流れたとき，この配線用遮断器が自動的に動作しなければならない時間〔分〕の限度は。	イ．1 ロ．2 ハ．3 ニ．4 （令和元年度下期出題）

解説

定格電流30A以下の配線用遮断器は，2倍の電流で2分以内に動作しなければなりません。

【解答：ロ】

第1章
第2章
第3章
第4章
第5章
第6章
第7章
R5 年上期1
R5 年上期2

No.03 屋内幹線の設計

これだけは覚えよう！

幹線の太さ（許容電流）を決める根拠となる式を覚える！

- ☑ $I_M \leqq 50A$ のとき　$I_W \geqq 1.25I_M + I_H$ 〔A〕
  （電動機電流の**1.25**倍＋他の負荷電流）
- ☑ $I_M > 50A$ のとき　$I_W \geqq 1.1I_M + I_H$ 〔A〕
  （電動機電流の**1.1**倍＋他の負荷電流）
- ☑ $I_M \leqq I_H$ 〔A〕のとき　$I_W \geqq I_M + I_H$ 〔A〕（電動機電流＋他の負荷電流）
- ☑ $I_B \leqq 3I_M + I_H$ 〔A〕　（電動機電流の**3**倍＋他の負荷電流）
- ☑ $I_B \leqq 2.5I_W$ 〔A〕　（$2.5I_W < 3I_M + I_H$ 〔A〕のとき）

*電動機電流の合計をI_M，他の負荷電流の合計をI_Hとする。

➡ 幹線と許容電流　　　　　　　　重要度 ★★★

低圧屋内配線は，幹線と分岐回路があり，幹線は引込口から分岐回路に至るまでの配線を指します。

引込口に近いところに引込開閉器として過電流遮断器を設けます。

◆幹線の太さ（許容電流）を決める根拠の式

幹線の許容電流を決める根拠は，負荷電流の総計で決まります。

負荷に電動機があるときは，負荷電流が定格電流よりも大きくなることを想定し，幹線の太さを決めます。

電動機電流の合計をI_M〔A〕，他の負荷電流の合計をI_H〔A〕としたとき，幹線の太さを決める根拠となる許容電流I_W〔A〕は，次のようになります（**図1**，次ページの**表1**）。

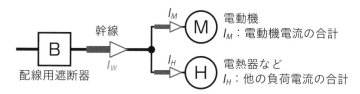

図1：幹線の許容電流を決める

表1：幹線の太さ（許容電流）を決める根拠

$I_M > I_H$　電動機電流の合計が他の負荷電流の合計より大きいとき
$I_M \leq 50$Aのとき　　$I_W \geq 1.25I_M + I_H$〔A〕 ⇒電動機電流の合計が50A以下のとき，電動機電流の合計を**1.25**倍して，他の負荷電流の合計を加える。 $I_M > 50$Aのとき　　$I_W \geq 1.1I_M + I_H$〔A〕 ⇒電動機電流の合計が50Aを超えたら，電動機電流の合計を**1.1**倍して，他の負荷電流の合計を加える。
$I_M \leq I_H$　電動機電流の合計が他の負荷電流の合計以下の場合
$I_W \geq I_M + I_H$ ⇒電動機電流の合計と他の負荷電流の合計を加える。

◆負荷設備の需要率

　多くの負荷設備があるとき，設備が同時に使用されることはなく，使用する最大需要電力と総設備電力（容量という）の割合を需要率といいます。

$$需要率 = \frac{最大需要電力}{総設備電力} \times 100 〔\%〕$$

● 幹線の過電流遮断器の定格電流　　重要度 ★★★

　幹線の過電流遮断器の定格電流I_B〔A〕は，幹線の許容電流I_W〔A〕以下にします。

　電動機が接続される場合は，電動機定格電流の合計I_M〔A〕の**3**倍に他の負荷電流の合計I_H〔A〕を加えた値以下とします（**図2**）。ただし，幹線の許容電流I_W〔A〕を**2.5**倍した値の方が小さい場合はこの値以下とします。

　　$I_B \leq 3I_M + I_H$〔A〕

　　$I_B \leq 2.5I_W$〔A〕（$2.5I_W < 3I_M + I_H$〔A〕のとき）

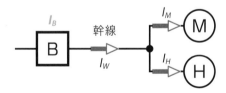

図2：過電流遮断器の電流を決める

重要度 ★

● 分岐した細い幹線の過電流遮断器の施設と省略

　太い幹線から細い幹線を分岐したとき，細い幹線に過電流遮断器を施設します。ただし，次の条件では，分岐した細い幹線の過電流遮断器を省略できます（**図3**）。

　細い幹線の許容電流I_W〔A〕が太い幹線の過電流遮断器の定格電流I_Bの**55**％以上の

とき，$\boxed{\text{B}_2}$を省略できます。

　細い幹線の許容電流I_W〔A〕がI_B〔A〕の**35**％以上で細い幹線の長さが**8**m以下のとき，$\boxed{\text{B}_3}$を省略できます。

　細い幹線の長さが**3**m以下で，負荷側が分岐回路であれば，$\boxed{\text{B}_4}$は省略できます。

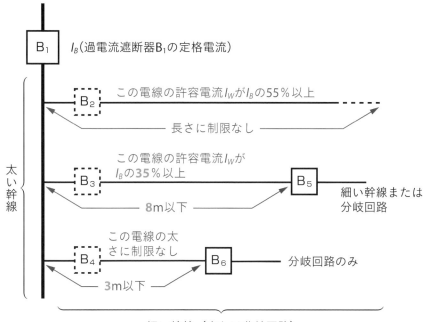

B₁（過電流遮断器B₁の定格電流） → I_B（過電流遮断器B₁の定格電流）

この電線の許容電流I_WがI_Bの**55**％以上

長さに制限なし

この電線の許容電流I_WがI_Bの**35**％以上

8m以下

細い幹線または分岐回路

この電線の太さに制限なし

3m以下

分岐回路のみ

太い幹線

細い幹線（または分岐回路）

$\boxed{\text{B}_1}$ は，太い幹線を保護する過電流遮断器

$\boxed{\text{B}_5}$ は，細い幹線を保護する過電流遮断器または分岐回路を保護する過電流遮断器

$\boxed{\text{B}_6}$ は，分岐回路を保護する過電流遮断器

I_B は，太い幹線を保護する過電流遮断器の定格電流
I_W は，細い幹線の許容電流

図3：**分岐した細い幹線の過電流遮断器の省略**

問い1	答え
図のように三相電動機と三相電熱器が幹線に接続されている場合，幹線の太さを決める根拠となる電流の最小値〔A〕は。 ただし，需要率は100%とする。 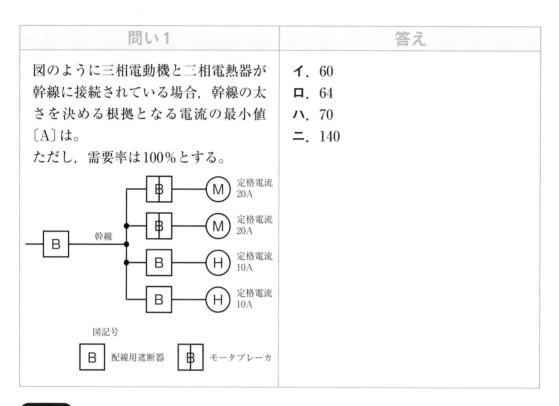	**イ.** 60 **ロ.** 64 **ハ.** 70 **ニ.** 140

解説

電動機の定格電流の合計 I_M は，$I_M = 20 + 20 = 40A$

電熱器の定格電流の合計 I_H は，$I_H = 10 + 10 = 20A$

I_M が 50A 以下なので，電動機電流は 1.25 倍します。

幹線の太さを決める根拠となる電流の最小値 I_W〔A〕は，

$I_W = 1.25I_M + I_H = 1.25 \times 40 + 20 = \mathbf{70A}$

（電動機電流の 1.25 倍に電熱器の電流を加える）

【解答：ハ】

04 | 分岐回路

第1章

第2章

第3章

第4章

第5章

第6章

第7章

R5
年上期1

R5
年上期2

これだけは覚えよう！

過電流遮断器・コンセント・電線の組み合わせ，過電流遮断器の施設位置を覚える！

☑ 15A 過電流遮断器，**15A** コンセント，**1.6**mm の電線

☑ 20A 過電流遮断器，**20A** コンセント，**2.0**mm の電線
（20A 配線用遮断器，**20A** または 15A コンセント，**1.6**mm の電線）

☑ 30A 過電流遮断器，**30A**，**20A** コンセント，**2.6**mm の電線

☑ I_W が B_1 の定格電流 I_B の **55**% 以上であれば，B_2 の位置は制限なし

☑ I_W が **35**% 以上，55% 未満であれば，B_2 の位置は **8**m 以内

☑ I_W が 35% 未満であれば，B_2 の位置は **3**m 以内
（I_W は分岐電線の許容電流）

○ 分岐回路の種類 重要度 ★★★

幹線から分岐して，電灯，コンセント，電気機器などを接続する回路を分岐回路といいます。

◆コンセント，電灯の分岐回路

分岐回路は，15A，20A，30A，40A，50A の種類があります。また，20A 配線用遮断器分岐回路があります（**表1**）。

表1：分岐回路の種類

分岐回路の種類	過電流遮断器の定格電流	コンセントの定格電流	電線の太さ（最小値）
15A 分岐回路	15A	15A 以下	1.6mm または 2mm²
20A 分岐回路	20A	20A	2.0mm または 3.5mm²
30A 分岐回路	30A	20A〜30A	2.6mm または 5.5mm²
40A 分岐回路	40A	30A〜40A	8mm² または 3.2mm
50A 分岐回路	50A	40A〜50A	14mm²
20A 配線用遮断器分岐回路	20A	20A 以下	1.6mm または 2mm²

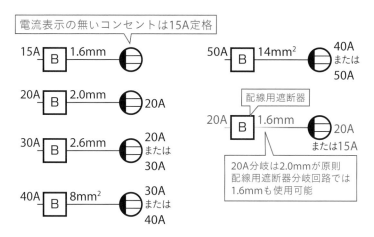

図1：過電流遮断器・コンセント・電線の組合せ

⊙ 分岐回路の過電流遮断器の施設　重要度 ★★★

　分岐回路には，分岐開閉器と過電流遮断器（開閉器を兼ねた過電流遮断器を用いることが多い）を施設します。

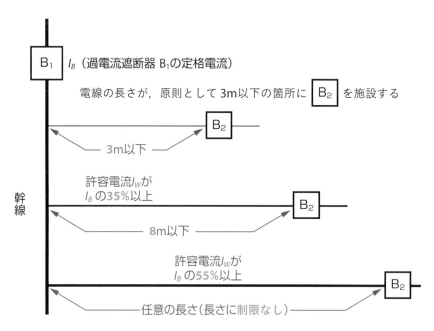

I_B：幹線の過電流遮断器 B_1 の定格電流　　　I_W：分岐電線の許容電流

B₂の施設位置	分岐電線の許容電流 I_W の制限
1)　分岐点から**3m**以下	許容電流 I_W に制限なし
2)　分岐点から**8m**以下	許容電流 I_W が I_B の**35**％以上
3)　長さに制限なし	許容電流 I_W が I_B の**55**％以上

図2：分岐回路の過電流遮断器の取り付け箇所

➡ 分岐回路数

使用電圧100V，15A分岐回路（20A配線用遮断器分岐回路を含む）の回路数は，1回路当たりの容量を1500V・A以下として計算し，これに専用負荷の回路数を加えます。

◆回路数の計算

100Vの分岐回路数は，設備負荷容量を1500で除した値とします。計算に端数を生じたときは，これを切り上げます。ここで設備負荷容量は，標準負荷により算出した数値の他に余裕をみた加算すべき容量を加えたものです。

設備負荷容量＝標準負荷×床面積＋加算すべき容量

$$分岐回路数 \geq \frac{設備負荷容量〔V \cdot A〕}{1500V \cdot A} + 専用回路数（大形機器）$$

◆大形電気機械器具の回路数

10Aを超える据置形の大形電気機械器具については，器具ごとに専用の分岐回路を設けます。

練習問題

問い1	答え
定格電流30Aの配線用遮断器で保護される分岐回路の電線（軟銅線）の太さと、接続できるコンセントの図記号の組合せとして、適切なものは。 ただし、コンセントは兼用コンセントではないものとする。 （令和元年度下期出題）	イ．断面積5.5mm² ⊖2 ロ．断面積3.5mm² ⊖3 ハ．直径2.0mm ⊖20A ニ．断面積5.5mm² ⊖²⁰ᴬ²

解説

定格電流**30A**の配線用遮断器で保護される分岐回路において、使用できるコンセントの定格電流は**30A**または**20A**（20A以上30A以下）です。使用できる電線（軟銅線）の太さは、2.6mm以上、より線の場合は**断面積5.5mm²**以上となります。

なお、コンセントの図記号において、電流表示のないものは、定格電流15Aで、コンセントの口数は、関係しません。また、電線は、許容電流×0.70（電流減少係数）が配線用遮断器の定格電流よりも大きなものを選びます。

【解答：ニ】

問い2	答え
図のように、定格電流50Aの過電流遮断器で保護される低圧屋内幹線から、太さ2.0mmのVVFケーブル（許容電流24A）で分岐する場合、分岐点aから配線用遮断器を施設する位置bまでの最大の長さ〔m〕は。 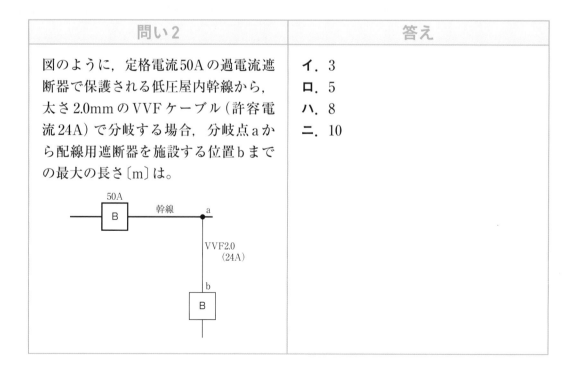	イ．3 ロ．5 ハ．8 ニ．10

解説

分岐線の許容電流I_W＝24Aと，幹線の過電流遮断器の定格電流I_B＝50Aの比〔％〕を求めると，

$$\frac{I_W}{I_B} \times 100 = \frac{24}{50} \times 100 = 48\%$$

これは，35％以上，55％未満なので，a–b間の最大の長さは**8**mとなります。

【解答：ハ】

問い3	答え
低圧屋内配線の分岐回路の設計で，配線用遮断器，分岐回路の電線の太さ及びコンセントの組合せとして，適切なものは。 ただし，分岐点から配線用遮断器までは2m，配線用遮断器からコンセントまでは5mとし，電線の数値は分岐回路の電線（軟銅線）の太さを示す。 また，コンセントは兼用コンセントではないものとする。	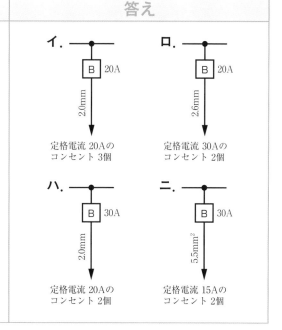

解説

分岐回路を保護する過電流遮断器を配線用遮断器とした場合，分岐回路の電線の太さおよびコンセントの組合せは，p.249の表1のようになります。

イ．20A配線用遮断器分岐回路は，表より2.0mm（1.6mm以上），20Aコンセントの組合せは適切です。

ロ．20A分岐回路に30Aのコンセントは不適切です。

ハ．30A分岐回路に2.0mmの電線は不適切です。

ニ．30A分岐回路に15Aのコンセントは不適切です。

なお，分岐点から配線用遮断器までの距離，配線用遮断器からコンセントまでの距離及びコンセントの個数には関係しません。

【解答：イ】

問い1	答え
図のような電熱器Ⓗ1台と電動機Ⓜ2台が接続された単相2線式の低圧屋内幹線がある。この幹線の太さを決定する根拠となる電流 I_W〔A〕と幹線に施設しなければならない過電流遮断器の定格電流を決定する根拠となる電流 I_B〔A〕の組合せとして，適切なものは。ただし，需要率は100％とする。 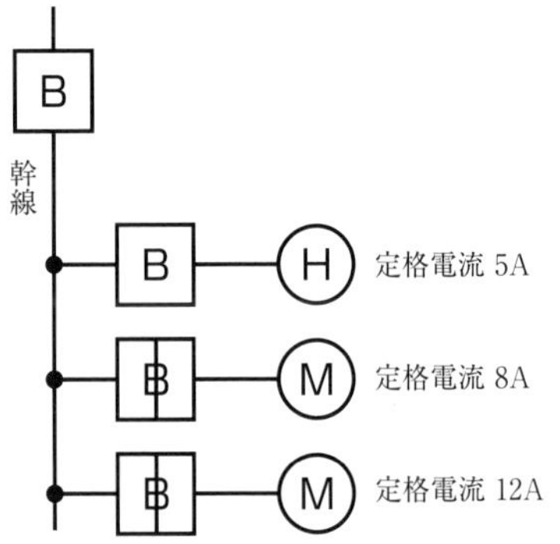	**イ.** I_W 27 I_B 55 **ロ.** I_W 27 I_B 65 **ハ.** I_W 30 I_B 55 **二.** I_W 30 I_B 65

B

幹線

B ── Ⓗ 定格電流 5A

B ── Ⓜ 定格電流 8A

B ── Ⓜ 定格電流 12A

解説

幹線は，電動機電流の1.25倍＋電熱器電流＝1.25×20＋5＝30A

過電流遮断器の定格電流は，電動機電流の3倍＋電熱器電流＝3×20＋5＝65A

電動機電流の合計 I_M〔A〕は，I_M＝8＋12＝20A

電熱器の電流 I_H〔A〕は，I_H＝5A

電動機電流が電熱器電流よりも大きく，50A以下なので，幹線の太さを決める根拠の式は，

$I_W \geq 1.25 I_M + I_H = 1.25 \times 20 + 5 = $ **30A**

幹線を保護する過電流遮断器の定格電流 I_B〔A〕は，

$I_B \leq 3 I_M + I_H = 3 \times 20 + 5 = $ **65A**

また，$I_B \leq 2.5 I_W = 2.5 \times 30 = 75A$（幹線の許容電流を30Aとして，これを2.5倍した値）

65Aと75Aの小さい方の値を取るので，65Aとなります。

※ B は，モータブレーカ（電動機保護用配線用遮断器）

【解答：二】

問い2	答え
合成樹脂製可とう電線管（PF管）による低圧屋内配線工事で，管内に断面積5.5mm²の600Vビニル絶縁電線（軟銅線）7本を収めて施設した場合，電線1本当たりの許容電流〔A〕は。 ただし，周囲温度は30℃以下，電流減少係数は0.49とする。	イ．13 ロ．17 ハ．24 ニ．29 （令和3年度上期午前出題）

解説

5.5mm²電線のがいし引き配線の許容電流は，49Aです。7本を電線管に収めた場合，電流減少係数が0.49より，

許容電流＝49×0.49＝24.01

小数点以下1位を7捨8入して，**24**Aとなります。

【解答：ハ】

問い3	答え
定格電流10Aの電動機10台が接続された単相2線式の低圧屋内幹線がある。この幹線の太さを決定する電流の最小値〔A〕は。 ただし，需要率は80%とする。	イ．88 ロ．100 ハ．110 ニ．138

解説

電動機電流の合計I_M'は，$I_M'=10\times10=100$A

需要率が80%から，

負荷電流I_Mは，$I_M=100\times0.8=80$A

I_Mが50Aを超えているので，幹線の許容電流I_W〔A〕は，

$I_W\geqq1.1\times I_M=1.1\times80=88$A

幹線の太さを決定する電流の最小値は**88**Aとなります。

【解答：イ】

問い4	答え
低圧電路に使用する定格電流20Aの配線用遮断器に25Aの電流が継続して流れたとき，この配線用遮断器が自動的に動作しなければならない時間〔分〕の限度（最大の時間）は。 （平成30年度上期出題）	**イ．** 20 **ロ．** 30 **ハ．** 60 **ニ．** 120

解説

定格電流20Aの配線用遮断器に25Aの電流が継続して流れたときは，

$$\frac{25}{20} = 1.25\,倍$$

の電流が流れます。

定格電流の1.25倍の電流が流れたとき，自動的に動作しなければならない時間〔分〕の限度（最大の時間）は，**60**分です。

【解答：ハ】

問い5	答え
定格電流が10A，30A，及び40Aの電動機各1台と，10Aの電熱器1台を接続した低圧屋内幹線を保護する過電流遮断器の定格電流の最大値〔A〕は。 ただし，幹線の許容電流は113A，需要率は100%とする。	**イ．** 90 **ロ．** 150 **ハ．** 200 **ニ．** 250

解説

1) 電動機電流の3倍＋電熱器電流を求めます。

$3I_M + I_H = 3 \times (10 + 30 + 40) + 10 = 250A$

2) 幹線の許容電流の2.5倍を求めます。

$113 \times 2.5 = 282.5A$

1) と2) で小さい方の値とするので，**250**Aとなります。

【解答：ニ】

問い6	答え
低圧屋内配線の分岐回路の設計で，配線用遮断器の定格電流とコンセントの組合せとして，不適切なものは。 （令和元年度上期出題）	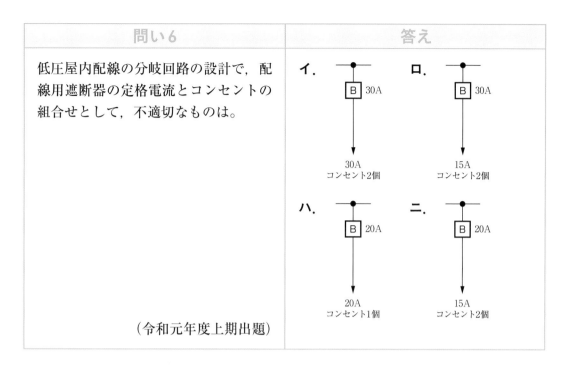

解説

30Aの配線用遮断器で保護されるコンセントは，定格電流20A以上30A以下（定格電流が20A未満の差込プラグが接続できるものを除く）より，ロ.が不適切です。

【解答：ロ】

問い7	答え
図のように定格電流100Aの過電流遮断器で保護された低圧屋内幹線から分岐して，6mの位置に過電流遮断器を施設するとき，a-b間の電線の許容電流の最小値〔A〕は。 1φ2W 電源 100A B a / b B 6m （令和元年度上期出題）	イ. 25 ロ. 35 ハ. 45 ニ. 55

低圧屋内幹線から分岐して，6mの位置（**3m**を超え**8m**以下）に過電流遮断器を施設するとき，a−b間の電線の許容電流I_Wは，I_Bの**35%**以上が必要です。

許容電流の最小値I_W〔A〕は，$I_W＝100×0.35＝$**35**Aとなります。

【解答：ロ】

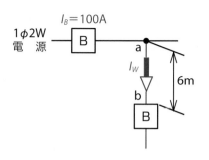

問い8	答え
図のように，三相の電動機と電熱器が低圧屋内幹線に接続されている場合，幹線の太さを決める根拠となる電流の最小値〔A〕は。 ただし，需要率は100%とする。 幹線 — B ┌ B — M 定格電流 10A ├ B — M 定格電流 30A ├ B — H 定格電流 15A └ B — H 定格電流 15A	イ. 70 ロ. 74 ハ. 80 ニ. 150 （令和4年度上期午後出題）

解説

幹線の太さを決める根拠となる電流の最小値I_Wの式に数値を代入すると，
$I_W＝1.25I_M＋I_H＝1.25×40＋30＝$**80**A　（$I_M＞I_H$，$I_M≦50$A より）

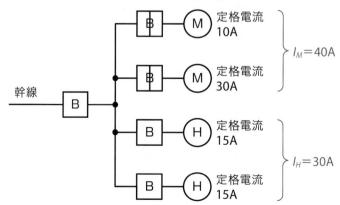

※ B は，モータブレーカ（電動機保護用配線用遮断器）

【解答：ハ】

令和5年度
上期学科試験 午前
問題と解答・解説

［試験時間2時間］

2023年5月28日（日）実施

問題1. 一般問題 （問題数30，配点は1問当たり2点）

【注】本問題の計算で$\sqrt{2}$，$\sqrt{3}$及び円周率πを使用する場合の数値は次によること。

$\sqrt{2}=1.41$，$\sqrt{3}=1.73$，$\pi=3.14$

次の各問いには4通りの答え（**イ**，**ロ**，**ハ**，**ニ**）が書いてある。それぞれの問いに対して答えを1つ選びなさい。

なお，選択肢が数値の場合は最も近い値を選びなさい。

問　い	答　え
1 　図のような回路で，スイッチSを閉じたとき，a–b端子間の電圧［V］は。 30 Ω，30 Ω，30 Ω，100 V，S，30 Ω，a，b	**イ**. 30　**ロ**. 40 **ハ**. 50　**ニ**. 60
2 　抵抗率ρ［Ω・m］，直径D［mm］，長さL［m］の導線の電気抵抗［Ω］を表す式は。	**イ**. $\dfrac{4\rho L}{\pi D^2}\times10^6$　　**ロ**. $\dfrac{\rho L^2}{\pi D^2}\times10^6$ **ハ**. $\dfrac{4\rho L}{\pi D}\times10^6$　　**ニ**. $\dfrac{4\rho L^2}{\pi D}\times10^6$
3 　抵抗に100Vの電圧を2時間30分加えたとき，電力量が4kW・hであった。抵抗に流れる電流［A］は。	**イ**. 16　**ロ**. 24 **ハ**. 32　**ニ**. 40
4 　図のような回路で，抵抗Rに流れる電流が4A，リアクタンスXに流れる電流が3Aであるとき，この回路の消費電力［W］は。 100 V，4 A，R，3 A，X	**イ**. 300　**ロ**. 400 **ハ**. 500　**ニ**. 700
5 　図のような三相3線式回路の全消費電力［kW］は。 3φ3W電源，200 V，200 V，200 V，8 Ω，6 Ω，6 Ω，8 Ω，8 Ω，6 Ω	**イ**. 2.4　**ロ**. 4.8 **ハ**. 9.6　**ニ**. 19.2

問　い	答　え
6　図のような三相3線式回路で，電線1線当たりの抵抗が0.15Ω，線電流が10Aのとき，この電線路の電力損失[W]は。 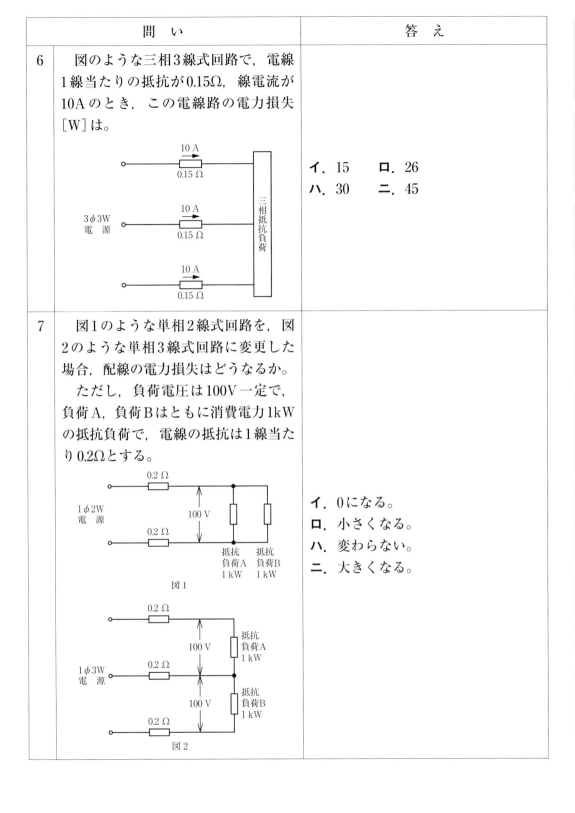	イ．15　　ロ．26 ハ．30　　ニ．45
7　図1のような単相2線式回路を，図2のような単相3線式回路に変更した場合，配線の電力損失はどうなるか。 　ただし，負荷電圧は100V一定で，負荷A，負荷Bはともに消費電力1kWの抵抗負荷で，電線の抵抗は1線当たり0.2Ωとする。	イ．0になる。 ロ．小さくなる。 ハ．変わらない。 ニ．大きくなる。

第1章
第2章
第3章
第4章
第5章
第6章
第7章
R5年上期1
R5年上期2

問 い	答 え
8　　合成樹脂製可とう電線管（PF管）による低圧屋内配線工事で，管内に断面積5.5mm²の600Vビニル絶縁電線（軟銅線）7本を収めて施設した場合，電線1本当たりの許容電流〔A〕は。 　　ただし，周囲温度は30℃以下，電流減少係数は0.49とする。	イ．13　　ロ．17 ハ．24　　ニ．29
9　　図のように定格電流60Aの過電流遮断器で保護された低圧屋内幹線から分岐して，10mの位置に過電流遮断器を施設するとき，a–b間の電線の許容電流の最小値〔A〕は。 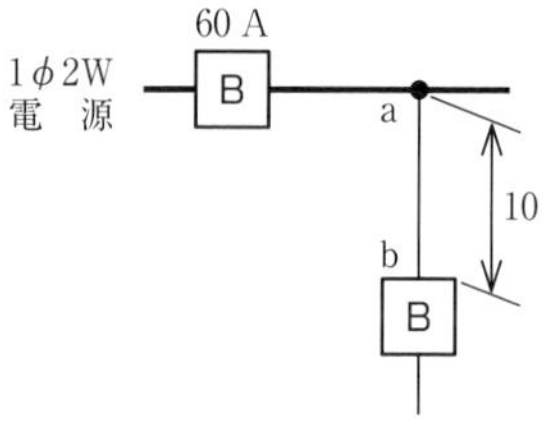 1φ2W電源　60A　〔B〕 a 10 m b 〔B〕	イ．15　　ロ．21 ハ．27　　ニ．33
10　　低圧屋内配線の分岐回路の設計で，配線用遮断器，分岐回路の電線の太さ及びコンセントの組合せとして，**適切なものは**。 　　ただし，分岐点から配線用遮断器までは3m，配線用遮断器からコンセントまでは8mとし，電線の数値は分岐回路の電線（軟銅線）の太さを示す。 　　また，コンセントは兼用コンセントではないものとする。	イ． 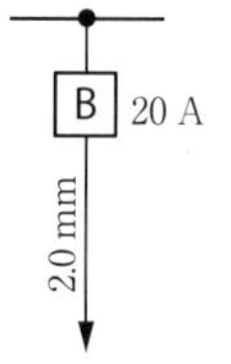 〔B〕20 A 2.0 mm 定格電流30 Aのコンセント1個 ロ． 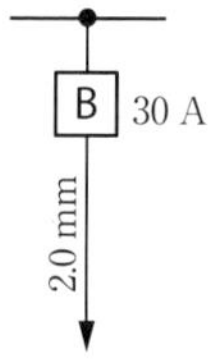 〔B〕30 A 2.0 mm 定格電流30 Aのコンセント1個 ハ． 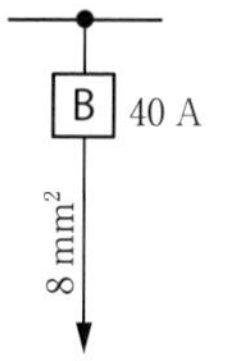 〔B〕40 A 8 mm² 定格電流30 Aのコンセント1個 ニ． 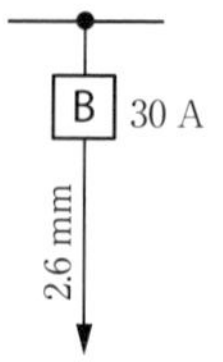 〔B〕30 A 2.6 mm 定格電流15 Aのコンセント2個
11　　多数の金属管が集合する場所等で，通線を容易にするために用いられるものは。	イ．分電盤 ロ．プルボックス ハ．フィクスチュアスタッド ニ．スイッチボックス

問　い	答　え
12　絶縁物の最高許容温度が最も高いものは。	**イ.** 600V架橋ポリエチレン絶縁ビニルシースケーブル（CV） **ロ.** 600V二種ビニル絶縁電線（HIV） **ハ.** 600Vビニル絶縁ビニルシースケーブル丸形（VVR） **ニ.** 600Vビニル絶縁電線（IV）
13　コンクリート壁に金属管を取り付けるときに用いる材料及び工具の組合せとして，**適切なものは**。	**イ.** カールプラグ 　　ステープル 　　ホルソ 　　ハンマ **ロ.** サドル 　　振動ドリル 　　カールプラグ 　　木ねじ **ハ.** たがね 　　コンクリート釘 　　ハンマ 　　ステープル **ニ.** ボルト 　　ホルソ 　　振動ドリル 　　サドル
14　定格周波数60Hz，極数4の低圧三相かご形誘導電動機の同期速度［$\min^{-1}$］は。	**イ.** 1200　　**ロ.** 1500 **ハ.** 1800　　**ニ.** 3000
15　組み合わせて使用する機器で，その組合せが明らかに**誤っているものは**。	**イ.** ネオン変圧器と高圧水銀灯 **ロ.** 光電式自動点滅器と庭園灯 **ハ.** 零相変流器と漏電警報器 **ニ.** スターデルタ始動装置と一般用低圧三相かご形誘導電動機

問　い	答　え
16　写真に示す材料の特徴として，**誤っているものは**。 　なお，材料の表面には「タイシガイセン EM600VEEF/F1.6mm JIS JET <PS>E ○○社タイネン 2014」が記されている。 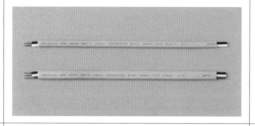	イ．分別が容易でリサイクル性がよい。 ロ．焼却時に有害なハロゲン系ガスが発生する。 ハ．ビニル絶縁ビニルシースケーブルと比べ絶縁物の最高許容温度が高い。 ニ．難燃性がある。
17　写真に示す器具の名称は。 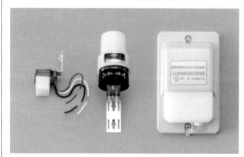	イ．LED 電球の明るさを調節するのに用いる。 ロ．人の接近による自動点滅に用いる。 ハ．蛍光灯の力率改善に用いる。 ニ．周囲の明るさに応じて屋外灯などを自動点滅させるのに用いる。
18　写真に示す工具の用途は。 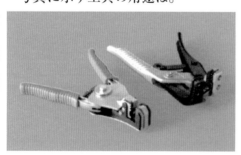	イ．VVF ケーブルの外装や絶縁被覆をはぎ取るのに用いる。 ロ．CV ケーブル（低圧用）の外装や絶縁被覆をはぎ取るのに用いる。 ハ．VVR ケーブルの外装や絶縁被覆をはぎ取るのに用いる。 ニ．VFF コード（ビニル平形コード）の絶縁被覆をはぎ取るのに用いる。
19　単相 100V の屋内配線工事における絶縁電線相互の接続で，**不適切なものは**。	イ．絶縁電線の絶縁物と同等以上の絶縁効力のあるもので十分被覆した。 ロ．電線の引張強さが 15% 減少した。 ハ．差込形コネクタによる終端接続で，ビニルテープによる絶縁は行わなかった。 ニ．電線の電気抵抗が 5% 増加した。

問　い	答　え
20　　低圧屋内配線工事（臨時配線工事の場合を除く）で，600Vビニル絶縁ビニルシースケーブルを用いたケーブル工事の施工方法として，**適切なものは。**	イ．接触防護措置を施した場所で，造営材の側面に沿って垂直に取り付け，その支持点間の距離を8mとした。 ロ．金属製遮へい層のない電話用弱電流電線と共に同一の合成樹脂管に収めた。 ハ．建物のコンクリート壁の中に直接埋設した。 ニ．丸形ケーブルを，屈曲部の内側の半径をケーブル外径の8倍にして曲げた。
21　　住宅（一般用電気工作物）に系統連系型の発電設備（出力5.5kW）を，図のように，太陽電池，パワーコンディショナ，漏電遮断器（分電盤内），商用電源側の順に接続する場合，取り付ける漏電遮断器の種類として，**最も適切なものは。** 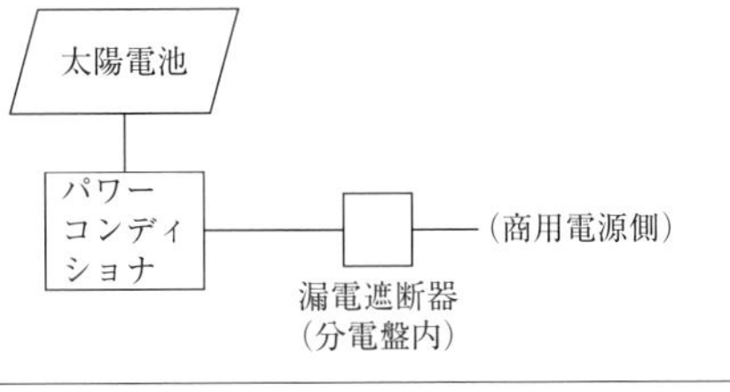 太陽電池 パワーコンディショナ　□―（商用電源側） 漏電遮断器（分電盤内）	イ．漏電遮断器（過負荷保護なし） ロ．漏電遮断器（過負荷保護付） ハ．漏電遮断器（過負荷保護付　高感度形） ニ．漏電遮断器（過負荷保護付　逆接続可能型）
22　　床に固定した定格電圧200V，定格出力1.5kWの三相誘導電動機の鉄台に接地工事をする場合，接地線（軟銅線）の太さと接地抵抗値の組合せで，**不適切なものは。** 　　ただし，漏電遮断器を設置しないものとする。	イ．直径1.6mm，　10Ω ロ．直径2.0mm，　50Ω ハ．公称断面積0.75mm²，　5Ω ニ．直径2.6mm，　75Ω

問　い	答　え
23　　　低圧屋内配線の金属可とう電線管（使用する電線管は2種金属製可とう電線管とする）工事で，**不適切なもの**は。	イ．管の内側の曲げ半径を管の内径の6倍以上とした。 ロ．管内に600Vビニル絶縁電線を収めた。 ハ．管とボックスとの接続にストレートボックスコネクタを使用した。 ニ．管と金属管（鋼製電線管）との接続にTSカップリングを使用した。
24　　　回路計（テスタ）に関する記述として，**正しいもの**は。	イ．ディジタル式は電池を内蔵しているが，アナログ式は電池を必要としない。 ロ．電路と大地間の抵抗測定を行った。その測定値は電路の絶縁抵抗値として使用してよい。 ハ．交流又は直流電圧を測定する場合は，あらかじめ想定される値の直近上位のレンジを選定して使用する。 ニ．抵抗を測定する場合の回路計の端子における出力電圧は，交流電圧である。
25　　　低圧屋内配線の電路と大地間の絶縁抵抗を測定した。「電気設備に関する技術基準を定める省令」に**適合していないもの**は。	イ．単相3線式100/200Vの使用電圧200V空調回路の絶縁抵抗を測定したところ0.16MΩであった。 ロ．三相3線式の使用電圧200V（対地電圧200V）電動機回路の絶縁抵抗を測定したところ0.18MΩであった。 ハ．単相2線式の使用電圧100V屋外庭園灯回路の絶縁抵抗を測定したところ0.12MΩであった。 ニ．単相2線式の使用電圧100V屋内配線の絶縁抵抗を，分電盤で各回路を一括して測定したところ，1.5MΩであったので個別分岐回路の測定を省略した。

第1章

第2章

第3章

第4章

第5章

第6章

第7章

R5
年上期1

R5
年上期2

問　い	答　え
26　使用電圧100Vの低圧電路に，地絡が生じた場合0.1秒で自動的に電路を遮断する装置が施してある。この電路の屋外にD種接地工事が必要な自動販売機がある。その接地抵抗値a〔Ω〕と電路の絶縁抵抗値b〔MΩ〕の組合せとして，「電気設備に関する技術基準を定める省令」及び「電気設備の技術基準の解釈」に**適合していないものは**。	イ．a　600　　　ロ．a　500 　　b　2.0　　　　　b　1.0 ハ．a　100　　　ニ．a　10 　　b　0.2　　　　　b　0.1
27　単相交流電源から負荷に至る回路において，電圧計，電流計，電力計の結線方法として，**正しいものは**。	イ． ロ． ハ． ニ．

問　い	答　え
28　「電気工事士法」において，第二種電気工事士であっても**従事できない作業は**。	イ．一般用電気工作物の配線器具に電線を接続する作業 ロ．一般用電気工作物に接地線を取り付ける作業 ハ．自家用電気工作物（最大電力500 kW 未満の需要設備）の地中電線用の管を設置する作業 ニ．自家用電気工作物（最大電力500 kW 未満の需要設備）の低圧部分の電線相互を接続する作業
29　「電気用品安全法」の適用を受ける電気用品に関する記述として，**誤っているものは**。	イ．⑫の記号は，電気用品のうち「特定電気用品以外の電気用品」を示す。 ロ．◇⑫◇の記号は，電気用品のうち「特定電気用品」を示す。 ハ．＜PS＞Eの記号は，電気用品のうち輸入した「特定電気用品以外の電気用品」を示す。 ニ．電気工事士は，「電気用品安全法」に定められた所定の表示が付されているものでなければ，電気用品を電気工作物の設置又は変更の工事に使用してはならない。

問　い	答　え
30　「電気設備に関する技術基準を定める省令」における電路の保護対策について記述したものである。次の空欄(A)及び(B)の組合せとして，**正しいものは**。 　電路の (A) には，過電流による過熱焼損から電線及び電気機械器具を保護し，かつ，火災の発生を防止できるよう，過電流遮断器を施設しなければならない。 　また，電路には， (B) が生じた場合に，電線若しくは電気機械器具の損傷，感電又は火災のおそれがないよう， (B) 遮断器の施設その他の適切な措置を講じなければならない。ただし，電気機械器具を乾燥した場所に施設する等 (B) による危険のおそれがない場合は，この限りでない。	**イ．** (A) 必要な箇所 　　(B) 地絡 **ロ．** (A) すべての分岐回路 　　(B) 過電流 **ハ．** (A) 必要な箇所 　　(B) 過電流 **ニ．** (A) すべての分岐回路 　　(B) 地絡

問題2. 配線図 （問題数20，配点は1問当たり2点）　※図は281頁参照

　図は，木造1階建住宅の配線図である。この図に関する次の各問いには4通りの答え（**イ，ロ，ハ，ニ**）が書いてある。それぞれの問いに対して，答えを1つ選びなさい。

【注意】1. 屋内配線の工事は，特記のある場合を除き600Vビニル絶縁ビニルシースケーブル平形（VVF）を用いたケーブル工事である。

　　　　2. 屋内配線等の電線の本数，電線の太さ，その他，問いに直接関係のない部分等は省略又は簡略化してある。

　　　　3. 漏電遮断器は，定格感度電流30mA，動作時間0.1秒以内のものを使用している。

　　　　4. 選択肢（答え）の写真にあるコンセント及び点滅器は，「JIS C 0303：2000 構内電気設備の配線用図記号」で示す「一般形」である。

　　　　5. 分電盤の外箱は合成樹脂製である。

　　　　6. ジョイントボックスを経由する電線は，すべて接続箇所を設けている。

　　　　7. 3路スイッチの記号「0」の端子には，電源側又は負荷側の電線を結線する。

	問　い	答　え
31	①で示す図記号の名称は。	**イ**．白熱灯 **ロ**．通路誘導灯 **ハ**．確認表示灯 **ニ**．位置表示灯
32	②で示す図記号の名称は。	**イ**．一般形点滅器 **ロ**．一般形調光器 **ハ**．ワイド形調光器 **ニ**．ワイドハンドル形点滅器
33	③で示す器具の接地工事における接地抵抗の許容される最大値［Ω］は。	**イ**．10　　**ロ**．100　　**ハ**．300　　**ニ**．500
34	④の部分の最少電線本数（心線数）は	**イ**．2　　**ロ**．3　　**ハ**．4　　**ニ**．5
35	⑤で示す図記号の名称は。	**イ**．プルボックス **ロ**．VVF用ジョイントボックス **ハ**．ジャンクションボックス **ニ**．ジョイントボックス

	問　い	答　え
36	⑥で示す部分の電路と大地間の絶縁抵抗として，許容される最小値［MΩ］は。	**イ**．0.1　　**ロ**．0.2　　**ハ**．0.3　　**ニ**．0.4
37	⑦で示す図記号の名称は。	**イ**．タイマ付スイッチ **ロ**．遅延スイッチ **ハ**．自動点滅器 **ニ**．熱線式自動スイッチ
38	⑧で示す部分の小勢力回路で使用できる電線（軟銅線）の最小太さの直径［mm］は。	**イ**．0.8　　**ロ**．1.2　　**ハ**．1.6　　**ニ**．2.0
39	⑨で示す部分の配線工事で用いる管の種類は。	**イ**．硬質ポリ塩化ビニル電線管 **ロ**．波付硬質合成樹脂管 **ハ**．耐衝撃性硬質ポリ塩化ビニル電線管 **ニ**．耐衝撃性硬質ポリ塩化ビニル管
40	⑩で示す部分の工事方法で**施工できない**工事方法は。	**イ**．金属管工事 **ロ**．合成樹脂管工事 **ハ**．がいし引き工事 **ニ**．ケーブル工事
41	⑪で示すボックス内の接続をすべて差込形コネクタとする場合，使用する差込形コネクタの種類と最少個数の組合せで，**正しいものは**。ただし，使用する電線はすべてVVF1.6とする。	

	問　い	答　え
42	⑫で示すボックス内の接続をすべて圧着接続とする場合，使用するリングスリーブの種類と最少個数の組合せで，**正しいものは**。 ただし，使用する電線はすべて VVF1.6 とする。	**イ.** 小 4個　**ロ.** 小 5個　**ハ.** 小 3個／中 1個　**ニ.** 小 4個／中 1個
43	⑬で示す点滅器の取付け工事に使用する材料として，**適切なものは**。	**イ.**　**ロ.**　**ハ.**　**ニ.**
44	⑭で示す図記号の機器は。	**イ.**　**ロ.**　**ハ.**　**ニ.**
45	⑮で示す部分の配線を器具の裏面から見たものである。**正しいものは**。 ただし，電線の色別は，白色は電源からの接地側電線，黒色は電源からの非接地側電線，赤色は負荷に結線する電線とする。	**イ.**　**ロ.**　**ハ.**　**ニ.**

	問 い	答 え
46	⑯で示す部分に使用するケーブルで, **適切なものは**。	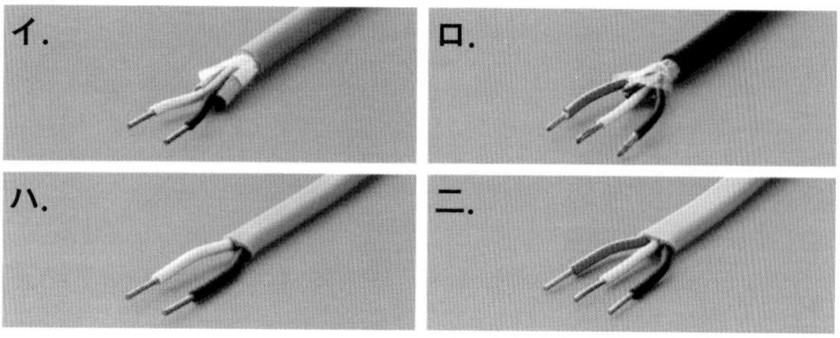 イ. ロ. ハ. ニ.
47	⑰で示すボックス内の接続をリングスリーブで圧着接続した場合のリングスリーブの種類, 個数及び圧着接続後の刻印との組合せで, **正しいものは**。 ただし, 使用する電線はすべて VVF1.6 とする。 また, 写真に示す**リングスリーブ中央**の〇, **小**, **中**は刻印を表す。	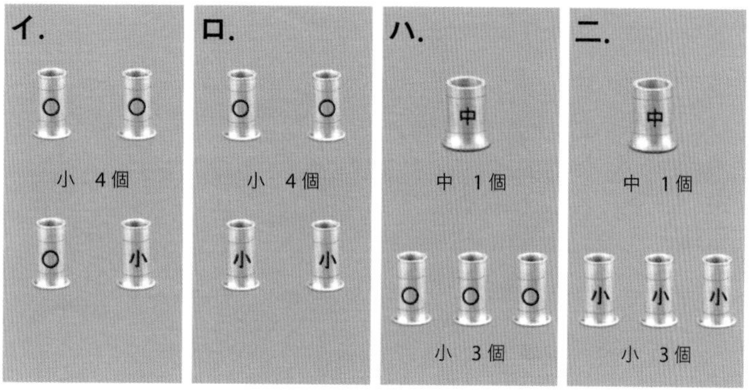 イ. 小 4個 / 〇 小 ロ. 小 4個 / 小 小 ハ. 中 1個 / 小 3個 ニ. 中 1個 / 小 3個
48	この配線図で, **使用している**コンセントは。	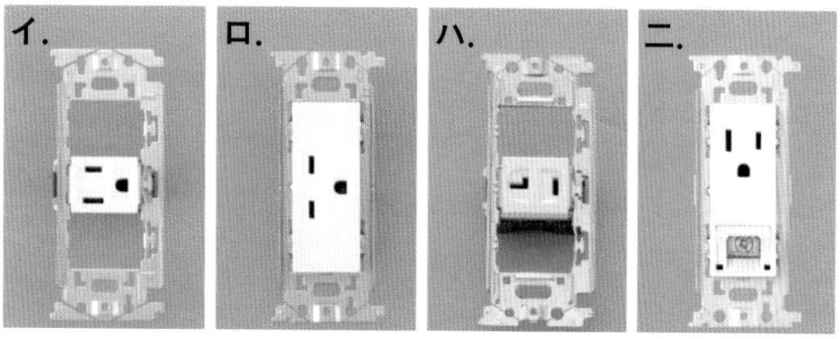 イ. ロ. ハ. ニ.
49	この配線図で**使用していない**スイッチは。ただし, 写真下の図は, 接点の構成を示す。	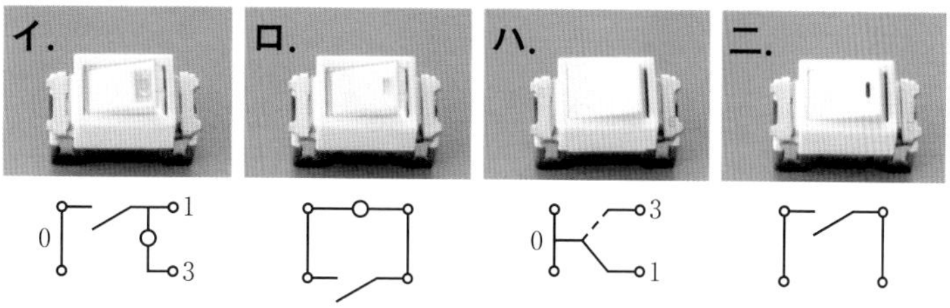 イ. ロ. ハ. ニ.

第1章
第2章
第3章
第4章
第5章
第6章
第7章
R5 年上期1
R5 年上期2

問 い	答 え			
50 この配線図の施工に関して，一般的に使用するものの組合せで，**不適切なものは**。	イ.	ロ.	ハ.	ニ.

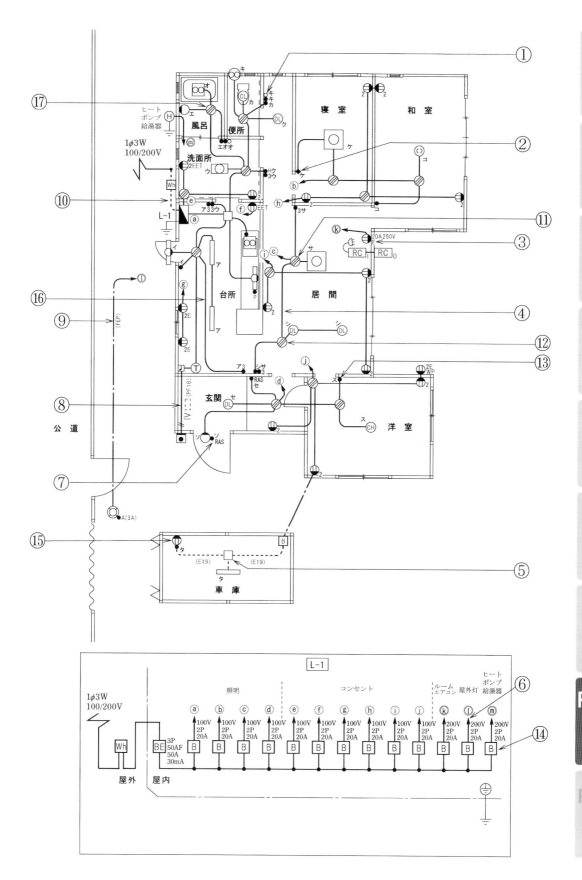

令和5年度上期学科試験 午前 解答・解説

問題1　一般問題

問い1　　　　　　　　　　　　　　　　　　　　　　解答　ハ (50V)

解説　〔直流回路の電圧〕

　図1のようにスイッチSを閉じたとき，電流はSを通り，図の※aの抵抗には流れません。よって，※aの抵抗は省略でき図1は図2のようになります。

　また，図2の※bの抵抗は電流の流れる回路がないため電流が流れず電圧を生じません。したがって，a–b間の電圧V_{ab}とc–d間の電圧V_{cd}は等しく，$V_{ab}=V_{cd}$となります。

　図2の電流I〔A〕は，

$$I=\frac{100}{30+30}=\frac{10}{6}=\frac{5}{3}\text{A} \quad \left[\text{電流}=\frac{\text{電圧}}{\text{合成抵抗}}\text{〔A〕}\right]$$

a–b端子間の電圧V_{ab}〔V〕は，

$$V_{ab}=V_{cd}=\frac{5}{3}\times30=\textbf{50V} \quad \text{〔電圧＝電流×抵抗〔V〕〕}$$

　または，100Vを30Ωの抵抗2個で分圧しているので，$V_{ab}=V_{cd}=\dfrac{100}{2}=\textbf{50V}$

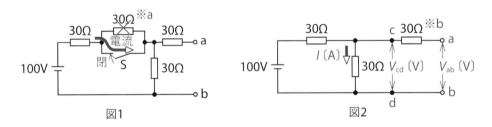

図1　　　　　　　　　　　　　　図2

＊図2の※bの抵抗の電圧は0Vより，$V_{ab}=V_{cd}=100\times1/2=\textbf{50V}$

問い2　　　　　　　　　　　　　　　　　　　　　　　　解答　イ

解説　〔導線の電気抵抗〕

　導線の直径をD〔m〕，長さをL〔m〕，断面積をA〔m²〕とすると，導線の抵抗Rは，

$$R=\rho\frac{L}{A}\text{〔Ω〕}\cdots(1) \quad \text{＊}\rho\text{(ロー)：抵抗率〔Ω·m〕（導線の種類によって決まる比例定数）}$$

断面積A〔m²〕は，$\pi\times(\text{半径})^2=\pi\times(\text{直径}/2)^2$より，

$$A=\pi\left(\frac{D}{2}\right)^2=\frac{\pi D^2}{4}\text{〔m²〕を，式(1)に代入すると，}$$

$$R = \cfrac{\rho L}{\cfrac{\pi D^2}{4}} = \frac{4\rho L}{\pi D^2} \ (\Omega)$$

　問題は，Dの単位が〔mm〕になっているので，Dの代わりに$D \times 10^{-3}$〔m〕を代入すると，

$$R = \frac{4\rho L}{\pi (D \times 10^{-3})^2} = \frac{4\rho L}{\pi D^2} \times 10^6 \ (\Omega)$$

＊**抵抗**は，長さLに比例→**分子にL**，断面積$\pi D^2/4$に反比例→**分母にD^2**がある式 $\frac{4\rho L}{\pi D^2} \times 10^6$ が正解。

第1章

第2章

問い3　　　　　　　　　　　　　　　　　　　　　　　解答　イ（16A）

解説　〔電力量〔W・h〕〕

　図のように，抵抗に$V=100$Vの電圧を加え，電流I〔A〕が流れたとき，抵抗で消費される電力P〔W〕（ワット）は，

$P = VI = 100I$（W）

T〔h〕（アワー）（時間）電流を流したときの電力量W〔W・h〕（ワット・アワー）（ワット時）は，

$W = PT = 100IT$（W・h）　（電力量＝電力×時間）

　数値（電力量は4kW・hより **$W=4000$W・h**，時間は2時間30分より **$T=2.5$h**）を代入すると，

$$4000 = 100 \times I \times 2.5$$

$$I = \frac{4000}{100 \times 2.5} = 16A$$

＊**電力量＝電力×時間**　$W = PT = VIT$（W・h），$4000 = 100 \times I \times 2.5$，$I = \frac{40}{2.5} = 16A$

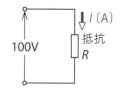

第3章

第4章

第5章

第6章

問い4　　　　　　　　　　　　　　　　　　　　　　　解答　ロ（400W）

解説　〔交流回路の消費電力〕

　電力を消費するのは抵抗Rのみで，リアクタンスXは電力を消費しません。したがって，図1のXは省略し，図2の消費電力P〔W〕を求めると，

$$P = VI = 100 \times 4 = 400W$$

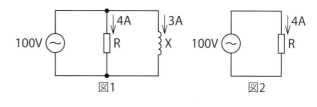

＊**電力**は，抵抗に加わる**電圧**と抵抗に流れる**電流**の**積**（かけ算）$P = VI$（W），電力＝消費電力

第7章

R5 年上期 1

R5 年上期 2

問い5 　　　　　　　　　　　　　　　　　　　　　　　解答　ハ（9.6kW）

解説 〔三相回路の消費電力〕

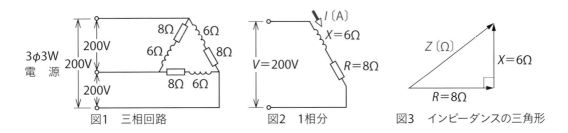

図1　三相回路　　　　　図2　1相分　　　　図3　インピーダンスの三角形

図1の三相回路の1相分（図2）の**インピーダンスZ〔Ω〕**(図3の斜辺の大きさ)は，

$$Z=\sqrt{R^2+X^2}=\sqrt{8^2+6^2}=10Ω$$

図2の電流I〔A〕は，

$$I=\frac{V}{Z}=\frac{200}{10}=20A$$

1相分の消費電力$P_{1相}$は，

$$P_{1相}=I^2R=20^2×8=3200=\textbf{3.2kW}$$

三相回路の**全消費電力**$P_{3相}$は，

$$P_{3相}=3×P_{1相}=3×3.2=9.6kW$$

＊インピーダンスZは，RとXで直角三角形を作り，**斜辺の大きさ**を求める。1相の**電力$P=I^2R$〔W〕**

問い6 　　　　　　　　　　　　　　　　　　　　　　　解答　ニ（45W）

解説 〔三相3線式回路の電力損失〕

電線1線の電力損失$P_{1線}$〔W〕は，

$P_{1線}=I^2r$〔W〕(I：線電流〔A〕，r：電線1線の抵抗〔Ω〕)

$\quad\quad\quad=10^2×0.15=\textbf{15W}$

三相3線式回路の電力損失$P_{3線}$〔W〕は，

$$P_{3線}=3×P_{1線}=3×15=45W$$

＊電線1本の電力損失は，（電線に流れる電流）²×（電線の抵抗），電線は**3本**あるので，$\textbf{3}I^2r=\textbf{3×}10^2\textbf{×}0.15=\textbf{45W}$

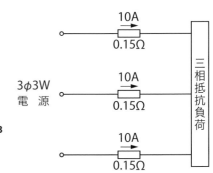

問い7 　　　　　　　　　　　　　　　　　　　　　　　解答　ロ（小さくなる）

解説 〔単相2線式と3線式の電力損失の比較〕

図1は，図1′のように，2kWの負荷が接続されることと同じになります。

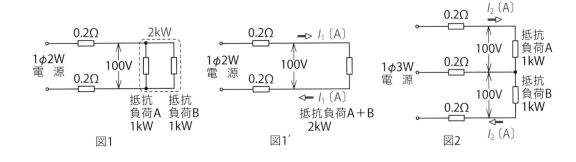

図1　　　　　　　　　　　図1′　　　　　　　　　　　図2

図1′の電線の電流 I_1〔A〕は，

$$I_1 = \frac{2000}{100} = 20A \quad \left[電流〔A〕= \frac{電力〔W〕}{電圧〔V〕} \right] (抵抗負荷の場合)$$

図1の**単相2線式回路の電力損失 P_1〔W〕**は，

$P_1 = 2I_1^2 r = 2 \times 20^2 \times 0.2 = $ **160W** （r：電線1線の抵抗〔Ω〕）

図2の電線の電流 I_2〔A〕は，

$$I_2 = \frac{1000}{100} = 10A$$

図2の**単相3線式回路の電力損失 P_2〔W〕**は，

$P_2 = 2I_2^2 r = 2 \times 10^2 \times 0.2 = $ **40W** （中性線の電流は0なので，上下2本の電線の電力損失を考える）

$P_2 < P_1$ より，

配線の**電力損失**は**単相3線式回路（図2）**の方がロ．小さくなるが正解です。

＊単相2線式回路を単相3線式回路に変更すると，電圧が2倍で電流が1/2倍となり，**配線の電力損失**は，$\left(\frac{1}{2}I\right)^2 r = \frac{1}{4}I^2 r$ **(W)** のように**1/4倍**になる。

問い8　　　　　　　　　　　　　　　　　　　　解答　ハ（24A）

解説　〔許容電流×電流減少係数〕解釈＊146条＊＊（低圧配線に使用する電線）

　断面積が $5.5mm^2$ の600Vビニル絶縁電線（軟銅線）のがいし引き配線における許容電流は **49A** です。この電線7本を合成樹脂製可とう電線管（PF管）に収めたときの電流減少係数が **0.49** なので，電線1本当たりの許容電流は，**49×0.49**＝24.01，小数点以下1位を7捨8入して **24A** です。

・IV線のがいし引き配線における許容電流は暗記しましょう。

　　1.6mm（27A），2.0mm（35A），2.6mm（48A）

・$5.5mm^2$ は，2.6mmと同等として，**48×0.49**でも答えがわかります。

　　$2mm^2$（27A），$3.5mm^2$（37A），$5.5mm^2$（49A）

＊解釈：電気設備技術基準の解釈
＊＊法令の「第○○条」の「第」は省略

第1章
第2章
第3章
第4章
第5章
第6章
第7章
R5年上期1
R5年上期2

問い9　解答　ニ（33A）

解説　〔分岐回路の長さと電線の許容電流〕解釈149条（低圧分岐回路の施設）

幹線から分岐回路を施設するには，図2①〜③のようにします。図1のa–b間の長さが10m（**8mを超えている**）より，図2の③に該当し，a–b間の電線の許容電流〔A〕は，幹線を保護する過電流遮断器の定格電流I_B＝60Aの55％以上でなければなりません。

電線の許容電流$≧0.55I_B$

＝0.55×60＝33A

最小値は，**33A**

＊分岐点から**3m以下**の箇所に $\boxed{B_2}$ を施設する。分岐電線の許容電流がI_Bの**35％以上**で**8m以下**，**55％以上**で制限なし。

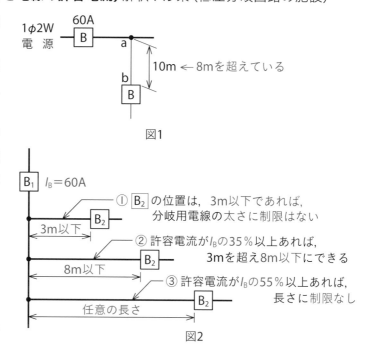

① $\boxed{B_2}$ の位置は，3m以下であれば，分岐用電線の太さに制限はない

② 許容電流がI_Bの35％以上あれば，3mを超え8m以下にできる

③ 許容電流がI_Bの55％以上あれば，長さに制限なし

図1

図2

問い10　解答　ハ

解説　〔配線用遮断器，電線，コンセントの組合せ〕解釈149条（低圧分岐回路等の施設）

	不適切 **イ.** $\boxed{B}$ 20A 2.0mm 定格電流30Aの コンセント1個	不適切 **ロ.** $\boxed{B}$ 30A 2.0mm 定格電流30Aの コンセント1個	適切 **ハ.** $\boxed{B}$ 40A 8mm² 定格電流30Aの コンセント1個	不適切 **ニ.** $\boxed{B}$ 30A 2.6mm 定格電流15Aの コンセント2個
過電流遮断器の種類	20A 配線用遮断器	30A 配線用遮断器	40A 配線用遮断器	30A 配線用遮断器
軟銅線の太さ	1.6mm 以上より 2.0mm は適切	2.6mm 以上より 2.0mm は不適切	**8mm² 以上より 適切**	2.6mm 以上より 適切
コンセントの定格電流	20A 以下より 30A は不適切	20A 以上 30A 以下 より 30A は適切	**30A 以上 40A 以下 より 30A は適切**	20A 以上 30A 以下 より 15A は不適切

定格電流が**40A**の配線用遮断器で保護される分岐回路において，使用しているコンセントの定格電流が**30A**，電線の太さが**8mm²**の**ハ**. は適切です。

　イ. は不適切です。**20A**の配線用遮断器で保護される分岐回路において，使用できるコンセントの定格電流は**20A以下**でなければならないので，**30A**は不適切です。

　ロ. **ニ**. は不適切です。**30A**の配線用遮断器で保護される分岐回路において，使用できるコンセントの定格電流は**30A**または**20A**（20A以上30A以下）で，電線の太さは**2.6mm**（より線の場合は**5.5mm²**）以上です (コンセントの個数については，問いには関係しません)。

B20A → 🔌 20A または15A 電線 1.6mm 以上	B30A → 🔌 30A または20A 電線 2.6mm（より線の 場合は5.5mm²）以上	B40A → 🔌 40A または30A 電線 8mm² 以上

問い11　　　　　　　　　　　　　　　　　　　解答　ロ

解説　〔金属管が集合する場所で用いるもの〕

　多数の金属管が集合する場所等で，通線を容易にするために用いられるものは，**ロ**. **プルボックス**です。

＊プルボックスは，**大形のボックス**で多数の金属管や太い金属管が集合する場所で用いる。

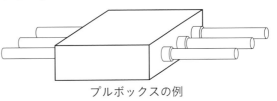

プルボックスの例

問い12　　　　　　　　　　　　　　　　　　　解答　イ

解説　〔絶縁物の最高許容温度〕内規＊1340-1（絶縁電線などの許容電流）3表

表：内規 1340-3　絶縁電線の許容電流より抜粋

絶縁電線の種類	絶縁物と最高許容温度	
600V ビニル絶縁電線（IV）	ビニル	60℃
600V 二種ビニル絶縁電線（HIV）	耐熱ビニル	75℃
600V 架橋ポリエチレン絶縁電線（CV）	架橋ポリエチレン	90℃

　表より，**イ**. **600V架橋ポリエチレン絶縁ビニルシースケーブル（CV）**に用いる絶縁物の最高許容温度が最も高くなります。

・**CV（90℃），HIV（75℃），VVR（60℃），IV（60℃）**

＊内規：内線規程

問い13　　　　　　　　　　　　　　　　　　　　　　　　　解答　ロ

解説　〔金属管工事の材料と工具〕

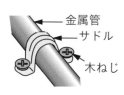

- 金属管
- サドル
- 木ねじ

ロ. サドル	振動ドリル	カールプラグ	木ねじ

金属管をコンクリート壁に固定する　　回転＋打撃（振動）でコンクリート壁に穴をあける　　木ねじが効くように下穴に差し込む　　コンクリート壁にねじ止めする

コンクリート壁に金属管を取り付けるときに用いる材料と工具は，ロ. サドル，振動ドリル，カールプラグ，木ねじが適切です。

＊カールプラグは，コンクリートプラグともいい，コンクリートや大理石などに木ねじで固定したいときに用いる。

問い14　　　　　　　　　　　　　　　　　　　　　　　　　解答　ハ

解説　〔三相誘導電動機の同期速度〕

三相かご形誘導電動機は，固定子巻線に三相交流電流を流したときに生じる回転磁界の作用により，かご形回転子が回転します。

同期速度 N_S は，次式となります。

$N_S = \dfrac{120f}{p}$ 〔min^{-1}〕（毎分）(f:電源の周波数〔Hz〕, p:極数)

周波数 $f = 60Hz$，極数 $p = 4$ を代入すると，

$N_S = \dfrac{120 \times 60}{4} = 1800min^{-1}$

＊**回転磁界**：永久磁石を回転するのと同じような作用。**同期速度**：回転磁界の回転速度。

問い15　　　　　　　　　　　　　　　　　　　　　　　　　解答　イ

解説　〔機器の組合せ〕

機器の組合せで誤っているものは，イ. ネオン変圧器と高圧水銀灯です。正しい組合せは，次ページの図のようになります。

ネオン変圧器

+

ネオン管

光電式
自動点滅器

+

庭園灯
（屋外灯）

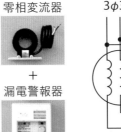
零相変流器

+

漏電警報器

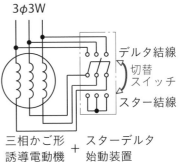
3φ3W

デルタ結線
切替
スイッチ
スター結線

三相かご形　＋　スターデルタ
誘導電動機　　　始動装置

＊スターデルタ始動装置は，電磁接触器を用いた装置が多い。

第1章
第2章
第3章
第4章
第5章
第6章
第7章
R5 年上期1
R5 年上期2

問い16　　　　　　　　　　　　　　　　　　解答　ロ

解説　〔写真に示す材料の特徴〕

「タイシガイセン　EM600V　EEF/F1.6mm　JIS JET<PS>E○○社 タイネン 2014」が記されている。

写真は，**600Vポリエチレン絶縁耐燃性ポリエチレンシースケーブル平形**です。

タイシガイセン：耐紫外線，EM600V EEF：Eco-Material 600V Poly-Ethylene Insulated Poly-Ethylene Sheathed Flat-type Cable，JET：一般財団法人電気安全環境研究所（電気用品の登録検査機関の1つ），タイネン：耐燃

一般にエコケーブルと称し，次のような特徴があります。

・リサイクル性がよい。・焼却時に有害なハロゲン系ガスが発生しない。・VVケーブルと比べ絶縁物の最高許容温度が高い。・難燃性がある。

以上より，ロ. 焼却時に有害なハロゲン系ガスが発生するの記述は誤りです。

＊**EM**（Eco-Material　**エコマテリアル**）：環境にやさしい材料。

問い17　　　　　　　　　　　　　　　　　　解答　ニ

解説　〔写真に示す器具の用途〕

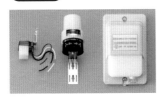

写真は，**自動点滅器**で，用途は，ニ. 周囲の明るさに応じて屋外灯などを自動点滅させるのに用いるが正解です。

＊暗くなると内部のスイッチを**「オン」**，明るくなるとスイッチを**「オフ」**の動作を自動的に行う。

問い18
解答 イ

解説 〔写真に示す工具の用途〕

写真は，**VVF用ケーブルストリッパ**です。用途は，イ．**VVFケーブルの外装や絶縁被覆をはぎ取るのに用いる**が正解です。

＊VVF，EM-EEFの外装及び絶縁被覆のはぎ取りに用いる。1.6mmと2.0mmの2心と3心ケーブルに対応。

問い19
解答 ニ

解説 〔絶縁電線相互の接続〕解釈12条（電線の接続法）

次は電線のおもな接続条件で，**ニ．電線の電気抵抗が5％増加した**の記述は不適切です。

1. 電線の**電気抵抗を増加させない**こと。──ニ．不適切
2. 電線の**引張強さを20％以上減少させない**こと。──ロ．適切
3. 接続部分には，**リングスリーブ，差込形コネクタ**など使用する。──ハ．適切
4. 絶縁電線の絶縁物と同等以上の**絶縁効力のあるもので十分被覆する。**──イ．適切

＊電線相互の接続は，一般にリングスリーブによる圧着接続でテープ巻きによる絶縁処理を行う，または差込形コネクタを用いる。

問い20
解答 ニ

解説 〔**ケーブル（VV-F，VV-R）工事の施工方法**〕解釈164条（ケーブル工事），解釈167条（低圧配線と弱電流電線等又は管との接近又は交差），内規3165-4（ケーブルの屈曲）

イ．接触防護措置を施した場所で，造営材の側面に沿って垂直に取り付け，その支持点間の距離を8mとした──不適切（支持点間の距離を**8m**としたは誤りで，**6m以下**が正しい）。

ロ．金属製遮へい層のない電話用弱電流電線と共に同一の合成樹脂管に収めた──不適切（**同一管内に施設する**ことは不適切です）。

ハ．建物のコンクリート壁の中に直接埋設した──不適切（1年以内に限り使用する臨時配線の施設を除く**直接埋設**は不適切です）。

ニ．丸形ケーブルを，**屈曲部の内側の半径をケーブル外径の8倍にして曲げた**──適切（「ケーブル屈曲部の内側の半径は，ケーブルの仕上り外形の**6倍以上**とする」と決められているのでニ．**8倍にして曲げた**の記述は，適切です）。

＊ケーブル工事の**支持点間距離**は，造営材の下面または側面は**2m**（接触防護措置を施した場所で**垂直6m**）以下，屈曲は外径の**6倍以上**。

問い21

解説　〔太陽電池発電設備の漏電遮断器〕内規*3594–4（太陽光発電設備の配線）

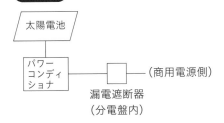

＊内規：内線規定
＊＊**逆接続可能型**：漏電遮断器が「切」の状態で負荷側に電圧がかかっても，故障するおそれのないもの。

住宅に系統連系型の発電設備（出力 5.5kW）を，太陽電池，パワーコンディショナ，漏電遮断器（分電盤内），商用電源側の順に接続する場合，取り付ける漏電遮断器の種類として，最も適切なものは，**ニ. 漏電遮断器（過負荷保護付逆接続可能型**＊＊**）**です。

問い22

解説　〔誘導電動機の接地工事〕解釈17条（接地工事の種類及び施設方法），解釈29条（機械器具の金属製外箱等の接地）

200V（300V以下）の三相誘導電動機の金属製外箱の接地工事の種類は，**D種接地工事，接地抵抗値は漏電遮断器を設置しないので100Ω以下，接地線の太さは1.6mm以上**でなければなりません。

不適切なものは，**ハ. 公称断面積0.75mm², 5Ω**です。

＊**D種接地工事**：**100Ω以下**，0.5秒以内に遮断する地絡遮断装置（漏電遮断器）ありのときは**500Ω以下**。接地線は**1.6mm以上**，移動して使用する機器の接地線で多心コードの1心を使用する場合は**0.75mm²以上**。

問い23

解説　〔**金属可とう電線管（2種）工事で不適切なもの**〕解釈160条（金属可とう電線管工事），内規3120（金属製可とう電線管配線）

イ. 管の内側の曲げ半径を管の内径の**6倍以上**とした。──適切

ロ. 管内に**600Vビニル絶縁電線**を収めた。──適切

ハ. 管とボックスとの接続に**ストレートボックスコネクタ**を使用した。──適切

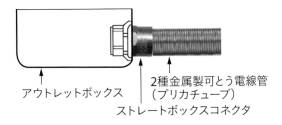

ニ. 管と金属管（鋼製電線管）との接続にTSカップリングを使用した。――不適切

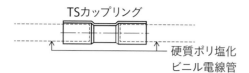

TSカップリング

硬質ポリ塩化
ビニル電線管

TSカップリングは，**硬質ポリ塩化ビニル電線管相互の接続**に用いるもので，金属可とう電線管工事には使用しません。

＊**2種金属製可とう電線管**と**ボックス**との接続は，**ストレートボックスコネクタ**を使用。Straight-box-connector（直接接続する接続器）

問い24   解答　ハ

解説　〔回路計（テスタ）に関する記述〕

　回路計（テスタ）に関する記述として，正しいものは，ハ.交流又は直流電圧を測定する場合は，あらかじめ想定される値の直近上位のレンジを選定して使用するです。

　＊回路計で**絶縁抵抗は測定できない**。抵抗を測定する場合，回路計の端子における出力電圧は**直流電圧**。

問い25   解答　ロ

解説　〔電路と大地間の絶縁抵抗〕電技＊58条（低圧の電路の絶縁性能）

　低圧の電路の電線相互間及び電路と大地との間の**絶縁抵抗**＊＊は，開閉器または過電流遮断器で区切ることができる電路ごとに，下表の値以上でなければなりません。

表：低圧の電路の絶縁性能

電路の使用電圧の区分		絶縁抵抗値	適用回路
300V以下	対地電圧が150V以下の場合	0.1MΩ以上	①　単相2線式100Vの場合 ②　単相3線式100/200Vの場合
	その他の場合	0.2MΩ以上	③　三相200Vの場合
300Vを超えるもの		**0.4MΩ以上**	

イ. 単相3線式100/200V（使用電圧200V）は，表の②に該当――0.16MΩは適合

ロ. 三相3線式使用電圧200V（大地電圧200V）は，表の③に該当（**0.2MΩ以上**）――**0.18MΩは適合しない**

ハ. 単相2線式使用電圧100Vは，表の①に該当――0.12MΩは適合

ニ. 単相2線式使用電圧100V一括測定は，表の①に該当――0.15MΩは適合

　＊電技：電気設備技術基準
　＊＊絶縁抵抗：**単相→0.1MΩ以上，三相→0.2MΩ以上。**

問い26　解答　イ

解説　〔接地抵抗値と絶縁抵抗値〕解釈29条（機械器具の金属製外箱等の接地），17条（接地工事の種類及び施設方法），電技58条（低圧の電路の絶縁性能）

D種接地工事が必要な自動販売機において，その接地抵抗値a〔Ω〕と電路の絶縁抵抗値b〔MΩ〕の組合せとして，適合していないものは，**イ．a 600，b 2.0** です。

「地絡が生じた場合0.1秒で自動的に電路を遮断する装置が施してある」の記述から漏電遮断器で保護されているので，**接地抵抗値**は**500Ω以下**でよいです。また100V（対地電圧150V以下）の電路であることから**絶縁抵抗値**は，**0.1MΩ以上**でよいです。

以上から，適合していないものは，**イ．a　600Ω**のみです。

＊D種接地工事の接地抵抗は**100Ω以下**，0.5秒以内に電路を遮断する装置（漏電遮断器）がある場合は**500Ω以下**，100V回路の絶縁抵抗値は**0.1MΩ以上**。

問い27　解答　ニ

解説　〔電圧計，電流計，電力計の結線〕

結線方法として正しいものは，**ニ．**です。

電流計は，負荷に対して**直列に接続**します。電圧計は，負荷または電源に対して**並列に接続**します。電力計は，負荷に対して電流コイルを**直列**，電圧コイルを**並列**に接続します。

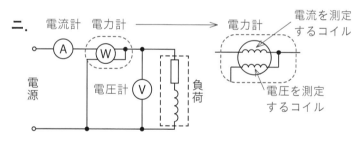

＊電流計の内部抵抗≒0（とても小さい），電圧計の内部抵抗≒∞（とても大きい）。

問い28　解答　ニ

解説　〔第二種電気工事士の作業〕電気工事士法3条（電気工事士等），施行規則2条（軽微な作業），施行令1条（軽微な工事）

「電気工事士法」において，第二種電気工事士であっても**従事できない作業**は，**ニ．**自家用電気工作物（最大電力500kW未満の需要設備）の低圧部分の電線相互を接続する作業です（第一種電気工事士でなければ**500kW未満の自家用電気工作物**の作業に従事できませんが，低圧部分の作業は第二種電気工事士であっても認定電気工事従事者の認定証の交付を受ければ作業に従事できます）。

イ. 一般用電気工作物の配線器具に電線を接続する作業――電気工事士が行う作業

ロ. 一般用電気工作物（電気機器を除く）に接地線を取り付ける作業――電気工事士が行う作業

ハ. 自家用電気工作物（最大電力500kW未満の需要設備）の地中電線用の管を設置する作業――電気工事士でなくてもできる軽微な工事

＊第二種電気工事士の作業範囲：一般用電気工作物等。軽微な工事は免状を必要としない。

問い29　　　　　　　　　　　　　　　　　　　　　　　解答　ハ

解説 〔電気用品安全法〕電気用品安全法施行令1条の2，別表第1，第2

「電気用品安全法」の適用を受ける電気用品に関する記述として，誤っているものは，ハ.＜PS＞Eの記号は，電気用品のうち輸入した「特定電気用品以外の電気用品」を示すです。

イ. ⟨PSE⟩の記号は，電気用品のうち「特定電気用品以外の電気用品」を示す。――正しい

ロ. ⟨PSE⟩の記号は，電気用品のうち「特定電気用品」を示す。――正しい

ニ. 電気工事士は，「電気用品安全法」に定められた所定の表示が付されているものでなければ，電気用品を電気工作物の設置又は変更の工事に使用してはならない。――正しい

・「特定電気用品」の記号 ⟨PSE⟩ または **＜PS＞E**

・「特定電気用品以外の電気用品」の記号 ⟨PSE⟩ または **(PS) E**

＊**電気用品**：一般用電気工作物の部分（**配線材料や配線器具等**），または一般的に扱う**電気機械**や**器具**，**携帯発電機**など。
特定電気用品：**危険または障害の発生するおそれが多い電気用品**で，電線，遮断器，スイッチなど電気を通じて用いるものが多い。

問い30　　　　　　　　　　　　　　　　　　　　　　　解答　イ

解説 〔電路の保護対策〕電技14条（過電流からの電線及び電気機械器具の保護対策），15条（地絡に対する保護対策）

電技の条文からの出題で，正しいものは，イ.**(A)** 必要な箇所，**(B)** 地絡です。

＊電路には，必要な箇所に**過電流遮断器**，**地絡遮断器（漏電遮断器）**を施設する。

問題2　配線図

問い31

解説　〔図記号の名称〕

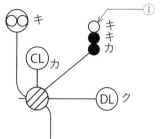

①で示す図記号の名称は，ハ．確認表示灯です。

確認表示灯○キは，**点滅器**●キが「入」で，**換気扇**∞キが運転中であることを確認するためのランプです。

＊**確認表示灯**○や**確認表示灯内蔵スイッチ**●Lは，換気扇の運転確認に多く使われる。

問い32

解説　〔図記号の名称〕

②で示す図記号の器具の名称は，ニ．**ワイドハンドル形点滅器**です。

＊ハンドルを押すごとに「入」「切」が切り替わる。

ワイドハンドル形
点滅器の例

問い33

解説　〔**コンセントの接地工事における接地抵抗値**〕解釈17条（接地工事の種類及び施設方法），解釈29条（機械器具の金属製外箱の接地）

20A 250V
E　③

③で示す器具の接地工事における接地抵抗の許容される**最大値**は，ニ．**500Ω**です。

使用電圧が300V以下の機械器具の接地工事の種類は**D種接地工事**です。L–1の引込口開閉器に，0.1秒（0.5秒以内）で動作する漏電遮断器を用いているので，接地抵抗値は**500Ω以下**となります。

＊**D種接地工事**の接地抵抗値：**100Ω以下**，0.5秒以内に電路を遮断する装置を施設した場合は**500Ω以下**。

問い34　　　　　　　　　　　　　　　　　　　　　　　　　　　　　解答　ハ

解説　〔最少電線本数〕

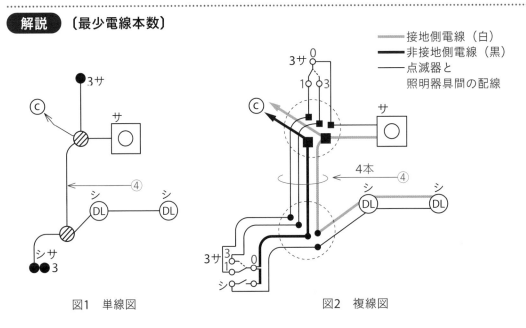

凡例：
接地側電線（白）
非接地側電線（黒）
点滅器と
照明器具間の配線

図1　単線図　　　　　　　　図2　複線図

図1の④部分の最少電線本数（心線数）は，図2複線図により，ハ. **4本**です。

＊**電源線2本**と**3路間**の**接続線2本**の計**4本**。

問い35　　　　　　　　　　　　　　　　　　　　　　　　　　　　　解答　ニ

解説　〔図記号の名称〕

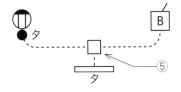

⑤で示す図記号の名称は，ニ. ジョイントボックス
です。

＊□：一般にアウトレットボックスと呼ぶが，JISではジョイントボックスと
呼ぶ。
⊠：プルボックス（金属管が多く集合する場所で使用する大形の金属の箱）
⦿：VVF用ジョイントボックス

問い36　　　　　　　　　　　　　　　　　　　　　　　　　　　　　解答　イ

解説　〔**電路と大地間の絶縁抵抗**〕電技58条（低圧の電路の絶縁性能）

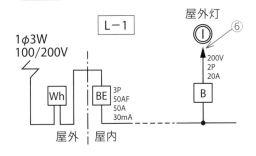

⑥で示す部分の電路と大地間の絶縁抵抗
として，許容される**最小値**は，イ. **0.1MΩ**
です。

使用電圧200V（300V以下）で**対地電圧
100V**（150V以下）より，絶縁抵抗値は，
0.1MΩ以上です。

＊**絶縁抵抗**：**単相3線式100/200V**の場合は**0.1MΩ以上**（0.1MΩ＝100kΩ＝100000Ω），**三相200V**の場合は**0.2MΩ以上**（0.2MΩ＝200kΩ＝200000Ω）。

問い37　　　　　　　　　　　　　　　　　　　　　　　　　　解答　二

> **解説** 〔図記号の名称〕

⑦で示す図記号の名称は，**二. 熱線式自動ス　イッチ**です。用途は，**人の接近による自動点滅に　用います。**

このスイッチは，人が発する赤外線を検知し，人の動き・温度差を検出して動作します。

＊RAS：heat-Rays（熱線式）Automatic（自動）sensor（検出器）Switch（スイッチ）

熱線式自動スイッチ

問い38　　　　　　　　　　　　　　　　　　　　　　　　　　解答　イ

> **解説** 〔**小勢力回路で使用できる電線**〕解釈181条（小勢力回路の施設）

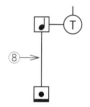

⑧で示す部分の小勢力回路（押しボタンでチャイムを鳴らす回路）で使用できる**電線（軟銅線）の最小太さの直径**は，**イ. 0.8mm** です。

＊**小勢力回路**：使用電圧は**60V以下**，使用電線は直径**0.8mm以上**（ケーブルを除く）。

問い39　　　　　　　　　　　　　　　　　　　　　　　　　　解答　ロ

> **解説** 〔地中配管〕

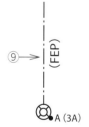

⑨で示す部分の配線工事で用いる**管の種類は，(FEP) ロ. 波付硬質合成樹脂管**です。FEPは地中埋設専用の合成樹脂製可とう電線管です。

＊FEP（Fluorinated Ethylene Propylene）：フッ素化エチレンプロピレン
＊**波付硬質合成樹脂（ポリエチレン）管**：軽くて強く曲げやすい，波付により通線性がよい等の特長があり，地中埋設用として多く使用される。

問い40　　　　　　　　　　　　　　　　　　　　　　　　解答　イ

解説　〔引込口配線〕解釈110条（低圧屋側電線路の施設），内線規程1370-5（低圧引込線の引込線取付点から引込口装置までの施設）

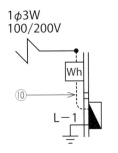

1φ3W
100/200V

木造住宅*
（＊問題冒頭の説明による）

⑩で示す部分（引込口配線）の工事方法で**施工できない工事方法**は，**イ**. **金属管工事**です。

＊引込口配線工事は，**がいし引き工事**（展開した場所），**金属管工事（木造以外）**，**合成樹脂管工事**，**ケーブル工事**ができる。
＊**木造住宅**の場合，**金属類で電線を保護する工事は禁止**されている。

問い41　　　　　　　　　　　　　　　　　　　　　　　　解答　ロ

解説　〔差込形コネクタの種類と個数〕

図1の⑪で示すボックス内の接続で，使用する差込形コネクタは，図2の複線図より，**ロ**. **3本用1個，2本用4個**です。

ロ.
4個
1個

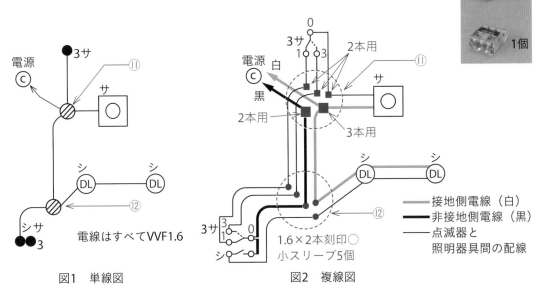

| 図1　単線図 | 図2　複線図 |

電線はすべてVVF1.6

接地側電線（白）
非接地側電線（黒）
点滅器と
照明器具間の配線

1.6×2本刻印○
小スリーブ5個

＊電源の白は，すべての負荷（電灯サ，シ）に配線——**3本用1個**
　電源の黒は，点滅器（サ，シ）に配線——**2本用1個**
　上の**3路（0）**と電灯サを配線——**2本用1個**
　2箇所の**3路間**の配線——**2本用2個**

問い 42

解説 〔リングスリーブの種類，個数〕

　問い41図1の⑫で示すボックス内の接続を圧着接続とする場合，使用するリングスリーブの種類と個数は，図2の複線図より，ロ. 小スリーブ5個（1.6mm，2本接続より刻印は○）です。

ロ.

小
5個

　　＊白と黒の**電源線2本**の配線──**小スリーブ2個**
　　　2箇所の**3路間**の配線──**小スリーブ2個**
　　　点滅器シと**電灯シ**の配線──**小スリーブ1個**

問い 43

解説 〔点滅器の取り付けに用いる材料〕

⑬

ス

　⑬で示す点滅器の取り付け工事に使用する材料として，適切なものは，イ.合成樹脂製埋込スイッチボックスです。木造の建物で，隠ぺい配線に用いるスイッチボックスです。

　　＊ロ. はPF管用露出スイッチボックス，ハ. はねじなし電線管用露出スイッチボックス，ニ. は八角形コンクリートボックス

イ.

合成樹脂製埋込
スイッチボックスの例

問い 44

解説 〔図記号の機器〕

m
200V
2P
20A
B　⑭

　⑭で示す図記号の機器は，**200V**の分岐回路なので，ハ. **2P2E**（2極2素子）の配線用遮断器です。

第1章
第2章
第3章
第4章
第5章
第6章
第7章
R5年上期1
R5年上期2

⑭の図記号の機器

イ.

N*

100V

N

2P 1E
配線用遮断器

ロ.

2P 2E
漏電遮断器

ハ.

100
200V

2P 2E
配線用遮断器

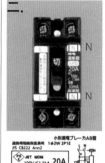

二.

N

N

2P 1E
漏電遮断器

＊**2P2E（2極2素子）**は，**200V**回路で使用できる。**2P**：開閉部が2つ，**2E**：過電流検出素子（記号の⊃の部分）が2つ。
　2P2E（2極2素子）は，100V回路でも使用できる。
　2P1E（2極1素子）は，**100V**回路で使用する。**2P**：開閉部が2つ，**1E**：過電流検出素子（記号の⊃の部分）が1つ。
　2P1Eの**N表示**の端子は，中性線に結線する端子で，過電流検出素子は入っていない。

問い45　　　　　　　　　　　　　　　　　　　　　　　　　　　　解答　ハ

解説　〔スイッチボックス内の配線〕

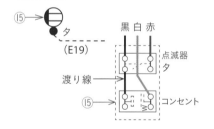

　⑮で示す部分で正しい結線は，ハ. です。

黒色：非接地側電線

白色：接地側電線

赤色：負荷に結線する電線（タの点滅
　　　器とタの照明器具を結ぶ電線）

ハ.

＊コンセントのW端子に**白**，反対の端子に**黒**が入る。
　スイッチには，**黒**と**赤**が入る（スイッチとコンセントは黒の渡り線でつなぐ）。

問い46　　　　　　　　　　　　　　　　　　　　　　　　　　　　解答　二

解説　〔使用するケーブル〕

　⑯で示す部分に使用するケーブルは，
二. **VVF1.6-3C** です。

二.

＊3路スイッチに結線されるのは3心のVVFケーブル。

問い47　　　　　　　　　　　　　　　　　　　　　　　　　　　解答　イ

解説　〔リングスリーブの種類，個数，刻印〕

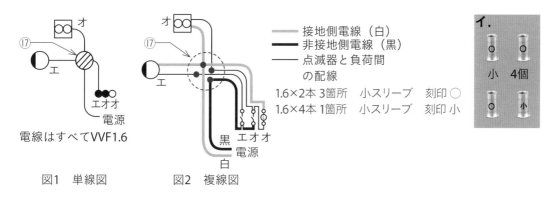

接地側電線（白）		
非接地側電線（黒）		
点滅器と負荷間の配線		

1.6×2本 3箇所　小スリーブ　刻印○
1.6×4本 1箇所　小スリーブ　刻印 小

電線はすべてVVF1.6

図1　単線図　　　　図2　複線図

　図1の⑰で示すボックス内の接続を圧着接続とした場合のリングスリーブの種類，個数及び刻印は，図2の複線図より，イ. **小スリーブ4個（刻印は○3個，小1個）**です。

＊電源の白は，すべての負荷（電灯（エ），換気扇（オ），パイロットランプ（オ））に配線──**1.6×4本接続　1箇所**
　電源の黒は，点滅器（エ，オ）に配線──**1.6×2本接続　1箇所**
　点滅器（エ）と電灯（エ）及び点滅器（オ）と換気扇（オ）を配線──1.6×2本接続　2箇所

1.6×2本		刻印　○
1.6×3本	小スリーブ	刻印　小
1.6×4本		

問い48　　　　　　　　　　　　　　　　　　　　　　　　　　　解答　二

解説　〔使用しているコンセント〕

　この配線図で，使用しているコンセントは，二. **15A　125V接地極付接地端子付コンセント**で，台所の⑤回路で使用しています。

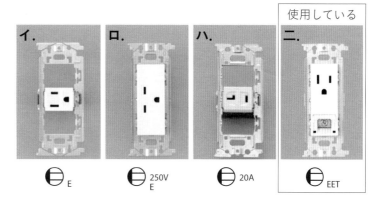

使用している

イ.　　　ロ.　　　ハ.　　　ニ.

⊖E　　⊖250V E　　⊖20A　　⊖EET

イ. 15A 125V接地極付コンセント
ロ. 15A 250V接地極付きコンセント　**使用していません**
ハ. 20A 125Vコンセント

＊ハ.は，100Vで使用する20A専用のコンセントで，接地側極が**カギ状**になっている。

問い49

解説　〔使用していないスイッチ〕

　この配線図で、使用していないスイッチは、イ.確認表示灯内蔵スイッチです。

ロ.位置表示灯内蔵スイッチ：洗面所入り口で使用

ハ.3路スイッチ：台所、洗面所、居間における2箇所点滅に使用

ニ.単極スイッチ：各部屋の照明の点滅で使用

> ＊イ.の確認表示灯内蔵スイッチは、「入」のときPLが点灯する。ロ.の位置表示灯内蔵スイッチは、「切」のときPLが点灯する。

使用していない

イ.

ロ.

ハ.

ニ.

問い50

解答　ハ

解説　〔施工で不適切なもの〕

　この配線図の施工に関して、使用するものの組合せで、不適切なものは、ハ.リングスリーブと裸圧着端子用圧着工具です。

　リングスリーブを圧着するのに用いる圧着工具は、柄の部分が黄色です。

> ＊リングスリーブの圧着は、リングスリーブ用の圧着工具を使用する。

不適切な組合せ

・リングスリーブ
・絶縁テープ

・金属管用サドル
・金属管

・リングスリーブ
・裸圧着端子用
　圧着工具

・ねじなし電線管
・ねじなしボックスコネクタ

R5年

上期2

令和5年度
上期学科試験　午後
問題と解答・解説

［試験時間2時間］

2023年5月28日（日）実施

問題1．一般問題 （問題数30，配点は1問当たり2点）

【注】本問題の計算で$\sqrt{2}$，$\sqrt{3}$及び円周率πを使用する場合の数値は次によること。

$\sqrt{2}=1.41$，$\sqrt{3}=1.73$，$\pi=3.14$

次の各問いには4通りの答え（**イ**，**ロ**，**ハ**，**ニ**）が書いてある。それぞれの問いに対して答えを1つ選びなさい。

なお，選択肢が数値の場合は最も近い値を選びなさい。

問　い	答　え
1　　図のような回路で，端子a–b間の合成抵抗[Ω]は。 a ———[3Ω]———●———[3Ω]———● ●—[3Ω]—●—[3Ω]— b —[3Ω]—	**イ**．1.1　　**ロ**．2.5 **ハ**．6　　**ニ**．15
2　　A，B2本の同材質の銅線がある。Aは直径1.6mm，長さ100m，Bは直径3.2mm，長さ50mである。Aの抵抗はBの抵抗の何倍か。	**イ**．1　　**ロ**．2 **ハ**．4　　**ニ**．8
3　　抵抗に15Aの電流を1時間30分流したとき，電力量が4.5kW・hであった。抵抗に加えた電圧[V]は。	**イ**．24　　**ロ**．100 **ハ**．200　　**ニ**．400
4　　単相交流回路で200Vの電圧を力率90%の負荷に加えたとき，15Aの電流が流れた。負荷の消費電力[kW]は。	**イ**．2.4　　**ロ**．2.7 **ハ**．3.0　　**ニ**．3.3
5　　図のような三相3線式回路に流れる電流I[A]は。 $3\phi3W$電源　200V 200V 200V，抵抗10Ω 10Ω 10Ω	**イ**．8.3　　**ロ**．11.6 **ハ**．14.3　　**ニ**．20.0

問　　い	答　　え
6 　図のような単相2線式回路におい て，d-d′ 間の電圧が100Vのとき a-a′ 間の電圧 [V] は。 　ただし，r_1, r_2 及び r_3 は電線の電気 抵抗 [Ω] とする。 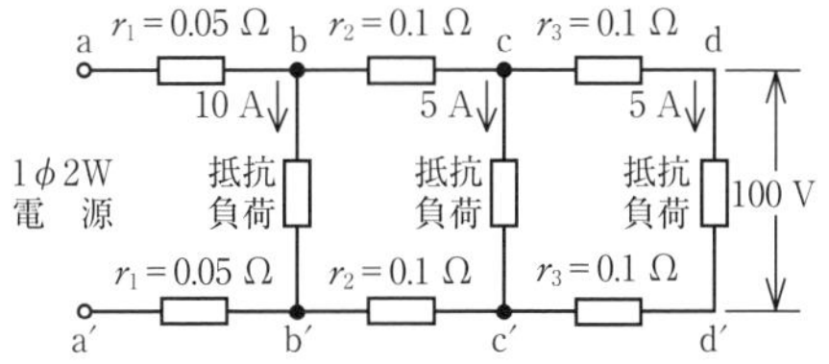 	**イ.** 102　　**ロ.** 103 **ハ.** 104　　**ニ.** 105
7 　図のような単相3線式回路で，電線 1線当たりの抵抗が r [Ω]，負荷電流 が I [A]，中性線に流れる電流が0A のとき，電圧降下 $(V_s - V_r)$ [V] を示す 式は。 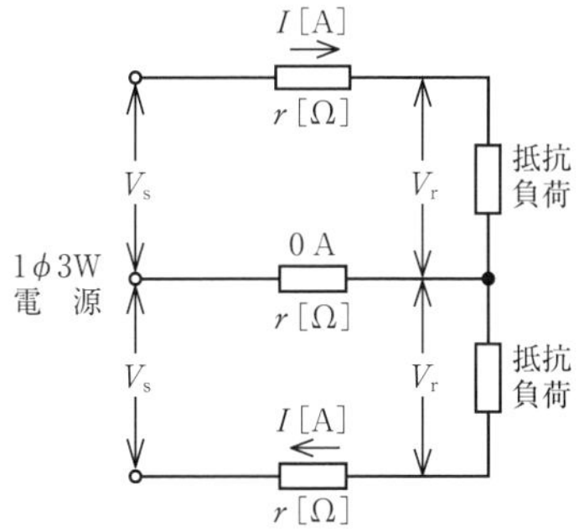 	**イ.** $2rI$　　**ロ.** $3rI$ **ハ.** rI　　**ニ.** $\sqrt{3}rI$
8 　低圧屋内配線工事に使用する 600V ビニル絶縁ビニルシースケーブル丸形 （軟銅線），導体の直径2.0mm，3心の 許容電流 [A] は。 　ただし，周囲温度は30℃以下，電 流減少係数は0.70とする。	**イ.** 19　　**ロ.** 24 **ハ.** 33　　**ニ.** 35

問 い	答 え
9　　図のように定格電流40Aの過電流遮断器で保護された低圧屋内幹線から分岐して，10mの位置に過電流遮断器を施設するとき，a–b間の電線の許容電流の最小値[A]は。 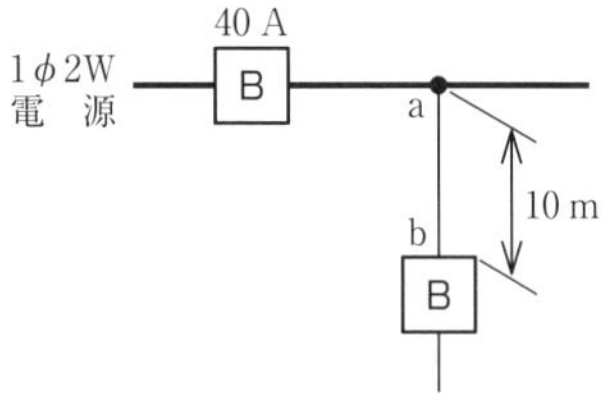 1φ2W電源　40A[B]　a b　10m　[B]	イ．10　　ロ．14 ハ．18　　ニ．22
10　　低圧屋内配線の分岐回路の設計で，配線用遮断器，分岐回路の電線の太さ及びコンセントの組合せとして，**適切なもの**は。 　　ただし，分岐点から配線用遮断器までは3m，配線用遮断器からコンセントまでは8mとし，電線の数値は分岐回路の電線（軟銅線）の太さを示す。 　　また，コンセントは兼用コンセントではないものとする。	イ． 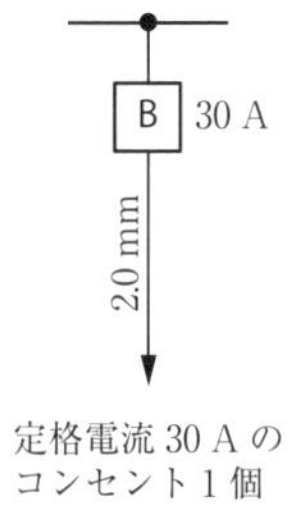 [B] 30A　2.0 mm 定格電流30Aのコンセント1個 ロ． 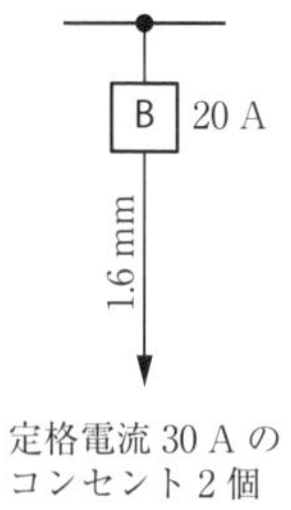 [B] 20A　1.6 mm 定格電流30Aのコンセント2個 ハ． 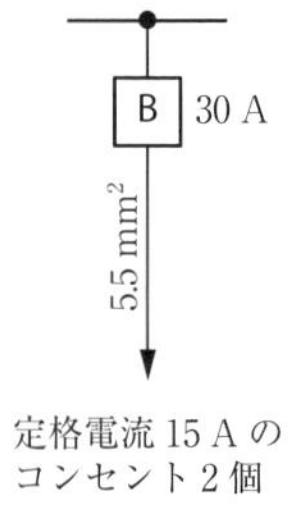 [B] 30A　5.5 mm² 定格電流15Aのコンセント2個 ニ． 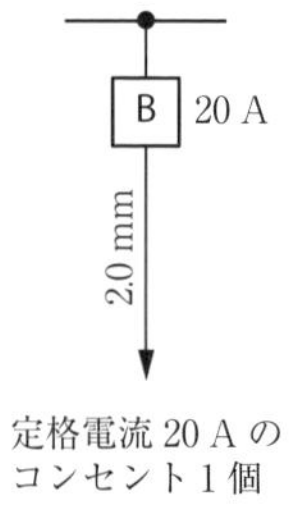 [B] 20A　2.0 mm 定格電流20Aのコンセント1個
11　　アウトレットボックス（金属製）の使用方法として，**不適切なもの**は。	イ．金属管工事で電線の引き入れを容易にするのに用いる。 ロ．金属管工事で電線相互を接続する部分に用いる。 ハ．配線用遮断器を集合して設置するのに用いる。 ニ．照明器具などを取り付ける部分で電線を引き出す場合に用いる。

問　い	答　え
12　使用電圧が300V以下の屋内に施設する器具であって，付属する移動電線にビニルコードが**使用できるものは**。	イ．電気扇風機 ロ．電気こたつ ハ．電気こんろ ニ．電気トースター
13　電気工事の作業と使用する工具の組合せとして，**誤っているものは**。	イ．金属製キャビネットに穴をあける作業とノックアウトパンチャ ロ．木造天井板に電線管を通す穴をあける作業と羽根ぎり ハ．電線，メッセンジャワイヤ等のたるみを取る作業と張線器 ニ．薄鋼電線管を切断する作業とプリカナイフ
14　一般用低圧三相かご形誘導電動機に関する記述で，**誤っているものは**。	イ．負荷が増加すると回転速度はやや低下する。 ロ．全電圧始動（じか入れ）での始動電流は全負荷電流の2倍程度である。 ハ．電源の周波数が60Hzから50Hzに変わると回転速度が低下する。 ニ．3本の結線のうちいずれか2本を入れ替えると逆回転する。
15　直管LEDランプに関する記述として，**誤っているものは**。	イ．すべての蛍光灯照明器具にそのまま使用できる。 ロ．同じ明るさの蛍光灯と比較して消費電力が小さい。 ハ．制御装置が内蔵されているものと内蔵されていないものとがある。 ニ．蛍光灯に比べて寿命が長い。

問　い	答　え
16　写真に示す材料の用途は。 	**イ．**合成樹脂製可とう電線管相互を接続するのに用いる。 **ロ．**合成樹脂製可とう電線管と硬質ポリ塩化ビニル電線管とを接続するのに用いる。 **ハ．**硬質ポリ塩化ビニル電線管相互を接続するのに用いる。 **ニ．**鋼製電線管と合成樹脂製可とう電線管とを接続するのに用いる。
17　写真に示す器具の名称は。 	**イ．**漏電警報器 **ロ．**電磁開閉器 **ハ．**配線用遮断器（電動機保護兼用） **ニ．**漏電遮断器
18　写真に示す工具の用途は。 	**イ．**金属管切り口の面取りに使用する。 **ロ．**鉄板の穴あけに使用する。 **ハ．**木柱の穴あけに使用する。 **ニ．**コンクリート壁の穴あけに使用する。

問　い	答　え
19　　低圧屋内配線工事で，600Vビニル絶縁電線（軟銅線）をリングスリーブ用圧着工具とリングスリーブE形を用いて終端接続を行った。接続する電線に適合するリングスリーブの種類と圧着マーク（刻印）の組合せで，**不適切なものは**。	**イ．** 直径1.6mm 2本の接続に，小スリーブを使用して圧着マークを〇にした。 **ロ．** 直径1.6mm 1本と直径2.0mm 1本の接続に，小スリーブを使用して圧着マークを**小**にした。 **ハ．** 直径1.6mm 4本の接続に，中スリーブを使用して圧着マークを**中**にした。 **ニ．** 直径1.6mm 1本と直径2.0mm 2本の接続に，中スリーブを使用して圧着マークを**中**にした。
20　　次表は使用電圧100Vの屋内配線の施設場所による工事の種類を示す表である。表中のa〜fのうち，**「施設できない工事」を全て選んだ組合せ**として，**正しいものは**。	**イ．** a，b，c **ロ．** a，c **ハ．** b，e **ニ．** d，e，f

施設場所の区分	工事の種類		
	金属線ぴ工事	金属ダクト工事	ライティングダクト工事
展開した場所で湿気の多い場所	a	b	c
点検できる隠ぺい場所で乾燥した場所	d	e	f

問い	答え
21 　単相3線式100/200V屋内配線の住宅用分電盤の工事を施工した。**不適切なものは。**	イ．ルームエアコン（単相200V）の分岐回路に2極2素子の配線用遮断器を取り付けた。 ロ．電熱器（単相100V）の分岐回路に2極2素子の配線用遮断器を取り付けた。 ハ．主開閉器の中性極に銅バーを取り付けた。 ニ．電灯専用（単相100V）の分岐回路に2極1素子の配線用遮断器を取り付け，素子のある極に中性線を結線した。
22 　機械器具の金属製外箱に施すD種接地工事に関する記述で，**不適切なものは。**	イ．一次側200V，二次側100V，3kV・Aの絶縁変圧器（二次側非接地）の二次側電路に電動丸のこぎりを接続し，接地を施さないで使用した。 ロ．三相200V定格出力0.75kW電動機外箱の接地線に直径1.6mmのIV電線（軟銅線）を使用した。 ハ．単相100V移動式の電気ドリル（一重絶縁）の接地線として多心コードの断面積0.75mm^{2}の1心を使用した。 ニ．単相100V定格出力0.4kWの電動機を水気のある場所に設置し，定格感度電流15mA，動作時間0.1秒の電流動作型漏電遮断器を取り付けたので，接地工事を省略した。

	問　い	答　え
23	図に示す雨線外に施設する金属管工事の末端Ⓐ又はⒷ部分に使用するものとして，**不適切なものは。** 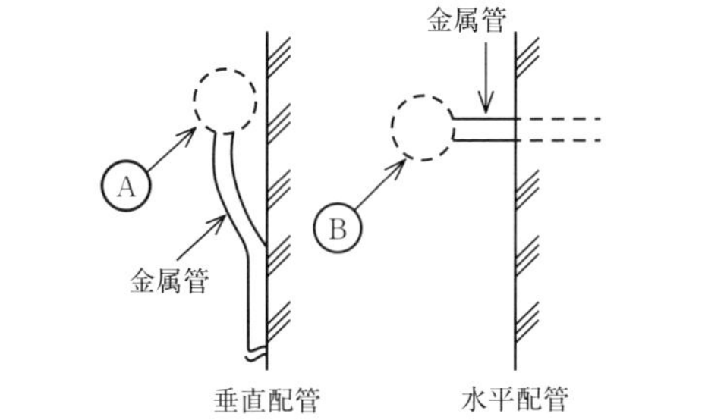 金属管 Ⓐ 金属管 Ⓑ 垂直配管　　水平配管	**イ.** Ⓐ部分にエントランスキャップを使用した。 **ロ.** Ⓑ部分にターミナルキャップを使用した。 **ハ.** Ⓑ部分にエントランスキャップを使用した。 **ニ.** Ⓐ部分にターミナルキャップを使用した。
24	一般用電気工作物の竣工（新増設）検査に関する記述として，**誤っているものは。**	**イ.** 検査は点検，通電試験（試送電），測定及び試験の順に実施する。 **ロ.** 点検は目視により配線設備や電気機械器具の施工状態が「電気設備に関する技術基準を定める省令」などに適合しているか確認する。 **ハ.** 通電試験（試送電）は，配線や機器について，通電後正常に使用できるかどうか確認する。 **ニ.** 測定及び試験では，絶縁抵抗計，接地抵抗計，回路計などを利用して測定し，「電気設備に関する技術基準を定める省令」などに適合していることを確認する。
25	図のような単相3線式回路で，開閉器を閉じて機器Ａの両端の電圧を測定したところ150Vを示した。この原因として，**考えられるものは。** 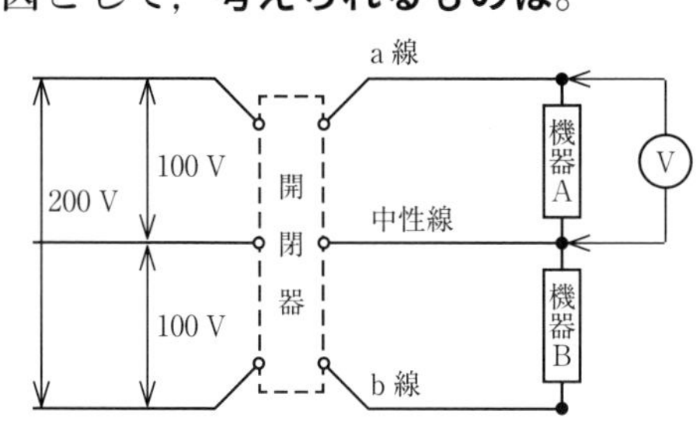 a 線 200 V　100 V 開閉器 中性線 100 V b 線 機器Ａ　Ⓥ 機器Ｂ	**イ.** 機器Ａの内部で断線している。 **ロ.** a線が断線している。 **ハ.** b線が断線している。 **ニ.** 中性線が断線している。

問　い	答　え
26　　接地抵抗計（電池式）に関する記述として，**誤っているものは**。	イ．接地抵抗計には，ディジタル形と指針形（アナログ形）がある。 ロ．接地抵抗計の出力端子における電圧は，直流電圧である。 ハ．接地抵抗測定の前には，接地抵抗計の電池が有効であることを確認する。 ニ．接地抵抗測定の前には，地電圧が許容値以下であることを確認する。
27　　漏れ電流計（クランプ形）に関する記述として，**誤っているものは**。	イ．漏れ電流計（クランプ形）の方が一般的な負荷電流測定用のクランプ形電流計より感度が低い。 ロ．接地線を開放することなく，漏れ電流が測定できる。 ハ．漏れ電流専用のものとレンジ切換えで負荷電流も測定できるものもある。 ニ．漏れ電流計には増幅回路が内蔵され，[mA]単位で測定できる。

	問　い		答　え
28	次の記述は，電気工作物の保安に関する法令について記述したものである。**誤っているものは。**	イ．	「電気工事士法」は，電気工事の作業に従事する者の資格及び権利を定め，もって電気工事の欠陥による災害の発生の防止に寄与することを目的としている。
		ロ．	「電気事業法」において，一般用電気工作物の範囲が定義されている。
		ハ．	「電気用品安全法」では，電気工事士は適切な表示が付されているものでなければ電気用品を電気工作物の設置又は変更の工事に使用してはならないと定めている。
		ニ．	「電気設備に関する技術基準を定める省令」において，電気設備は感電，火災その他人体に危害を及ぼし，又は物件に損傷を与えるおそれがないよう施設しなければならないと定めている。
29	「電気用品安全法」における電気用品に関する記述として，**誤っているものは。**	イ．	電気用品の製造又は輸入の事業を行う者は,「電気用品安全法」に規定する義務を履行したときに，経済産業省令で定める方式による表示を付すことができる。
		ロ．	特定電気用品には⟨PS⟩Eまたは(PS)Eの表示が付されている。
		ハ．	電気用品の販売の事業を行う者は，経済産業大臣の承認を受けた場合等を除き，法令に定める表示のない電気用品を販売してはならない。
		ニ．	電気工事士は,「電気用品安全法」に規定する表示の付されていない電気用品を電気工作物の設置又は変更の工事に使用してはならない。

問　い	答　え
30 　　「電気設備に関する技術基準を定める省令」における電圧の低圧区分の組合せで，**正しいものは**。	イ．直流にあっては600V以下，交流にあっては600V以下のもの ロ．直流にあっては750V以下，交流にあっては600V以下のもの ハ．直流にあっては600V以下，交流にあっては750V以下のもの ニ．直流にあっては750V以下，交流にあっては750V以下のもの

第 1 章

第 2 章

第 3 章

第 4 章

第 5 章

第 6 章

第 7 章

R5
年上期
1

R5
年上期
2

問題2. 配線図 （問題数20，配点は1問当たり2点）　※図は320頁参照

　図は，木造3階建住宅の配線図である。この図に関する次の各問いには4通りの答え（**イ**，**ロ**，**ハ**，**ニ**）が書いてある。それぞれの問いに対して，答えを1つ選びなさい。

【注意】 1. 屋内配線の工事は，特記のある場合を除き600Vビニル絶縁ビニルシースケーブル平形（VVF）を用いたケーブル工事である。

2. 屋内配線等の電線の本数，電線の太さ，その他，問いに直接関係のない部分等は省略又は簡略化してある。

3. 漏電遮断器は，定格感度電流30mA，動作時間0.1秒以内のものを使用している。

4. 選択肢（答え）の写真にあるコンセント及び点滅器は，「JIS C 0303：2000 構内電気設備の配線用図記号」で示す「一般形」である。

5. 図においては，必要なジョイントボックスがすべて示されているとは限らないが，ジョイントボックスを経由する電線は，すべて接続箇所を設けている。

6. 3路スイッチの記号「0」の端子には，電源側又は負荷側の電線を結線する。

	問　　い		答　　え
31	①で示す図記号の名称は。	**イ.**	プルボックス
		ロ.	VVF用ジョイントボックス
		ハ.	ジャンクションボックス
		ニ.	ジョイントボックス
32	②で示す図記号の器具の名称は。	**イ.**	一般形点滅器
		ロ.	一般形調光器
		ハ.	ワイド形調光器
		ニ.	ワイドハンドル形点滅器
33	③で示す部分の工事の種類として，**正しいものは**。	**イ.**	ケーブル工事（CVT）
		ロ.	金属線ぴ工事
		ハ.	金属ダクト工事
		ニ.	金属管工事
34	④で示す部分に施設する機器は。	**イ.**	3極2素子配線用遮断器（中性線欠相保護付）
		ロ.	3極2素子漏電遮断器（過負荷保護付，中性線欠相保護付）
		ハ.	3極3素子配線用遮断器
		ニ.	2極2素子漏電遮断器（過負荷保護付）

問　い	答　え
35　⑤で示す部分の電路と大地間の絶縁抵抗として，許容される最小値［MΩ］は。	イ．0.1　　ロ．0.2　　ハ．0.4　　ニ．1.0
36　⑥で示す部分に照明器具としてペンダントを取り付けたい。図記号は。	イ．(CL)　　ロ．(CH)　　ハ．⊗　　ニ．⊖
37　⑦で示す部分の接地工事の種類及びその接地抵抗の許容される最大値［Ω］の組合せとして，**正しいものは**。	イ．A種接地工事　　10Ω ロ．A種接地工事　　100Ω ハ．D種接地工事　　100Ω ニ．D種接地工事　　500Ω
38　⑧で示す部分の最少電線本数（心線数）は。	イ．2　　ロ．3　　ハ．4　　ニ．5
39　⑨で示す部分の小勢力回路で使用できる電圧の最大値［V］は。	イ．24　　ロ．30　　ハ．40　　ニ．60
40　⑩で示す部分の配線工事で用いる管の種類は。	イ．波付硬質合成樹脂管 ロ．硬質ポリ塩化ビニル電線管 ハ．耐衝撃性硬質ポリ塩化ビニル電線管 ニ．耐衝撃性硬質ポリ塩化ビニル管
41　⑪で示す部分の配線を器具の裏面から見たものである。**正しいものは**。 ただし，電線の色別は，白色は電源からの接地側電線，黒色は電源からの非接地側電線とする。	イ．　　ロ．　　ハ．　　ニ．

問　い	答　え

42 ⑫で示す部分の配線工事に必要なケーブルは。ただし，心線数は最少とする。

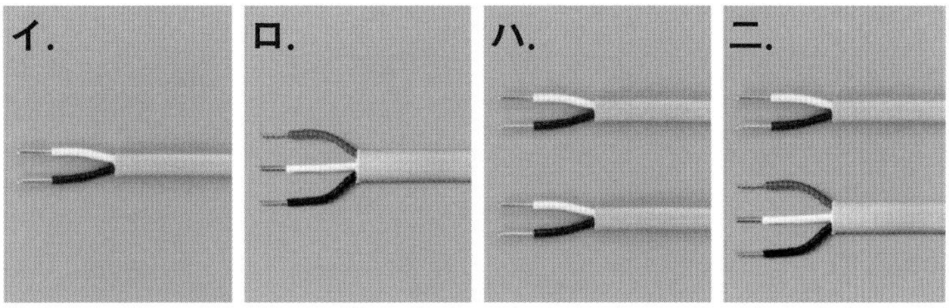

イ.　ロ.　ハ.　ニ.

43 ⑬で示す図記号の器具は。

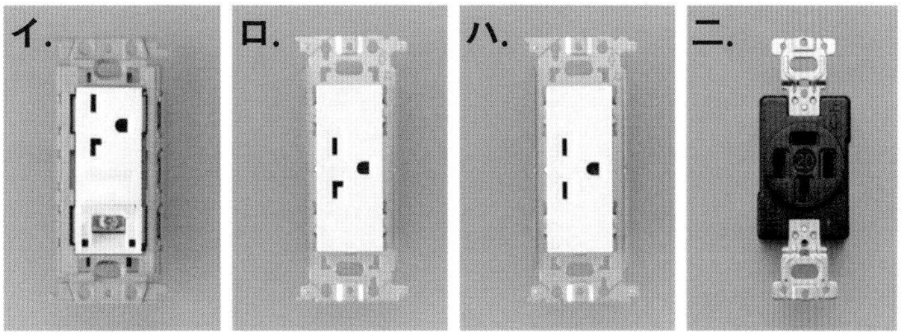

イ.　ロ.　ハ.　ニ.

44 ⑭で示すボックス内の接続をすべて圧着接続とする場合，使用するリングスリーブの種類と最少個数の組合せで，**正しいものは**。ただし，使用する電線は特記のないものはVVF1.6とする。

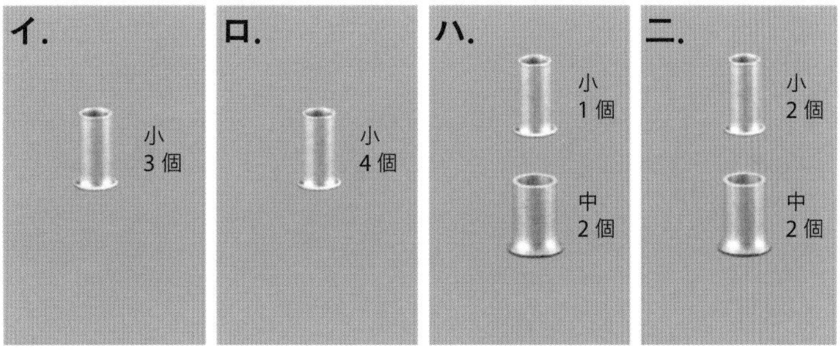

イ.　ロ.　ハ.　ニ.

小 3個　小 4個　小 1個 中 2個　小 2個 中 2個

45 ⑮で示すボックス内の接続をリングスリーブで圧着接続した場合のリングスリーブの種類，個数及び圧着接続後の刻印との組合せで，**正しいものは**。ただし，使用する電線はすべてVVF1.6とする。また，写真に示す**リングスリーブ中央**の〇，小は刻印を表す。

イ.　ロ.　ハ.　ニ.

小　3個　小　3個　小　4個　小　4個

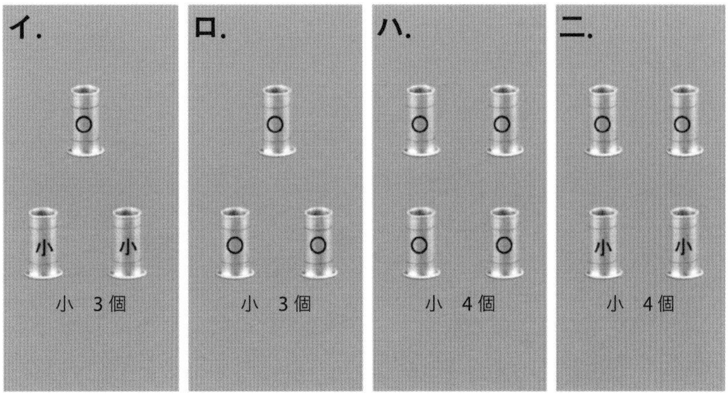

	問　い	答　え
46	⑯で示す図記号の機器は。	**イ.**  **ロ.** 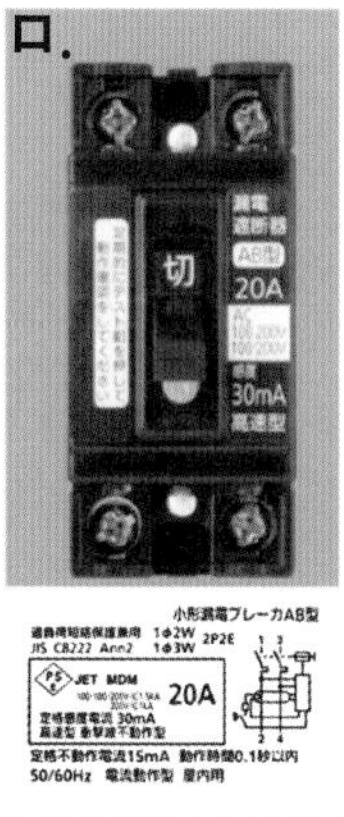 **ハ.** 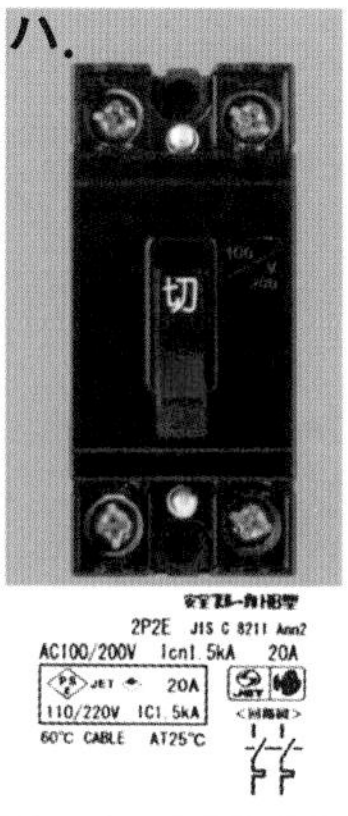 **ニ.** 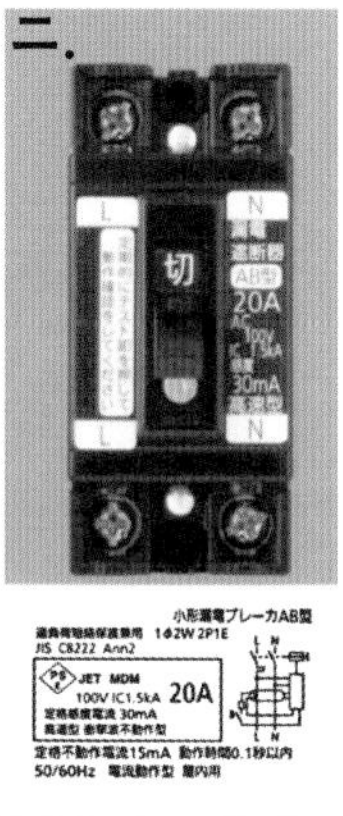
47	⑰で示すボックス内の接続をすべて差込形コネクタとする場合，使用する差込形コネクタの種類と最少個数の組合せで，**正しいものは。** ただし，使用する電線はすべてVVF1.6とする。	**イ.** 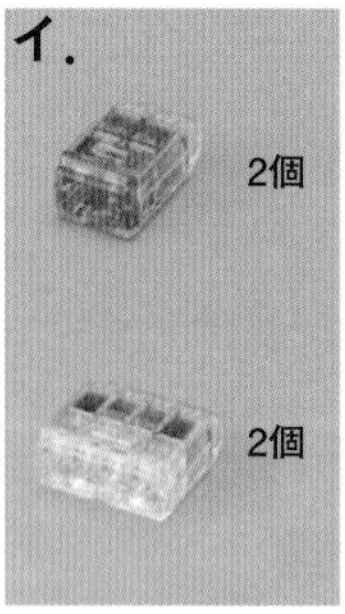 **ロ.** 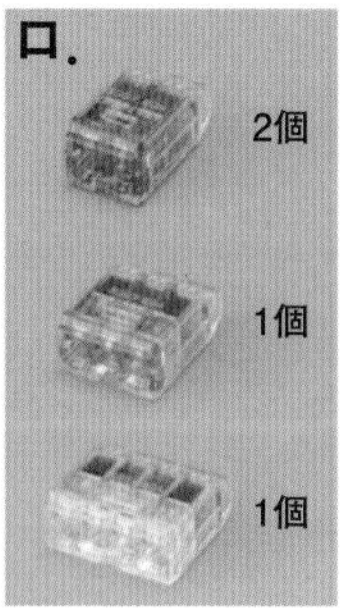 **ハ.** 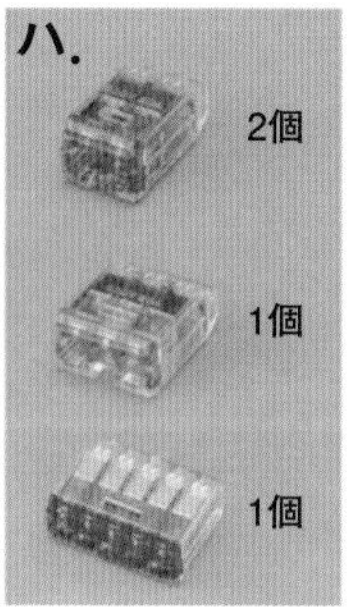 **ニ.** 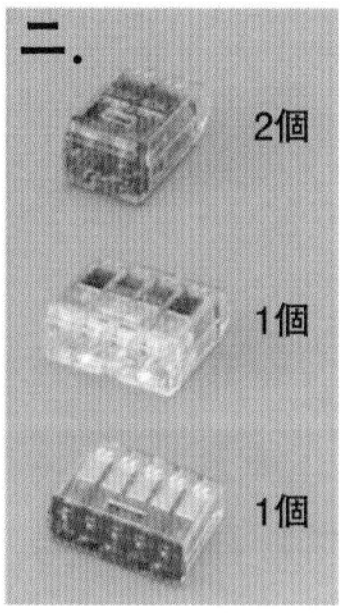
48	この配線図の図記号から，この工事で**使用されていない**スイッチは。 ただし，写真下の図は，接点の構成を示す。	**イ.**  **ロ.** 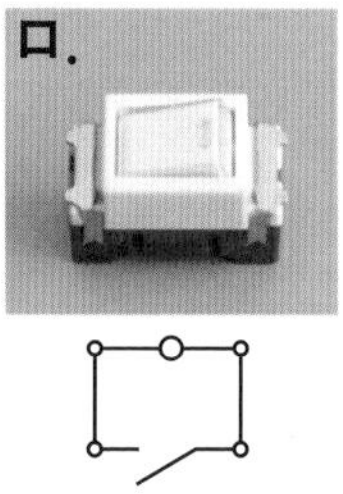 **ハ.** 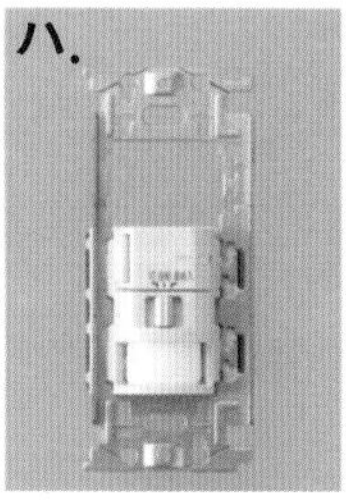 **ニ.** 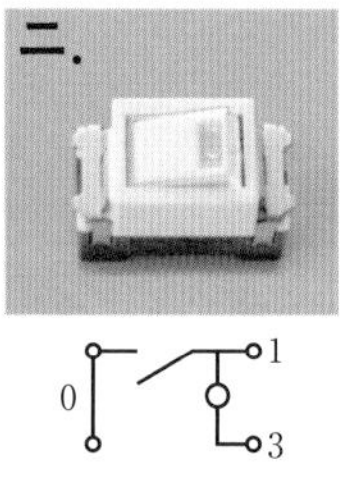
49	この配線図の施工で，**使用されていない**ものは。	**イ.** 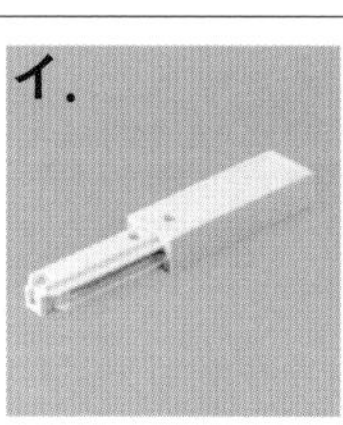 **ロ.**  **ハ.** 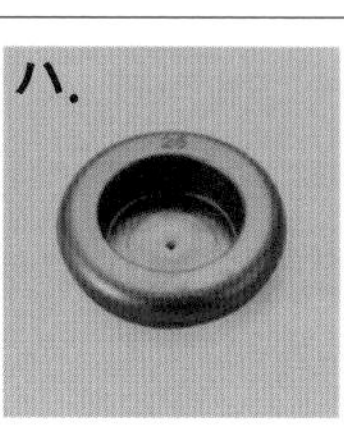 **ニ.** 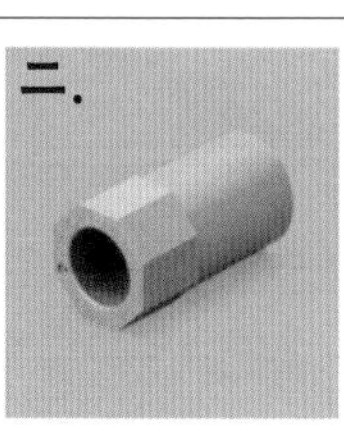

問 い	答 え
50 この配線図の施工に関して，一般的に**使用されることのない工具は。**	**イ.**　**ロ.**　**ハ.**　**ニ.**

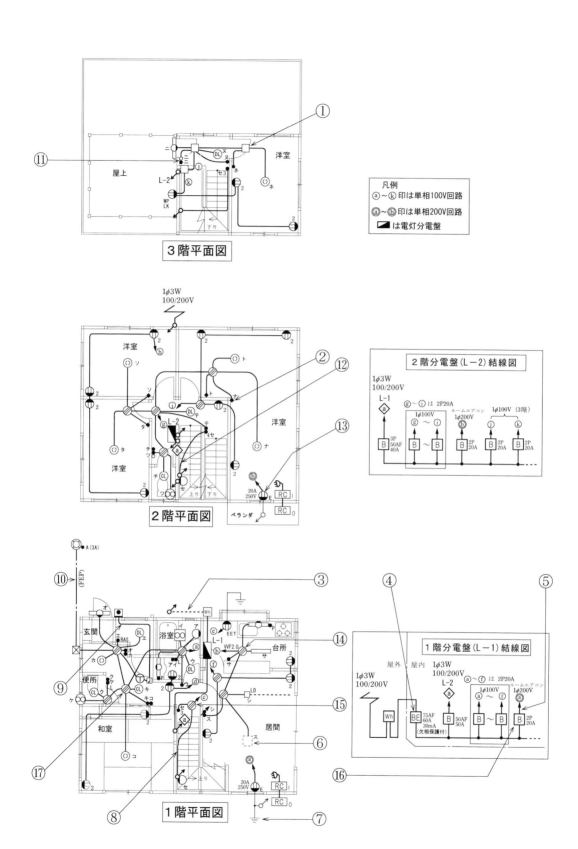

凡例
ⓐ～ⓚ印は単相100V回路
ⓐ～ⓑ印は単相200V回路
◣ は電灯分電盤

3階平面図

1φ3W
100/200V

2階平面図

2階分電盤(L-2)結線図

1φ3W
100/200V

L-1

ⓐ～ⓘ は 2P20A

ルームエアコン

1φ100V (3階)

1φ100V
ⓖ～ⓘ

1φ200V
ⓗ

B 3P
50AF
40A

B ～ B

B 2P
20A

B 2P
20A

B 2P
20A

1階平面図

1階分電盤(L-1)結線図

屋外 屋内

1φ3W
100/200V

L-2

ⓐ～ⓕは 2P20A

1φ3W
100/200V

ⓐ

ⓐ～ⓕ

ルームエアコン
1φ200V
ⓐ

1φ100V

Wh

BE 75AF
60A
30mA
(欠相保護付)

B 50AF
50A

B ～ B

B 2P
20A

問題1　一般問題

問い1

解説　〔合成抵抗〕

図1は，図2となり，a–b間の合成抵抗 R_{ab}〔Ω〕は，

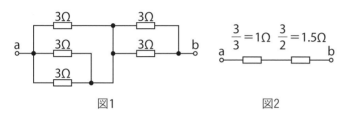

図1　　　　　図2

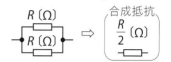

*同じ抵抗 R〔Ω〕を**2個並列接続した**
場合の合成抵抗は，$\dfrac{R}{2}$〔Ω〕

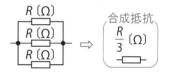

*同じ抵抗 R〔Ω〕を**3個並列接続した**
場合の合成抵抗は，$\dfrac{R}{3}$〔Ω〕

$R_{ab}＝1＋1.5＝$ **2.5Ω**

*直列接続したときの**合成抵抗**は，和（足し算）。

問い2

解説　〔銅線の電気抵抗の比率〕

銅線Aの抵抗は，銅線Bの抵抗の**8倍**となります。

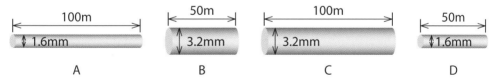

①Aの断面積はCの1/4倍──同一長さのCと比較し，Aの抵抗はCの**4倍**（抵抗は，断面積に反比例する）。

②Aの長さはDの2倍──同一断面積のDと比較し，Aの抵抗はDの**2倍**（抵抗は，長さに比例する）。

①，②より，Aの抵抗はBの抵抗の**4×2＝8倍**

銅線の直径が2倍になると，断面積は4倍になる。

*同一長さの銅線で，直径が1.6mmのAと3.2mmのCを比較したとき，Aは断面積が1/4倍で，**抵抗はCの4倍**，また，同一断面積の銅線で，長さが100mのAと50mのDを比較したとき，Aの**抵抗はDの2倍**になる。

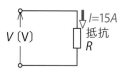

解説　〔電力量〔W・h〕〕

抵抗に電圧 V〔V〕を加え I〔A〕が流れたとき，抵抗で消費される電力 P〔W〕は，

$P=VI$〔W〕

P〔W〕で T〔h〕（時間）電流を流したときの**電力量 W〔W・h〕**（ワット時）は，

$W=PT=VIT$〔W・h〕

数値（電力量は4.5kW・hより **$W=4500$W・h**，**$I=15$A**，

時間は1時間30分より **$T=1.5$h**）を代入すると，

$4500=V \times 15 \times 1.5$

$$V=\frac{4500}{15 \times 1.5}=200V$$

＊電力量＝電力×時間　$W=PT$〔W・h〕，抵抗で消費される電力＝電圧×電流　$P=VI$〔W〕

解説　〔交流回路の消費電力〕

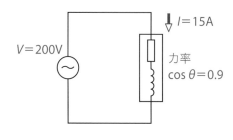

単相交流回路で，$V=200$V の電圧を力率90%（$\cos\theta=0.9$）の負荷に加えたとき，$I=15$A の電流が流れました。

このとき，**負荷の消費電力 P〔W〕** は，

$P=VI\cos\theta$〔W〕で表されます。

数値（**$V=200$V，$I=15$A，$\cos\theta=0.9$**）を代入すると，

$P=200 \times 15 \times 0.9=2700$W＝2.7kW

＊交流回路の電力＝電圧×電流×力率　$P=VI\cos\theta$〔W〕，力率（$\cos\theta$）：有効に働く電力の割合。

第1章

第2章

第3章

第4章

第5章

第6章

第7章

R5
年上期1

R5
年上期2

問い5

解答 ロ (11.6A)

解説 〔三相回路の線電流〕

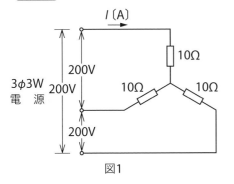

図1

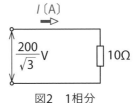

図2 1相分

図1の1相分（図2）の相電圧（$200/\sqrt{3}$）Vを1相の抵抗値10Ωで割れば，**線電流I〔A〕**が求められます。

$$I=\frac{\frac{200}{\sqrt{3}}}{10}=\frac{200}{\sqrt{3}}\times\frac{1}{10}=\frac{20}{1.73}\fallingdotseq\textbf{11.6A}$$

＊三相回路は，**1相分で考える**。20÷1.73は，20÷2＝10でおおよその数値を求め，選択肢を選ぶこともできる。

問い6

解答 ニ (105V)

解説 〔単相回路の a–a′ 間の電圧〕

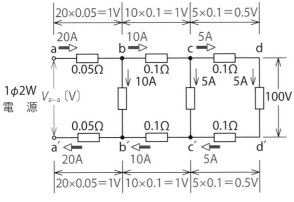

a–a′ 間の電圧 $V_{a\text{-}a'}$ 〔V〕は，図のように，各電線に生じる電圧（電圧降下）を d–d′ 間の電圧（100V）に加えれば求められます。

$$V_{a\text{-}a'}=V_{d\text{-}d'}+\text{各電線の電圧降下の和}$$
$$=100+2\times(1+1+0.5)$$
$$=105V$$

＊横向きの □ は**電線の抵抗**，縦向きは**負荷抵抗**を表している。

解説　〔単相3線式回路の電圧降下〕

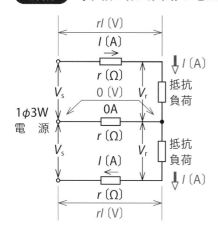

　　図の単相3線式回路で，各電線の抵抗が*r*〔Ω〕，上下2つの負荷電流が*I*〔A〕で等しいとき，中性線の電流が0Aとなり，中性線の電圧（電圧降下）は0Vです。

　　したがって，**電圧降下（$V_s - V_r$）は，1線のみの大きさになります。**

$$V_s - V_r = rl \text{〔V〕}$$

＊単相3線式回路の**中性線に流れる**電流は，2つの**負荷電流の差**の値。

解説　〔許容電流×電流減少係数〕解釈＊146条＊＊（低圧配線に使用する電線）

　直径が2.0mmの600Vビニル絶縁電線（軟銅線）のがいし引き配線における許容電流は**35A**です。600Vビニル絶縁ビニルシースケーブル丸形（軟銅線）2.0mm，3心の電流減少係数が**0.70**なので，許容電流は，**35×0.7＝24.5**，小数点以下1位を7捨8入して**24A**です。

・IV線のがいし引き配線における許容電流は暗記しましょう。

　1.6mm（2㋴A），2.0mm（3㋤A），2.6mm（4㋘A）

＊解釈：電気設備技術基準の解釈
＊＊法令の第○○条の「第」は省略

問い9　　　　　　　　　　　　　　　　　　　　　　解答　ニ（22A）

解説　〔**分岐回路の長さと電線の許容電流**〕解釈149条（低圧分岐回路の施設）

　幹線から分岐回路を施設するには，図2①〜③のようにします。図1のa–b間の長さが10m（**8mを超えている**）より，図2の③に該当し，a–b間の電線の許容電流〔A〕は，幹線を保護する過電流遮断器の定格電流I_B＝40Aの55％以上でなければなりません。

電線の許容電流≧0.55I_B

＝0.55×40＝22A

最小値は，**22A**

＊分岐点から**3m以下**の箇所に B₂ を施設する。分岐電線の許容電流がI_Bの**35％以上**で**8m以下**，**55％以上**で制限なし。

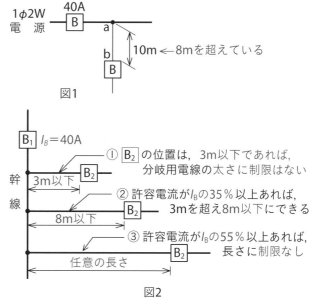

1φ2W
電　源　40A B　a
↕10m ←8mを超えている
b B
図1

B₁ I_B＝40A
幹線
3m以下　B₂
8m以下　B₂
任意の長さ　B₂
図2

① B₂ の位置は，3m以下であれば，分岐用電線の太さに制限はない
② 許容電流がI_Bの35％以上あれば，3mを超え8m以下にできる
③ 許容電流がI_Bの55％以上あれば，長さに制限なし

問い10　　　　　　　　　　　　　　　　　　　　　　　　　解答　ニ

解説　〔**配線用遮断器，電線，コンセントの組合せ**〕解釈149条（低圧分岐回路等の施設）

　定格電流が20Aの配線用遮断器で保護される分岐回路において，使用している**コンセントの定格電流が20A，電線の太さが2.0mm（1.6mm以上）**のニ.は適切です。

	不適切	不適切	不適切	適切
	イ.	**ロ.**	**ハ.**	**ニ.**
	B 30A 2.0mm	B 20A 1.6mm	B 30A 5.5mm²	B 20A 2.0mm
	定格電流30Aのコンセント1個	定格電流30Aのコンセント2個	定格電流15Aのコンセント2個	定格電流20Aのコンセント1個
過電流遮断器の種類	30A配線用遮断器	20A配線用遮断器	30A配線用遮断器	20A配線用遮断器
軟銅線の太さ	2.6mm以上より2.0mmは不適切	1.6mm以上より1.6mmは適切	2.6mm以上より5.5mm²は適切	**1.6mm以上**より2.0mmは適切
コンセントの定格電流	20A以上30A以下より30Aは適切	20A以下より30Aは不適切	20A以上30A以下より15Aは不適切	**20A以下**より20Aは適切

・**20A**の配線用遮断器で保護される分岐回路において，使用できるコンセントの定

格電流は**20A以下**でなければならないので，ロ.**コンセントの定格30A**は不適切です。

・**30A**の配線用遮断器で保護される分岐回路において，使用できるコンセントの定格電流は**30A**または**20A**（20A以上30A以下）で，電線の太さは**2.6mm**（より線の場合は**5.5mm²**）以上でなければならないので，イ.**電線の太さ2.0mm**は不適切，ハ.**コンセントの定格電流15A**は不適切です（コンセントの個数については，問いには関係しません）。

Ⓑ20A→⬤ 20Aまたは15A 電線1.6mm以上	Ⓑ30A→⬤ 30Aまたは20A 電線2.6mm（より線の 場合は5.5mm²）以上	Ⓑ40A→⬤ 40Aまたは30A 電線8mm²以上

問い11　解答　ハ

解説　〔アウトレットボックスの使用方法〕

アウトレットボックス（金属製）は，次のような使用法があります。

・金属管工事で**電線の引き入れを容易にする**のに用いる。
・金属管工事で**電線相互を接続する部分**に用いる。
・照明器具などを取り付ける部分で**電線を引き出す場合**に用いる。

ハ.は，不適切です（配線用遮断器を集合して設置するのに用いるのは，分電盤です）。

＊アウトレットボックスはいろいろな用途で使用されるが，主として電線相互を接続する部分に用いる。

問い12　解答　イ

解説　〔**ビニルコードが使用できる器具**〕解釈171条（移動電線の施設）

ビニルコードが使用できるものは，**屋内に施設する器具**であって，直接接続される放電灯，扇風機，電気スタンドその他の電気を**熱として利用しない電気機械器具に付属する移動電線**として使用する場合に限り使用できます。したがって，イ.**電気扇風機**が正解です。

＊熱を利用する機器は，ゴムコードが多く使われる。

問い13　解答　ニ

解説　〔電気工事の作業と工具〕

電気工事の作業と使用する工具の組合せとして，誤っているものは，ニ.**薄鋼電線管を切断する作業とプリカナイフ**です。

〔参考〕

ノックアウトパンチャ

金属製キャビネットに
穴をあける

羽根切り

木造天井板に
穴をあける

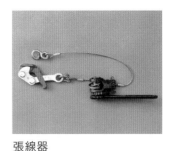

張線器

電線，メッセンジャワイヤ
等のたるみを取る

プリカナイフ

2種金属製可とう電
線管（プリカチュー
ブ）を切断する

＊プリカナイフは，プリカチューブを切断する工具。

問い14　　　　　　　　　　　　　　　　　　　　　　解答　ロ

解説　〔三相誘導電動機の記述〕

　一般用低圧三相かご形誘導電動機に関する記述で，**ロ. 全電圧始動（じか入れ）での始動電流は全負荷電流の2倍程度である**は，誤っています（**始動電流は，全負荷電流の4～8倍程度**です）。

イ. 負荷が増加すると回転速度はやや低下する——正しい

ハ. 電源の周波数が60Hzから50Hzに変わると回転速度が低下する——正しい（回転速度は周波数に比例します）。

ニ. 3本の結線のうちいずれか2本を入れ替えると逆回転する——正しい（2本を入れ替えると回転磁界の回転方向が逆になり逆回転します）。

　＊**全電圧始動**：電源電圧を直接加える始動方法で，**じか入れ始動**ともいう。

問い15　　　　　　　　　　　　　　　　　　　　　　解答　イ

解説　〔直管LEDランプに関する記述〕

　直管の蛍光灯照明器具には，グロースタータ式，ラピッドスタート式，インバータ式などがあり，動作原理の異なる直管LEDランプを使用することはできません。したがって，すべての蛍光灯照明器具にそのまま使用できるというイ. の記述は誤りです。

　ロ.，ハ.，ニ. の下記の記述は，正しいです。

・ロ. 消費電力が小さい。・ハ. 制御装置が内蔵されているものと内蔵されていないものがある。・ニ. 蛍光灯に比べて寿命が長い。

　＊**LEDランプ**：Light Emitting Diode（**発光ダイオード**）を用いたランプで，**発光効率が最も高い**照明器具として用いられている。

問い16 　　　　　　　　　　　　　　　　　　　　　　解答　イ

解説　〔写真に示す材料の用途〕

写真の名称は，**PF管用カップリング**で，用途は，イ. 合成樹脂製可とう電線管相互を接続するのに用いるが正解です。

〔参考〕

PF管用 カップリング	コンビネーションカップリング （異なる種類の電線管を接続）		TSカップリング

PF管相互の接続	PF管とねじなし 電線管の接続	PF管とVE管 の接続	VE管相互の接続

＊**PF管**：Plastic Flexible　プラスチック（合成樹脂）製で，フレキシブル（柔軟性がある）電線管。

問い17 　　　　　　　　　　　　　　　　　　　　　　解答　ハ

解説　〔写真に示す器具の名称〕

200V
2.2kW相当

写真に示す器具の名称は，ハ. 配線用遮断器（電動機保護兼用）が正解です。

「**200V 2.2kW相当**」（電動機の定格）の表示から電動機保護兼用とわかります。

＊**モータブレーカ**ともいい，**三相誘導電動機の保護用**として用いる。

問い18 　　　　　　　　　　　　　　　　　　　　　　解答　ロ

解説　〔写真に示す工具の用途〕

写真に示す工具の用途は，ロ. 鉄板の穴あけに使用する工具です。**ホルソ**といい，電気ドリルに取り付けて**プルボックスなどの鉄板に穴をあける**のに用います。

＊ホルソ：hole（穴），saw（のこぎり）。

解説　〔スリーブと圧着マーク〕JIS C 2806

表：リングスリーブと電線の組合せ，刻印（圧着マーク）[JIS C 準拠]

	1.6mm	2.0mm	1.6mmと2.0mmの組合せ	刻印（圧着マーク）
小スリーブ	2本			○
小スリーブ	3〜4本	2本	**2.0mm×1本＋1.6mm×1〜2本**	小
中スリーブ	5〜6本	3〜4本	**2.0mm×1本＋1.6mm×3〜5本** **2.0mm×2本＋1.6mm×1〜3本**	中

　低圧屋内配線工事で，600Vビニル絶縁電線（軟銅線）をリングスリーブ用圧着工具とリングスリーブ（E形）を用いて終端接続を行う場合，接続する電線に適合するリングスリーブの種類と圧着マーク（刻印）の組合せで不適切なものは，表よりハ. となります。直径**1.6mm4本**の接続は，小スリーブを使用して圧着マークを小にしなければなりません。

イ. **直径1.6mm 2本**の接続に，**小スリーブ**を使用して圧着マークを○にした。
　　──適切

ロ. 直径**1.6mm 1本**と直径**2.0mm 1本**の接続に，**小スリーブ**を使用して圧着マークを小にした。──適切

ハ. **直径1.6mm 4本**の接続に，**中スリーブ**を使用して圧着マークを中にした。
　　──**不適切**

ニ. 直径**1.6mm 1本**と直径**2.0mm 2本**の接続に，**中スリーブ**を使用して圧着マークを中にした。──適切

　＊**1.6mm 2〜4本**には小スリーブを使用，**1.6mm 5〜6本**には中スリーブを使用。
　　1.6mm 2本のみ刻印（圧着マーク）は○，2.0mm 1本は1.6mm 2本分に換算（問いの範囲）。

解説　〔次表で「施設できない工事」を選ぶ〕解釈156条（低圧屋内配線の施設場所による工事の種類）

施設場所の区分	工事の種類		
	金属線ぴ工事	金属ダクト工事	ライティングダクト工事
展開した場所で湿気の多い場所	a×	b×	c×
点検できる隠ぺい場所で乾燥した場所	d	e	f

　　100Vの屋内配線において，**金属線ぴ工事，金属ダクト工事，ライティングダクト工事**は，ともに湿気の多い場所での施設はできないのでa，b，cは，「×」です。

　　また，**点検できる隠ぺい場所で乾燥した場所**d，e，fは，「○」で施設できます。

　　したがって，**イ**. a，b，cが施設できない工事となります。

＊金属ダクト・金属線ぴ・ライティングダクト工事は，点検でき，乾燥した場所での施設は可能。
金属管・合成樹脂管・ケーブル工事は，例外を除きすべての場所での施設が可能。

解説　〔100/200V分電盤の工事〕内規＊1360-7（過電流遮断器の極）

・過電流検出素子＊＊に関する規定

①**過電流検出素子**及びこれによって動作する**開閉部**を電路の**各極**に施設すること。

②中性線のある電路について，中性線には，素子を施設しないこと。ただし各極が同時に開路されるときは，中性線に素子を設けてもよい。

③ナイフスイッチの中性極には，ヒューズの代わりに銅バーを施設すること。

イ，**ロ**. は上記①により適切：イ. 単相200Vの分岐回路，ロ. 単相100Vの分岐回路に**2極2素子の配線用遮断器**を取り付けた。

ハ. は上記③により適切：主開閉器の中性極に**銅バー**を取り付けた。

ニ. は上記②により不適切：電灯専用（単相100V）の分岐回路に**2極1素子の配線用遮断器**を取り付け，素子のある極に**中性線を結線**した。下線部が不適切で，素子のない極に中性線（接地側電線）を結線しなければならない。

＊内規：内線規定
＊＊素子：**過電流検出素子**（過電流によって動作する電磁コイル，バイメタルなど）
配線用遮断器（2P1E）の素子のある極に中性線を結線してはならない。ナイフスイッチ式開閉器の中性極は，銅バーを取り付ける。

解説　〔**D種接地工事**〕解釈17条（接地工事の種類及び施設方法），解釈29条（機械器具の金属製外箱等の接地）

・**水気のある場所以外の場所**に施設する低圧用の機械器具に電気を供給する電路に，電気用品安全法の適用を受ける漏電遮断器（定格感度電流が15mA以下，動作時間が0.1秒以下の電流動作型）を施設する場合は，接地工事を省略できる。——ニ．は，水気のある場所に電動機を設置し，接地工事を省略したとあるので，不適切です。

イ．絶縁変圧器の二次側電路に電動丸のこぎりを接続し，接地を施さないで使用——適切（**絶縁変圧器の二次側を非接地**とする場合）

ロ．D種接地工事の接地線に1.6mmのIV電線を使用——適切（**1.6mm以上の軟銅線**）

ハ．電気ドリルの接地線に多心コード0.75mm²の1心を使用——適切（**0.75mm²以上**）

＊水気のある場所に施設する機器具の接地工事の省略はできない。

解説　〔**ターミナルキャップとエントランスキャップ**〕内規3110–15（雨線外の配管）

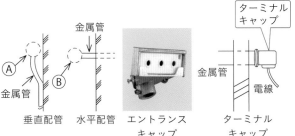

金属管

Ⓐ　Ⓑ

金属管

垂直配管　水平配管　エントランス
　　　　　　　　　　　キャップ

ターミナル
キャップ

金属管

電線

ターミナル
キャップ

・**エントランスキャップ**

　金属管工事の**垂直配管**の上部管端Ⓐ，**水平配管**の管端Ⓑに取り付け，雨水の浸入を防ぎます。

・**ターミナルキャップ**

　金属管工事の**水平配管**の管端Ⓑに取り付け，雨水の浸入を防ぎます。

　ターミナルキャップは，電線を引き出す部分と管の方向が直角で，垂直に配管した上部管端（Ⓐ部分）に使用すると雨水が浸入する可能性があるので，ニ．Ⓐ部分にターミナルキャップを使用したが不適切です。

＊雨線外（雨のかかる場所）で，**ターミナルキャップは水平配管のみ**使用可能，**エントランスキャップは（垂直，水平）配管**で使用可能。

解説　〔**竣工検査**〕

　竣工検査は，**建築物が完成したときに行う検査**で，**目視点検→絶縁抵抗測定及び接地抵抗測定→導通試験→通電試験の順**に行います。

イ．点検→通電試験（試送電）→測定及び試験の順に実施するは，順序が**誤り**

ロ．「電気設備に関する技術基準を定める省令」に適合しているかを確認する——正しい

第1章　第2章　第3章　第4章　第5章　第6章　第7章　R5年上期1　R5年上期2

ハ. 通電試験 (試送電) は，配線や機器が，正常に使用できるかを確認する──正しい

ニ. 測定及び試験では，絶縁抵抗計，接地抵抗計，回路計などを利用して測定し，「電気設備に関する技術基準を定める省令」などに適合していることを確認する──正しい

＊**竣工検査**とは，電気設備の**新設または増設改修に伴う工事**が完成したときに行う検査。

問い25　　　　　　　　　　　　　　　　　　　　　　　　　　　　解答　ニ

解説　〔単相3線式回路の不平衡〕

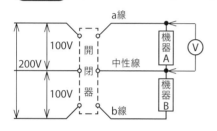

開閉器を閉じたとき，機器Aの電圧が150Vとなる原因は，ニ. 中性線が断線しているが考えられます。

　AとBの2つの負荷が異なる場合，中性線が断線するとA，Bの電圧が100Vにならずに電圧に偏りを生じます。

＊A，Bともに抵抗負荷を想定し**中性線が断線したとき**，200Vの電圧がAとBの抵抗で分圧され**抵抗の大きい方の電圧が高くなる**。

問い26　　　　　　　　　　　　　　　　　　　　　　　　　　　　解答　ロ

解説　〔接地抵抗計＊(電池式)〕

　接地抵抗計 (電池式) に関する記述として，誤っているものは，ロ. **接地抵抗計の出力端子における電圧は，** 直流電圧であるです。下線部は数百Hzの交流電圧が正しい (直流電流を流すと成極作用のため電流が流れにくくなり，誤差が大きくなります)。

・接地抵抗計には，ディジタル形と指針形 (アナログ形) がある。

・接地抵抗測定の前には，電池が有効であること，**地電圧**＊＊が許容値以下であることを確認する。

　＊**接地抵抗計**は，インバータ (直流交流変換装置) を内蔵しており，**交流電流**を流して**接地抵抗を測定する**。
　＊＊**地電圧**は，接地極に接続される機器による漏れ電流などにより生じる電圧。

問い27　　　　　　　　　　　　　　　　　　　　　　　　　　　　解答　イ

解説　〔漏れ電流計 (クランプ形)〕

　漏れ電流計 (クランプ形) に関する記述として，誤っているものは，イ. **漏れ電流計 (クランプ形) の方が一般的な負荷電流測定用のクランプ形電流計より** 感度が低いです。下線部は感度が高いが正しい。

　＊**漏れ電流**は大地 (地面) に漏れて流れる**わずかな電流**なので，測定には**感度が高い漏れ電流計**を用いる。

第 1 章

第 2 章

第 3 章

第 4 章

第 5 章

第 6 章

第 7 章

R5
年
上
期
1

R5
年
上
期
2

問い28　　　　　　　　　　　　　　　　　　　　　　　　　　解答　イ

解説　〔電気工作物の保安に関する法令〕電気工事士法*1条（目的）

　電気工作物の保安に関する法令で誤っているものは，イ. **電気工事士法は，電気工事の作業に従事する者の資格及び権利を定め，もって電気工事の欠陥による災害の発生の防止に寄与することを目的としている**です。下線部は義務が正しい。

　＊電気工事士法は，電気工事士の**資格と義務**を定めている。

問い29　　　　　　　　　　　　　　　　　　　　　　　　　　解答　ロ

解説　〔電気用品安全法〕10条（表示），27条（販売の制限），28条（使用の制限）

　電気用品に関する記述として，誤っているものは，ロ. **特定電気用品には ⓅⓈⒺ または (PS) E の表示が付されている**です。下線部は ◇PS E◇ または **<PS>E** が正しいです。

　ⓅⓈⒺ **または (PS) E の表示は，特定電気用品以外の電気用品**です。

　＊**電気用品**：一般用電気工作物の部分（**配線材料や配線器具等**），または一般的に扱う**電気機械や器具，携帯発電機，蓄電池**など。
　特定電気用品：**危険または障害の発生するおそれが多い電気用品**（電気工事材料で，電気を通じて用いるものが多い）。

問い30　　　　　　　　　　　　　　　　　　　　　　　　　　解答　ロ

解説　〔電圧の低圧区分〕電技*2条（電圧**の種別等）

　低圧区分の組合せで，正しいものは，ロ. **直流にあっては750V以下，交流にあっては600V以下**のものです。

　＊電技：電気設備技術基準
　＊＊高圧：直流にあっては750Vを，交流にあっては600Vを超え，**7000V以下**のもの。

問題2　配線図

問い31　　　　　　　　　　　　　　　　　　　　　　　　　　解答　ニ

解説　〔図記号の名称〕

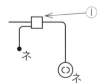

①で示す図記号の名称は，ニ. ジョイントボックスです。

　＊□：一般にアウトレットボックスと呼ぶが，JISではジョイントボックスという。
　　⊠：プルボックス（金属管が多く集合する場所で使用する大形の金属の箱）
　　◎：VVF用ジョイントボックス

問い32

解説 〔図記号の名称〕

②で示す図記号の器具の名称は，ニ. **ワイドハンドル形点滅器**です。

＊ハンドルを押すごとに「入」「切」が切り替わる。

ワイドハンドル形
点滅器の例

問い33

解説 〔引込口配線〕解釈110条（低圧屋側電線路の施設），内線規程1370-5（低圧引込線の引込線取付点から引込口装置までの施設）

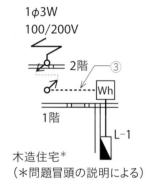

1φ3W
100/200V

2階 ③

Wh

1階

L-1

木造住宅＊
（＊問題冒頭の説明による）

③で示す部分（引込口配線）の**工事方法**で正しいものは，イ. **ケーブル工事（CVT）**です。

＊**木造住宅の場合，引込口配線は金属類で電線を保護する工事は禁止されている。**
CVTケーブル：トリプレックス形架橋ポリエチレン絶縁ビニルシースケーブル（施工しやすく許容電流が大きいので，多く採用されている）。
C：架橋ポリエチレン絶縁体，V：ビニルシース（外装），T：トリプレックス形（単心ケーブル3本のより合わせ形）。

問い34

解説 〔引込口開閉器〕

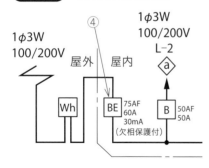

1φ3W
100/200V

④

屋外 屋内

Wh

BE 75AF
60A
30mA
（欠相保護付）

1φ3W
100/200V
L-2
ⓐ

B 50AF
50A

④で示す部分に施設する機器は，ロ. **3極2素子漏電遮断器（過負荷保護付，中性線欠相保護付）**です。

＊[BE]**（過負荷保護付漏電遮断器の図記号）**，75AF：**フレーム（大きさ）**，60A：**定格電流**，30mA：**定格感度電流**
欠相保護付：中性線が切れたときに生じる**異常電圧を検出し遮断する機能があるもの。**
3P（3極）の表示はないが，1φ3W（単相3線式）の引込口開閉器であることから3Pとわかる。

問い35　　　　　　　　　　　　　　　　　　　　　　　　　　　　　　　解答　イ

解説　〔電路と大地間の絶縁抵抗〕電技58条（低圧の電路の絶縁性能）

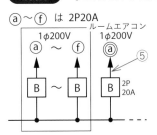

@～ⓕ は 2P20A

1φ200V
ⓐ ～ ⓕ

ルームエアコン
1φ200V
ⓐ
⑤

B ～ B 　B 2P 20A

　　⑤で示す部分の電路と大地間の絶縁抵抗として，許容される**最小値**は，**イ. 0.1MΩ**です。

　　使用電圧200V（300V以下）で**対地電圧100V**（150V以下）より，絶縁抵抗値は，**0.1MΩ以上**です。

＊**絶縁抵抗**：単相**3**線式**100/200V**の場合は**0.1MΩ以上**，三相**200V**の場合は**0.2MΩ以上**（0.1MΩ＝100kΩ＝100000Ω，0.2MΩ＝200kΩ＝200000Ω）。

問い36　　　　　　　　　　　　　　　　　　　　　　　　　　　　　　　解答　ニ

解説　〔ペンダントの図記号〕

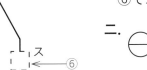

ス
⑥

　　⑥で示す部分に**ペンダント**を取り付けます。

図記号は，**ニ.** です。

ニ. ⊖

　　ペンダントは，**吊り下げる照明器具**です。

イ.	ロ.	ハ.
Ⓒ(CL)	Ⓒ(CH)	⊗
シーリング（天井直付）	シャンデリヤ	屋外灯

ペンダント

問い37　　　　　　　　　　　　　　　　　　　　　　　　　　　　　　　解答　ニ

解説　〔コンセントの接地工事〕解釈17条（接地工事の種類及び施設方法），解釈29条（機械器具の金属製外箱等の接地）

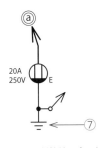

ⓐ

20A 250V E

⑦

　　⑦で示す部分の**接地工事の種類**及びその**接地抵抗の許容される最大値**の組合せとして，正しいものは，**ニ. D種接地工事500Ω**です。

・コンセントに接続される機器は，使用電圧が300V以下なので，接地工事の種類は**D種接地工事**です。

・L-1の引込口開閉器が，0.1秒（0.5秒以内）で動作する漏電遮断器なので，接地抵抗値は**500Ω以下**となります。

＊**D種接地工事**の接地抵抗値：原則**100Ω以下**，0.5秒以内に電路を遮断する**装置（漏電遮断器）**を施設した場合は**500Ω以下**。

解説　〔最少電線本数〕

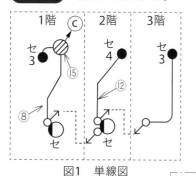

図1　単線図

⑧で示す部分の最少電線本数（心線数）は，図2複線図よりロ．**3本**です。

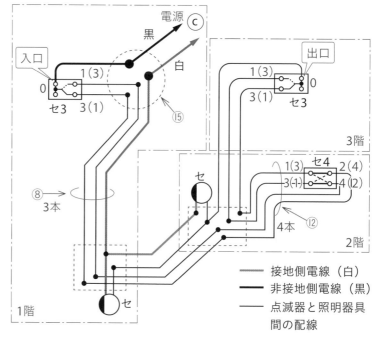

図2　複線図

複線図を描く手順の例

①電源の白（**W**）を負荷（2箇所の**セ**）へ。

②電源の黒（**B**）をスイッチの電気の入口（1階の**3**路の**0**）へ。

③スイッチの電気の出口（3階の**3**路の**0**）を負荷（2箇所の**セ**）へ。

④**3**路—**4**路—**3**路を2本ずつの電線で配線します。

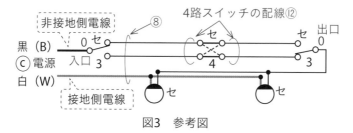

図3　参考図

電灯には，電源の**白(W)**と**黒(B)**の電線がつながるようにします。黒(B)は3路スイッチを経由するので，⑧の**電線本数**は，図3のように**3本**となります。

第1章
第2章

問い39　　　　　　　　　　　　　　　　　　　　　　　　　解答　ニ

解説　〔**小勢力回路で使用できる電圧**〕解釈181条（小勢力回路の施設）

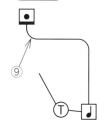

⑨で示す部分の小勢力回路（押しボタンでチャイムを鳴らす回路）で，使用できる**電圧の最大値**は，ニ.**60V**です。

＊**小勢力回路**：使用電圧は**60V以下**，使用電線は直径**0.8mm以上**の軟銅線（ケーブルを除く）。

問い40　　　　　　　　　　　　　　　　　　　　　　　　　解答　イ

解説　〔地中配管〕

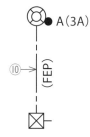

⑩で示す部分の配線工事で用いる**管の種類は，(FEP)**イ.**波付硬質合成樹脂管**です。FEPは地中埋設専用の合成樹脂製可とう電線管です。

＊FEP (Fluorinated Ethylene Propylene)：フッ素化エチレンプロピレン
＊**波付硬質合成樹脂 (ポリエチレン) 管**：軽くて強く曲げやすい，波付により通線性がよい等の特長があり，地中埋設用として多く使用される。

問い41　　　　　　　　　　　　　　　　　　　　　　　　　解答　ハ

解説　〔スイッチボックス内の配線〕

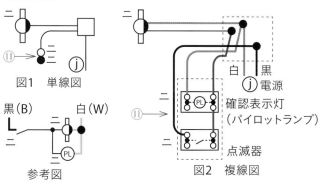

図1　単線図

参考図

図2　複線図

ハ.

⑪で示す部分は，パイロットランプと，電灯が**同時点滅**する回路で**正しい結線**は，写真のハ.です。
黒色：非接地側電線
白色：接地側電線

赤色：ニの点滅器とニの確認表示灯及び照明器具を結ぶ電線

＊℗Ⓛは**蛍光灯と並列接続**，－＿は**負荷と直列接続**になるように配線する。

問い42　　　　　　　　　　　　　　　　　　　　　　　　　解答　ハ

解説　〔4路スイッチへの配線〕

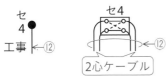

⑫で示す部分の配線工事に**必要な
ケーブル**は，図2複線図よりハ. **2心
ケーブル2本（心線数は4本）**です。

＊**4路スイッチ**は，左右に2心ケーブルを結線する。

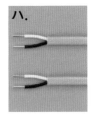

図1　単線図　　図2　複線図

問い43　　　　　　　　　　　　　　　　　　　　　　　　　解答　ロ

解説　〔20A 250V Eのコンセント〕

⑬で示す図記号の器具は，ロ. **20A 250V接地極付コンセント**です。

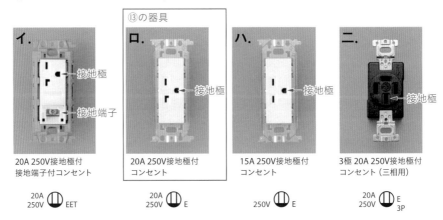

＊単相200V定格電流が**20Aのコンセント**は，刃受けの片側が**カギ状**になっている。

問い44　　　　　　　　　　　　　　　　　　　　　　　　　解答　ハ

解説　〔リングスリーブの種類，個数〕

　図1の⑭で示すボックス内の接続を，圧着接続とする場合，使用するリングスリーブの種類と個数は，図2の複線図より，ハ. **中スリーブ2個と小スリーブ1個**です。

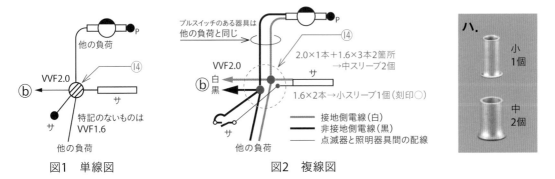

*白：電源線 **2.0×1本＋すべての負荷 1.6×3本**──中スリーブ（1.6 が5本分）

黒：電源線 **2.0×1本＋点滅器 1.6×1本＋他の負荷（2箇所）1.6×2 本**──中スリーブ（1.6が5本分）

点滅器サと照明器具サの配線 1.6×2本──小スリーブ（刻印○）

1.6×2本		刻印 ○
1.6×3本	小スリーブ	
1.6×4本		刻印 小
1.6×5本 中スリーブ 刻印 中		
2.0mm は，1.6mm 2本分に換算		

問い45　　　　　　　　　　　　　　　　　　　　　解答　ハ

解説　〔リングスリーブの種類，個数，刻印〕

⑮で示すボックス内の接続を，圧着接続とする場合，使用するリングスリーブの種類と個数及び刻印との組合せは，図2の複線図より，ハ. **小スリーブ4個，刻印はすべて○** です。ただし，使用する電線は，すべてVVF1.6とします。

ハ.

小　4個

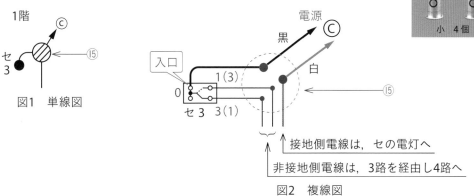

図1　単線図

図2　複線図

接地側電線は，セの電灯へ

非接地側電線は，3路を経由し4路へ

接地側電線 **1本**，非接地側電線 **1本**，**3路**を経由して **4路**へ至る**電線2本**，**合計4本** の電線がVVF用ジョイントボックスを通ります。

電線の接続は **1.6×2本接続が4箇所**で，**小スリーブは4個（刻印は○）** です。

解説　〔図記号の機器〕

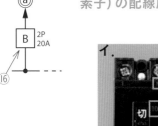

⑯で示す図記号の機器は，**200V**の分岐回路なので，ハ.**2P2E（2極2素子）の配線用遮断器**です。

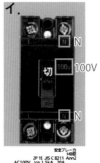

⑯の図記号の機器

イ.　　　　　　　ロ.　　　　　　　ハ.　　　　　　　ニ.

2P 1E　　　　　2P 2E　　　　　2P 2E　　　　　2P 1E
配線用遮断器　　漏電遮断器　　　配線用遮断器　　漏電遮断器

＊**2P2E（2極2素子）**は，**200V**回路で使用できる。**2P**：開閉部が2つ，**2E**：過電流検出素子（記号のᠹの部分）が2つ。
　2P2E（2極2素子）は，100V回路でも使用できる。
　2P1E（2極1素子）は，**100V**回路で使用する。**2P**：開閉部が2つ，**1E**：過電流検出素子（記号のᠹの部分）が1つ。
　2P1Eの**N表示**の端子は，中性線に結線する端子で，過電流検出素子は入っていない。

解説　〔差込形コネクタの種類と個数〕

⑰で示すボックス内の接続を差込形コネクタとする場合，図2複線
図より，ニ.**5本用1個**，**4本用1個**，**2本用2個**です。

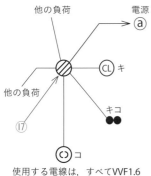
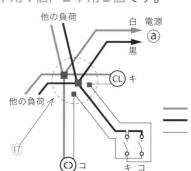

接地側電線（白）
非接地側電線（黒）
点滅器と照明器具間の配線

使用する電線は，すべてVVF1.6

図1　単線図　　　　　　　　図2　複線図

＊白：**電源線1.6×1本＋他の負荷（2箇所）1.6×2本＋電灯キ，電灯コ1.6×2本──5本用**（1.6が5本）**1個**
　　（電源の白は，すべての負荷（電灯，コンセント，他の負荷（電源送り））に接続する）。
　黒：**電源線1.6×1本＋点滅器1.6×1本＋他の負荷（2箇所）1.6×2本──4本用**（1.6が4本）**1個**
　　（電源の黒は，点滅器，コンセント，他の負荷（電源送り）に接続する）。
　点滅器と照明器具の配線（キとキ，コとコ）1.6同士──2本用（1.6が2本）**2個**

解説 〔使用されていないスイッチ〕

　配線図の図記号から，この工事で，使用されていないスイッチは，ロ. 位置表示灯内蔵スイッチです。

使用されていないスイッチ

イ.

調光器

居間のライティングダクトLDの電圧調整に使用している

ロ.
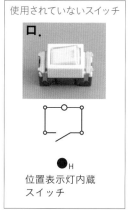

●H
位置表示灯内蔵スイッチ

ハ.

●RAS
熱線式自動スイッチ

玄関の埋込器具DLの人感自動スイッチに使用している

ニ.

●L
確認表示灯内蔵スイッチ

浴室，便所の換気扇用スイッチとして使用している

＊H：Here（ここにスイッチあり），L：Load（負荷動作中），RAS：heat-Rays（熱線式）Automatic（自動）sensor（検出器）Switch（スイッチ）。

解説 〔使用していないスイッチ〕

　この配線図の施工で，使用されていないものは，ニ. **2号ボックスコネクタ**です。

使用されていないもの

イ.
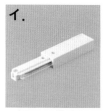

フィードインキャップ

ライティングダクトに電源を引き込むのに用いる

ロ.

FEP管コネクタ

FEP管をボックスに取り付けるのに使用する

ハ.
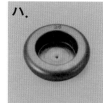

ゴムブッシング

ボックスの穴を通るケーブルの外装被覆を損傷させないために用いる

ニ.

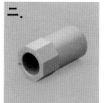

2号ボックスコネクタ

硬質ポリ塩化ビニル電線管とボックスとの接続に用いる

＊**硬質ポリ塩化ビニル電線管（VE管）**は使用していないので，**2号ボックスコネクタ**は使用していない。

解説　〔使用されることのない工具〕

この配線図の施工に関して，使用されることのない工具は，ロ.プリカナイフです。

イ.	ロ. 使用されることのない工具	ハ.	ニ.

呼び線挿入器 （通線器）	プリカナイフ	ハンマ（玄能）	木工用 ドリルビット
電線管に電線を通線するのに用いる	2種金属製可とう電線管（プリカチューブ）を切断するのに用いる	釘打ち，ステープルの打ち込み，接地棒の打ち込みなどに用いる	ドリルに取り付け，木材に穴をあけるのに用いる

＊**2種金属製可とう電線管（F2管）**は使用していないので，プリカナイフは使用されることはない。

索　引

● 著者プロフィール

早川 義晴 (はやかわ よしはる)

東京電機大学電子工学科卒業。日本電子専門学校電気工学科教員，講師を経て，現在多方面で技術指導を担当。

著書：『電気教科書 第二種電気工事士 出るとこだけ！ 筆記試験の要点整理 第2版』(翔泳社)，『電気教科書 第一種電気工事士［筆記試験］テキスト＆問題集 第3版』(翔泳社)，『電気教科書 電験三種合格ガイド 第3版』(翔泳社)，『電験三種 やさしく学ぶ理論 改訂2版』(オーム社)，『電験三種 やさしく学ぶ電力 改訂2版』(オーム社／共著)，『(専修学校教科書シリーズ1)電気回路(1)直流・交流回路編』(コロナ社／共著)，『(専修学校教科書シリーズ8)自動制御』(コロナ社／共著)。

写真協力　　　　　　　鬼島 信治

装丁・本文デザイン　　植竹 裕（UeDESIGN）
カバーイラスト　　　　カワチ・レン
編集・DTP　　　　　　美研プリンティング株式会社

**電気教科書
第二種電気工事士［学科試験］
はじめての人でも受かる！テキスト&問題集 2024年版**

2023年12月19日　初版第1刷発行

著　者　　　　早川 義晴
発行人　　　　佐々木 幹夫
発行所　　　　株式会社 翔泳社（https://www.shoeisha.co.jp）
印刷・製本　　株式会社 シナノ

ISBN978-4-7981-8348-0　　　　　　　　　　Printed in Japan